21 世纪高等学校电子信息类专业规划教材

数 值 分 析

（修订本）

冯有前 主 编
王国正 李炳杰 郭罗斌 副主编

清 华 大 学 出 版 社
北京交通大学出版社
·北京·

内 容 简 介

数值分析是理工科各专业的一门专业基础课。全书由10章组成，主要内容包括高次代数方程与超越方程数值解法、解线性方程组的直接法与迭代法、矩阵特征值与特征向量的数值解法、多项式插值与函数最优逼近、数值积分与数值微分、常微分方程初值问题数值解法、应用软件 MATLAB 和 MATHEMATICA 介绍等，主要介绍计算机常用算法的基本思想、误差分析及算法的优、缺点，以便于读者在应用时选取适当的算法。

本书在内容上既可以满足计算机专业和计算机信息与技术专业本科生的系统学习，也可以作为非计算机专业本科及研究生教材，同时可为广大科技工作者提供参考。

图书在版编目(CIP)数据

数值分析/冯有前主编；王国正，李炳杰，郭罗斌副主编. —北京：清华大学出版社；北京交通大学出版社，2005.3(2019.1 修订)
(21 世纪高等学校电子信息类专业规划教材)
ISBN 978－7－81082－495－8

Ⅰ.数…　Ⅱ.①冯…　②王…　③李…　④郭…　Ⅲ.数值计算－高等学校－教材
Ⅳ.O241

中国版本图书馆 CIP 数据核字(2005)第 016674 号

数值分析
SHUZHI FENXI

责任编辑：刘汉斌
出版发行：清 华 大 学 出 版 社　　邮编：100084　　电话：010－62776969
　　　　　北京交通大学出版社　　邮编：100044　　电话：010－51686414
印 刷 者：北京时代华都印刷有限公司
经　　销：全国新华书店
开　　本：185 mm×260 mm　　印张：12.5　　字数：298 千字
版　　次：2019 年 1 月第 1 次修订　　2019 年 1 月第 11 次印刷
书　　号：ISBN 978－7－81082－495－8/O・24
印　　数：23 001～24 500 册　　定价：28.00 元

本书如有质量问题，请向北京交通大学出版社质监组反映。对您的意见和批评，我们表示欢迎和感谢。
投诉电话：010－51686043，51686008；传真：010－62225406；E-mail：press@bjtu.edu.cn。

前　　言

随着科学技术,特别是计算机技术的飞速发展,数值分析的应用已深入到国民经济的各个领域。越来越多的科技工作者使用数值分析方法进行科学研究和解决工程技术问题。因此,数值分析已成为各类工程技术人员的必备知识,也是许多专业的理工科大学生、研究生的必修课。为了使广大科技人员能更好地选用合适算法,我们编写了《数值分析》这本教材。

本教材从介绍各个算法的基本思想、误差分析及算法的优、缺点出发,系统地介绍了常用数值方法,如高次代数方程与超越方程数值解法、解线性方程组的直接法与迭代法、矩阵特征值与特征向量的数值解法、多项式插值与函数最优逼近、数值积分与数值微分、常微分方程初值问题数值解法,以及数值计算和数学分析应用软件 MATLAB 和 MATHEMATICA。

本教材内容广泛,取材适当,强调算法的构造、应用和误差分析,每种算法都配以适当的例题和习题。各章内容具有一定的相对独立性,可根据教学情况适当取舍,其中打“*”号的内容难度较大,教学实施中可作为选讲内容。第 10 章 MATLAB 和 MATHEMATICA 应用软件介绍可由学生自学。

本教材由冯有前教授主编,参加编写的有郭罗斌、李炳杰、尹忠海、王国正及袁修久。本教材由朱林户教授主审。朱教授在认真审阅原稿的同时提出了许多宝贵的意见和建议。井爱雯、黄浩、梁晓龙为本教材做了大量的文字工作。在此,对在本教材编写过程中给予大力支持和帮助的所有同志表示衷心的感谢。

由于编者水平有限,书中缺点和错误之处在所难免,诚恳希望广大读者批评指正,以便进一步修改和完善。

编　者

2005 年 2 月

目　　录

第1章 绪　　论

1.1 数值分析的一般概念

随着现代科学技术的发展,大量的工程问题被抽象为具体的符号化数学模型。模型的求解往往是一个复杂的数值计算问题。在实际解决这些计算问题的过程中,形成了数值分析(亦称计算方法)这门学科。今天,除了传统的理论方法和实验方法之外,计算数学的思想与方法已经渗透到自然科学的各个研究领域,并将许多领域的研究工作由定性阶段迅速推向定量阶段。

数值分析不同于传统的分析数学。数值分析是专门研究数学问题数值解法的分支,而分析数学是专门研究运算规则和表达方式的分支。高等数学和线性代数等传统分析数学为我们提供了解决各种不同类型数学问题的理论和结论,但对实际问题的解决还远远不够,即当计算不存在解析原函数的积分问题

$$\int_0^1 \frac{\sin x}{x}\mathrm{d}x, \qquad \int_0^1 \mathrm{e}^{-x^2}\mathrm{d}x$$

时,牛顿－莱布尼兹公式便失去了作用,需引入数值积分的计算方法。同样,求解线性代数方程组时,如果利用 Cramer 法则,则需计算许多行列式的值,计算量大得惊人,计算机根本无法实现,因此需引入一种可执行的算法来实现该目的。

为了说明数值分析研究的对象,首先考虑用计算机解决科学计算问题时的必需步骤,即

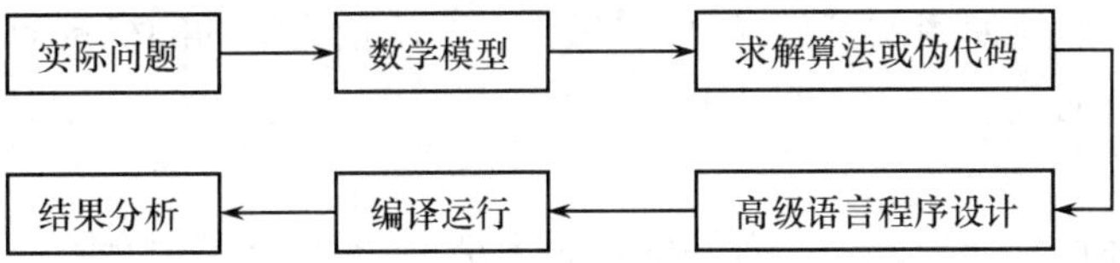

在上述步骤中,由实际问题结合相关学科专业知识和数学理论建立抽象数学模型的过程,需要熟悉相关学科知识及扎实的数学基本功,通常应归为应用数学的范畴。依据数学模型设计有效、稳定、便于实现的数值计算方法直到编写出程序并上机求解,属于数值分析研究的范畴。因此,数值分析是研究用计算机解决数学问题的数值计算方法及理论。本课程的主要内容包括线性方程组数值解法、插值与拟合、方程近似解、数值积分与数值微分、微分方程的数值解法、矩阵的特征值与特征向量的数值解法等,都是以数学问题为研究对象的。数值分析也是数学的一个分支,它不像传统的分析数学那样只研究数学本身的理论,而是主要研究求解数学模型的算法、算法的收敛性、稳定性、有效性及误差分析。因此,数值分析既具有纯数学高度抽象性与严密科学性的特点,又具有应用的广泛性与实际工程的高度技术性的特点,是一门与信息科学紧密结合的、实用性很强的数学课程。

结合数值分析这门课程的特点,学习时首先应注意掌握有关算法的基本原理和思想,各

不相同的方法可以源自于同一朴素直观的思想,如插值和拟合,与高等数学中的泰勒级数展开和傅里叶级数展开的基本原理是一致的,区别在于所选取的基函数不同;其次,要认真学习消化误差分析、收敛性及稳定性的基本理论;最后,为了掌握本课程的内容,还应做一定数量的理论分析与实际编程计算的练习,因为算法与算法的具体实现往往有一定差异,只有这样,才能真正学好这门课程。

1.2 误差的基本概念

实际工程中物理参量的实际数值即精确值,和用计算机算出来的值存在差异,这种差异称为误差。采用特定数值方法求出的解答往往是精确值的近似,因此研究和学习数值分析必须注重误差分析,要分析误差的来源和误差的传播情况,还要对计算结果给出合理的误差估计。

1.2.1 误差的来源与分类

误差的来源是多方面的,主要包括以下四类。

1. *模型误差*

用数学模型描述实际问题时,往往只抓住少量主要因素,而忽略其余次要因素,因此数学模型是对被描述的实际问题的简化与抽象,仅仅是实际问题的近似。数学模型与实际问题之间的这种误差称为模型误差。只有实际问题的描述正确,建立数学模型时又抽象、简化得合理,才能得到好的结果。模型误差难于定量表示,且通常都假定数学模型是合理的,故这种误差可以忽略不计,在本课程中也不予讨论。

2. *观测误差*

在数学模型中,往往有一些需要通过实验或测量而获得的数值参量,如温度、长度及电压等。观测得到的数据与实际数据本身总存在误差,这种误差称为观测误差。由于观测误差来源于观测或实验所使用的工具,故可看做是一个均值为零的随机量而忽略不计,也不属于本课程讨论的范畴。

3. *截断误差*

任何一个实际计算问题必须在有限的步骤内结束,即只能采用有限项运算来完成,而理论上的精确值往往要对应无限项的求和过程,故只能截取有限项进行近似计算,由此产生的误差称为截断误差。

例如,已知 $x>0$,求 e^{-x} 时,由表达式

$$e^{-x}=1+(-x)+\frac{1}{2!}(-x)^2+\frac{1}{3!}(-x)^3+\cdots+\frac{1}{n!}(-x)^n+\cdots$$

当 $|x|$ 较小时,可取前三项之和,即 $S(x)=1-x+\frac{1}{2}x^2$ 作为 e^{-x} 的近似值。其截断误差为

$$E(x)=e^{-x}-S(x)=\frac{(-x)^4}{4!}e^{\theta x}\qquad 0<\theta<1$$

4. *舍入误差*

由于计算机的字长有限,故计算机只能用有限位表示浮点数的尾数和阶数,机器的可表示数集必为有限集,对超出尾数有效位数的部分都要采取措施进行舍入处理,由此产生的误

差称为舍入误差。

观测误差和原始数据的舍入误差虽然来源不同,但对计算结果的影响完全一致。数学模型和实际问题之间的模型误差,在现有理论水平和计算机计算能力的条件下,往往是无法解决的。基于上述原因,截断误差和舍入误差是数值分析研究的主要对象,讨论它们在计算过程中的传播和对计算结果的影响,研究如何控制其影响以保证计算的精度,并以此得到简便、有效、稳定的数值算法。

1.2.2 绝对误差

定义 1.1 设某一数的精确值为 x,其近似值为 x^*,那么称 x 与 x^* 之差

$$E(x)=x-x^*$$

为近似值 x^* 的绝对误差,简称误差。

$E(x)$ 绝对值的大小标志着 x^* 的精度。一般在同一物理量的不同近似值中,$E(x)$ 的绝对值越小,x^* 的精度越高。绝对误差具有与精确值 x 完全相同的量纲。

由于精确值 x 未知,故 $E(x)$ 的准确值也不能求出,但如果根据具体测量或计算的情况,预先确定一个正数 η,使得

$$|E(x)|=|x-x^*|\leqslant\eta$$

则称 η 为 x^* 的绝对误差限,即为绝对误差值的上限,简称为 x^* 的误差限。显然有

$$x^*-\eta\leqslant x\leqslant x^*+\eta$$

有时也可用

$$x=x^*\pm\eta$$

表示近似值的精度或准确值所在的范围。

1.2.3 相对误差

对于不同量的近似值,误差限的大小并不能完全反映近似值的近似程度,如设

$$x^*=10 \qquad x=10\pm1$$

$$y^*=10000 \qquad y=10000\pm10$$

则

$$|E(x)|=1,\ |E(y)|=10$$

$$|E(x)|=\frac{1}{10}|E(y)|$$

似乎 x^* 的近似程度要好于 y^*,但 $\dfrac{|E(x)|}{x^*}=\dfrac{1}{10}$,$\dfrac{|E(y)|}{y^*}=\dfrac{10}{10000}=\dfrac{1}{1000}$,即 x^* 的误差范围为 10%,y^* 的误差范围为 1‰,显然 y^* 的近似程度要好于 x^*。为解决这一问题,我们引入相对误差的概念。

称绝对误差与精确值之比

$$E_r(x)=\frac{E(x)}{x}=\frac{x-x^*}{x}$$

为近似值 x^* 的相对误差。相对误差没有量纲。由于精确值 x 一般不容易计算,故实际计算时通常取

$$E_r^*(x)=\frac{E(x)}{x^*}=\frac{x-x^*}{x^*}.$$

作为近似值 x^* 的相对误差。显然

$$|E(x)|=|x^*|\times|E_r^*(x)|$$

与前面引入的误差一样，相对误差的取值也可正、可负，若存在一个正数 δ 使得 $|E_r^*(x)|\leqslant\delta$，则称 δ 为近似值 x^* 的相对误差限。显然，相对误差限是相对误差绝对值的上限，且 $\delta=\frac{\eta}{|x^*|}$。

【例 1.1】 用有毫米刻度的尺子测量办公桌的长度，读出的长度为 $x^*=1200\text{mm}$，由于存在观测误差，故这是一个近似值。由尺子的精度知道，该近似值的误差不超过 0.5mm，则有

$$|E(x)|=|x-x^*|\leqslant 0.5\text{mm}$$

也可写成

$$x=(1200\pm 0.5)\text{mm}$$

即

$$1199.5\text{mm}\leqslant x\leqslant 1200.5\text{mm}$$

其相对误差限为

$$\delta=\frac{\eta}{|x^*|}=\frac{0.5}{1200}=\frac{1}{2400}$$

1.2.4 有效数字

当准确值 x 的位数很多时，通常按四舍五入原则得到 x 的近似值 x^*。例如

$$x=\pi=3.1415926\cdots$$

取三位

$$x^*=3.14 \qquad |E(x)|\leqslant 0.005$$

取五位

$$x^*=3.1416 \qquad |E(x)|\leqslant 0.00005$$

它们的误差都不超过末位数字的半个单位，即

$$|\pi-3.14|\leqslant\frac{1}{2}\times 10^{-2}$$

$$|\pi-3.1416|\leqslant\frac{1}{2}\times 10^{-4}$$

为了可以从近似数的有限位小数本身就能求出近似数的误差估计，现引入有效数字的概念。

定义 1.2 若近似值 x^* 的误差限是某一位的半个单位，该位到第一位非零数字共有 n 位，则称 x^* 有 n 位有效数字。

【例 1.2】 设近似值 $x^*=0.06052$，它对应的精确值 $x=0.0605173$，问 x^* 有几位有效数字。

解：因为 x^* 是通过 x 在小数点后第六位四舍五入而产生的，因此 x^* 精确到 10^{-5} 位，由此推出 x^* 有 4 位有效数字。

由于任何一个实数 x 经四舍五入后得到的近似值 x^* 都可以表示为

$$x^* = \pm(a_1 \times 10^{-1} + a_2 \times 10^{-2} + \cdots + a_n \times 10^{-n}) \times 10^m \tag{1-1}$$

所以若其绝对误差限满足

$$|x - x^*| \leqslant \frac{1}{2} \times 10^{m-n} \tag{1-2}$$

则 x^* 有 n 位有效数字。其中,m 为整数,a_1 是 1 ~ 9 中的任一个数字,$a_2, a_3, \cdots, a_n$ 是 0 ~ 9 中的任一个数字。

【例 1.3】 按四舍五入原则写出下列各数具有5位有效数字的近似值:

163.3426, 0.038674875, 6.000021, 2.7182817

解:按上述定义及结论,各数具有 5 位有效数字的近似值分别为:

163.34, 0.038675, 6.0000, 2.7183

注意:6.000021 的 5 位有效数字的近似值是 6.0000,而不是 6,因为 6 只有一位有效数字。

有效数字与绝对误差、相对误差的关系:

(1) 若某数 x 的近似值 x^* 有 n 位有效数字,则

$$|x - x^*| \leqslant \frac{1}{2} \times 10^{m-n}$$

显然,当 m 相同时,n 越大,10^{m-n} 越小,即有效位数越多,其绝对误差限越小。

(2) 若 x^* 有 n 位有效数字,且 $x^* = \pm(a_1 \times 10^{-1} + a_2 \times 10^{-2} + \cdots + a_n \times 10^{-n}) \times 10^m$,$a_1 \neq 0$,则其相对误差限为

$$|E_r^*(x)| \leqslant \frac{1}{2a_1} \times 10^{-n+1} \tag{1-3}$$

反之,若 x^* 的相对误差限满足

$$|E_r^*(x)| \leqslant \frac{1}{2(a_1+1)} \times 10^{-n+1} \tag{1-4}$$

则 x^* 至少具有 n 位有效数字。

证明:由于 $x^* = \pm(a_1 \times 10^{-1} + a_2 \times 10^{-2} + \cdots + a_n \times 10^{-n}) \times 10^m$,故

$$|x - x^*| \leqslant \frac{1}{2} \times 10^{m-n}$$

从而

$$|E_r^*(x)| = \left|\frac{x - x^*}{x^*}\right| \leqslant \frac{1}{2|x^*|} \times 10^{m-n} \leqslant \frac{10^{m-n}}{2a_1 \times 10^{m-1}} = \frac{1}{2a_1} \times 10^{-n+1}$$

反之,若 x^* 的相对误差限满足

$$|E_r^*(x)| \leqslant \frac{1}{2(a_1+1)} \times 10^{-n+1}$$

则由于

$$|E(x)| = |x^*| \times |E_r^*(x)|$$

$$|x^*| < (a_1+1) \times 10^{m-1}$$

故

$$|E(x)| \leqslant (a_1+1) \times 10^{m-1} \times \frac{1}{2(a_1+1)} \times 10^{-n+1} = \frac{1}{2} \times 10^{m-n}$$

由定义,x^* 至少具有 n 位有效数字。

上述结论说明，有效位数越多，相对误差限就越小。

1.2.5　数据误差影响的估计

任何抽象的数学模型总可以归纳为符号化的函数形式，即

$$y=\varphi(x_1,x_2,\cdots,x_n)$$

其中，参量 $x_1,x_2,\cdots,x_n$ 为输入，y 为输出。如果给定的参量有误差，则解 y（输出）一定也有误差。对此，一般采用泰勒展开式近似估计。

设参数 $x_1,x_2,\cdots,x_n$ 的近似值为 $x_1^*,x_2^*,\cdots,x_n^*$，相应解为 y，则近似解 y^* 的绝对误差为

$$\begin{aligned}E(y)&=y-y^*=\varphi(x_1,x_2,\cdots,x_n)-\varphi(x_1^*,x_2^*,\cdots,x_n^*)\\&\approx\sum_{i=1}^{n}\frac{\partial\varphi(x_1^*,x_2^*,\cdots,x_n^*)}{\partial x_i}E(x_i)\end{aligned}\tag{1-5}$$

解的相对误差为

$$\begin{aligned}E_r^*(y)&=\frac{E(y)}{y^*}\\&=\sum_{i=1}^{n}\frac{\partial\varphi(x_1^*,x_2^*,\cdots,x_n^*)}{\partial x_i}\frac{x_i^*}{\varphi(x_1^*,x_2^*,\cdots,x_n^*)}E_r^*(x_i)\end{aligned}\tag{1-6}$$

利用式(1－6)可求出如下一些简单函数的误差估计（证明留做练习），即

$$\begin{cases}E(x_1+x_2)=E(x_1)+E(x_2)\\E_r^*(x_1+x_2)=\dfrac{x_1^*}{x_1^*+x_2^*}E_r^*(x_1)+\dfrac{x_2^*}{x_1^*+x_2^*}E_r^*(x_1)\end{cases}\tag{1-7}$$

$$\begin{cases}E(x_1x_2)=x_2^*E(x_1)+x_1^*E(x_2)\\E_r^*(x_1x_2)=E_r^*(x_1)+E_r^*(x_2)\end{cases}\tag{1-8}$$

$$\begin{cases}E\left(\dfrac{x_1}{x_2}\right)=\dfrac{E(x_1)}{x_2^*}-\dfrac{x_1^*}{x_2^*}E(x_2)\\E_r^*\left(\dfrac{x_1}{x_2}\right)=E_r^*(x_1)+E_r^*(x_2)\end{cases}\tag{1-9}$$

$$\begin{cases}E(\sqrt{x})=\dfrac{1}{2\sqrt{x^*}}E(x)\\E_r^*(\sqrt{x})=\dfrac{1}{2}E_r^*(x)\end{cases}\tag{1-10}$$

1.3　选用和设计算法应注意的问题

衡量算法的标准有：算法是否稳定；算法的逻辑结构是否简单；算法的运算次数和算法的存储量是否尽量少等。当这些要求不能兼备时，应根据需要、权衡利弊而做出抉择。一般地，设计和使用算法应注意如下几个问题。

1. 构造计算机能用的算法

有许多数学问题的解不可能经过有限的算术运算来实现，如三角函数值（任意角），一

般方程的根，计算任意函数的积分，求一般微分方程的解等。

例如，要给出求 $f(x)=0$ 根的算法，可由 $f(x)-f(x_n)\approx f'(x_n)(x-x_n)$，当 x 为方程 $f(x)=0$ 的根时，有 $-f(x_n)\approx f'(x_n)(x-x_n)$，可解出 $x\approx x_n-\dfrac{f(x_n)}{f'(x_n)}$，令 $x_{n+1}=x_n-\dfrac{f(x_n)}{f'(x_n)}$而得到迭代公式，通过给出初值 x_0，经上式逐步迭代得迭代序列 $x_0,x_1,\cdots,x_n,\cdots$，若该序列收敛，则可经 k 步迭代后中止迭代，取 x_k 作为近似解 x^*，该方法就是第2章要介绍的牛顿迭代法。这样的算法就是计算机能用的算法。

如要求解 $x^2-2=0$ 的根，则可令 $x_{n+1}=x_n-\dfrac{x_n^2-2}{2x_n}=\dfrac{1}{2}\left(x_n+\dfrac{2}{x_n}\right)$，取 $x_0=1.4$，得 $x_1=1.414285714$，$x_2=1.414213564$，经两步迭代即可求得较好的近似解 $x^*=1.414213564\approx\sqrt{2}$。

2. 选用数值稳定的计算公式

一个算法是否稳定是十分重要的。如果算法不稳定，那么数值计算的结果就会严重背离数学模型的真实结果。下面我们通过一个例子加以说明。

【例1.4】 计算定积分

$$I_n=e^{-1}\int_0^1 x^n e^x dx\qquad n=0,1,2,\cdots$$

解：利用分部积分法不难求得 I_n 的递推关系式为

$$\begin{cases}I_n=1-nI_{n-1}\\ I_0=1-e^{-1}\approx 0.6321\end{cases}\tag{1-11}$$

由式(1-11)可依次算得如下结果，即

$$I_0^*=0.6321\qquad I_1^*=0.3679\qquad I_2^*=0.2642$$
$$I_3^*=0.2074\qquad I_4^*=0.1704\qquad I_5^*=0.1480$$
$$I_6^*=0.1120\qquad I_7^*=0.2160\qquad I_8^*=-0.7280$$

由于

$$\frac{e^{-1}}{n+1}=e^{-1}\min_{0\leqslant x\leqslant 1}(e^x)\cdot\int_0^1 x^n dx<I_n<e^{-1}\max_{0\leqslant x\leqslant 1}(e^x)\cdot\int_0^1 x^n dx=\frac{1}{n+1}$$

I_n 不可能为负，故 $I_8^*=-0.7280$ 显然是错误的。因此，当 n 较大时，按递推公式(1-11)所算出结果的误差很大。错误产生的原因是 I_0^* 本身有不超过 $E_0=\dfrac{1}{2}\times10^{-4}$ 的误差，由此引起以后各步计算误差 $E_n=I_n-I_n^*$，它又与 I_1 的误差一起顺序乘以2,3,4,5,6,7,8，而传播积累到 I_7^*，I_8^* 中去，从而使得 I_7^*，I_8^* 的结果面目全非。

如果将式(1-11)改为

$$I_{n-1}=\frac{1}{n}(1-I_n)\tag{1-12}$$

则当 $n=7$ 时，由上面的估计式取 $I_7^*=0.1124$ 开始，按式(1-12)计算有如下结果，即

$$I_7^*=0.1124\qquad I_6^*=0.1269\qquad I_5^*=0.1455$$
$$I_4^*=0.1708\qquad I_3^*=0.2073\qquad I_2^*=0.2643$$

$$I_1^* = 0.3680 \qquad I_0^* = 0.6320$$

由此可以看出,按递推关系式(1-12)算出 $I_0^* = 0.6320$,与按 $I_0^* = 1 - e^{-1} = 0.6321$ 的结果相差无几。

上例说明,不同的算法,对初始数据误差(或计算过程的某一步的舍入误差)的传播一般不同。一个算法,如果初始数据的误差对计算结果影响不大,则该算法的稳定性好;反之,如果初始数据的误差对计算结果的影响很大,则这种算法就不是稳定的算法。解决实际工程中的数值问题时,一定要选用稳定的算法。

3. 防止两个相近数相减

两个相近数相减,则这两个相近数的前几位相同的有效数字会在相减中消失,从而减少有效数字。所以遇到这种情形时,应当多保留这两个相近数的有效数字或者对公式进行处理,以避免减法,特别要避免再用这个差做除数。例如,求式

$$y = \sqrt{x+1} - \sqrt{x}$$

的值,当 $x = 1000$,取四位有效数字计算时得

$$\sqrt{x+1} = 31.64, \quad \sqrt{x} = 31.62$$

两者直接相减得

$$y = 0.02$$

结果只剩一位有效数字,损失了三位有效数字,从而使绝对误差与相对误差都变得很大,严重影响最终计算精度。

如果通过分母有理化操作,将式 $y = \sqrt{x+1} - \sqrt{x}$ 处理成

$$y = \sqrt{x+1} - \sqrt{x} = \frac{1}{\sqrt{x+1} + \sqrt{x}}$$

则可求得 $y = 0.01581$,不只有一位有效数字。由此可见,通过等价变换,避免两个相近数相减可减小运算中的精度损失,从而可获得较精确的结果。

4. 简化计算步骤,减少运算次数

虽然目前计算机的运算和存储能力都有了突飞猛进的发展,但人们在编程求解数值问题时仍面临着运算和存储能力不足的问题,如大量图像处理问题,一幅卫星彩图可能有高达90*MB* 的数据量。对这类问题必须要考虑算法所需的运算量,要充分考虑先算什么量,后算什么量,哪些运算可以省略和简化。在此我们以多项式的求值为例,说明减少运算次数的重要性和有效性。计算多项式

$$P_n(x) = \sum_{k=0}^{n} a_k x^k$$

的值,若直接逐项求和运算,则计算 $a_k x^k$ 这一项就要做 k 次乘法,而 $P_n(x)$ 共有 $n+1$ 项,所以要做

$$1 + 2 + 3 + \cdots + n = \frac{1}{2}n(n+1)$$

次乘法和 n 次加法。但若按著名的秦九韶算法,即

$$\begin{cases} u_0 = a_n \\ u_k = u_{k-1} \cdot x + a_{n-k} \end{cases} \tag{1-13}$$

对 $k = 1, 2, \cdots, n$ 反复执行算式(1-13),则最终得到的 u_n 就是所求的结果。这只需做 n 次

乘法和 n 次加法,乘法运算的次数由 $O(n^2)$ 减少为 $O(n)$,运算量的减少非常可观。

5. 防止大数"吃掉"小数

在数值运算中,参与运算的参量有时数量级相差很大,由于计算机位数有限,在浮点运算指令的解释中首先要有对阶操作,故完全有可能使很小数的有效数字移出计算机的有效字长而被下溢处理成"零",影响最终的运算结果。

【例1.5】 在五位十进制计算机上,计算

$$A = 52498 + \sum_{i=1}^{1000} \delta_i \qquad \delta_i = 0.7$$

将运算中的数写成规格化小数,则有

$$A = 0.52498 \times 10^5 + \sum_{i=1}^{1000} \delta_i \qquad \delta_i = 0.7$$

由于浮点运算的对阶操作,$\delta_i = 0.7 = 0.000007 \times 10^5$,在五位十进制计算机上会被处理成"零",因此实际运算结果为

$$A^* = 0.52498 \times 10^5 + \sum_{i=1}^{1000} \delta_i = 0.52498 \times 10^5$$

被吃掉的小数之和

$$\sum_{i=1}^{1000} \delta_i = 0.7 \times 10^3 = 0.007 \times 10^5 = 700$$

其绝对误差

$$A - A^* = 700 = 0.007 \times 10^5$$

这种结果显然不可靠。这是由于运算中的对阶操作,使得"大数"52498"吃掉"了共1000个"小数"δ_i 造成的。

如果在计算过程中首先计算数量级相同的1000个"小数"δ_i 之和,最后再加52498,就不会出现大数"吃掉"小数的现象,此时

$$\sum_{i=1}^{1000} \delta_i = \sum_{i=1}^{1000} 0.7 \times 10^0 = 0.7 \times 10^3$$

$$A^* = 0.52498 \times 10^5 + 0.007 \times 10^5 = 0.53198 \times 10^5$$

其绝对误差

$$A - A^* = 0$$

因此,在加、减法运算中,当参与运算的参量数量级相差悬殊的情况出现时,要采取适当的措施,尽量避免"小数"被"吃掉"。

习　　题

1. 下列各近似数的绝对误差限是最末位的半个单位,试指出它们各有几位有效数字

$$x_1^* = -3.115 \qquad x_2^* = 0.005 \qquad x_3^* = 0.2000$$

$$x_4^* = 235.60 \qquad x_5^* = 5 \times 10^4 \qquad x_6^* = 2000$$

2. 已知某场地长 L 的观测值 $L^* = 110\text{m}$,宽 W 的观测值 $W^* = 80\text{m}$,已知 $|L - L^*| \leqslant 0.2\text{m}$, $|W - W^*| \leqslant 0.1\text{m}$,试求面积 $S = LW$ 的绝对误差限和相对误差限。

3. 若 $a^* = 1.063$，$b^* = 0.946$ 都是经四舍五入得到的近似值，试问 $a^* + b^*$，$a^* \times b^*$ 各有几位有效数字。

4. 设 $x = 5.64536$，求 x 的具有 2，3，4，5 位有效数字的近似值。

5. 序列 $\{x_n\}$ 满足递推关系

$$x_n = 10x_{n-1} - 1 \qquad n = 1, 2, 3, \cdots$$

若 $x_0 = \sqrt{2} \approx 1.41$（三位有效数字），试问 x_{10} 的绝对误差限是多少。该计算过程是否稳定。

6. 计算 $x = \sqrt{3.10} - \sqrt{3}$，保留五位有效数字。

7. 试设计一种算法计算多项式

$$a_0 x^8 + a_1 x^{16} + a_2 x^{32}$$

的函数值，并使运算量尽可能少。

第2章　高次代数方程与超越方程数值解法

在工程技术中,许多问题常常可以被归结为求解函数方程 $f(x)=0$ 的问题,有时还要解决方程组的求解问题。方程 $f(x)=0$ 的解 x^* 叫做方程 $f(x)=0$ 的根,或称为 $f(x)$ 的零点。

若 $f(x)$ 为 n 次多项式,则对应的方程称为 n 次代数方程。若 $f(x)$ 为超越函数,则对应的方程称为超越方程。高于4次的代数方程没有精确的求根公式,一般的超越方程更无法求出精确解。因此,对于此类问题,即使根存在,也往往无法用公式表示,或者求出了根的表达式,却因为比较复杂而难以用它来计算根的近似值。所以,当方程的根存在时,研究求方程根的数值方法,就成为迫切需要解决的问题。使用数值方法求方程的根可以直接从方程出发,逐步缩小根的存在区间,或者把根的近似值逐步精确化使之满足一些实际问题的需要。为简单起见,本章只介绍几种常用的求方程近似根的方法。

对于函数方程,其具体的求根过程一般分为两步,即首先确定根的初始近似值 x_0,然后将 x_0 逐步加工成满足精度要求的最终结果。对此,必须具备以下三个要素。

(1) 确定根的初始近似值 x_0。

(2) 给出由 x_k 求出 x_{k+1} 的方法或公式。

(3) 明确误差分析公式。该公式用于确定 x_k 是否满足精度要求,以便确定迭代求根过程结束并输出计算结果。

2.1　根的隔离与二分法

2.1.1　根的隔离

求方程 $f(x)=0$ 的近似根时,首先要确定出根所在的区间 $[a,b]$,这就是所谓根的隔离。对于求一个实方程的实根,根的隔离就是要确定一个区间 $[a,b]$,使 $f(x)=0$ 在区间 $[a,b]$ 内只有一个根,区间 $[a,b]$ 称为有根区间。由连续函数的介值定理可知,如果 $f(x)$ 在 $[a,b]$ 上连续,又 $f(a)\cdot f(b)<0$,则 $f(x)$ 在 (a,b) 内至少有一个实根。如果这时 $f(x)$ 在 $[a,b]$ 内只有一个实根,则 $[a,b]$ 就是方程 $f(x)=0$ 的有根区间。

寻求方程 $f(x)=0$ 的有根区间,通常有如下方法。

1. 做图法

画出函数 $y=f(x)$ 的粗略图形,可确定 $y=f(x)$ 与 x 轴交点的大致位置,从而确定有根区间。但当函数比较复杂时,其图形不易做出,故这种方法只有在函数比较简单时才适用。

2. 逐步搜索法

适当选取某一区间 $[a,b]$,假设 $f(a)\cdot f(b)<0$,从区间左端点 $x_0=a$ 出发,按某个预先选择的步长 h(如取 $h=(b-a)/N$,N 为正整数)逐点检查各节点 $x_k=a+kh$ 上的函数值

$f(x_k)$。当$f(x_k)$与$f(x_{k+1})$的值异号时，那么$[x_k,x_{k+1}]$就是方程$f(x)=0$的一个缩小了的有根区间，其宽度等于预定的步长h。

【例2.1】 考察方程

$$f(x)=x^3-2x^2-4x-7=0$$

注意到$f(0)=-7<0, f(+\infty)>0$，可知$f(x)$至少有一个正实根。

设从$x=0$出发，取$h=1$为步长，计算各点上的函数值见表2-1。

表2-1 各点上的函数值

x	0	1	2	3	4
$f(x)$	负	负	负	负	正

可见，$f(x)=0$在区间(3,4)内必有一个实根，且当$x\in(3,4)$时，$f'(x)=3x^2-4x-4>0$，知$f(x)=0$在区间(3,4)内有唯一的实根，可取$x_0=3$或$x_0=4$作为根的初始近似值。

在具体运用上述方法时，步长h的选择很关键。只要步长h选取的足够小，则利用此方法便可以得到具有任意精度的近似根，也可以找出方程所有的有根区间。但当h缩小时，所要搜索的步数相应增加，从而使计算量增大。因此，当精度要求较高时，可以先采用逐步搜索法取得方程一个较小的有根区间，再使用下述二分法求根。

2.1.2 二分法

所谓二分法，其基本思路是将含有$f(x)=0$根x^*的有根区间$[a,b]$二分，通过判断函数值的符号，逐步对半缩小有根区间，直至将有根区间的长度缩小到小于或等于最大允许误差，然后取区间的中点为根x^*的近似值。其具体做法如下：

设$f(x)$为连续函数，有根区间为$[a,b]$，为便于讨论，不妨设$f(a)\cdot f(b)<0$。取中点$x_0=\dfrac{a+b}{2}$将区间$[a,b]$分为两半，计算$f(x_0)$，若$f(x_0)=0$，则根$x^*=x_0$；否则，若$f(x_0)$与$f(a)$同号，则所求根x^*应落在x_0的右侧，取$a_1=x_0, b_1=b$；若$f(x_0)$与$f(a)$异号，则所求根x^*应落在x_0的左侧，应取$a_1=a, b_1=x_0$，这样得到新的有根区间$[a_1,b_1]$，其长度为$[a,b]$的一半。

如此反复二分下去，可得一有根区间套，即

$$[a,b]\supset[a_1,b_1]\supset[a_2,b_2]\supset\cdots\supset[a_n,b_n]\supset\cdots$$

二分n次后，有根区间$[a_n,b_n]$的长度为

$$b_n-a_n=\frac{b-a}{2^n}$$

当$n\to\infty$时，区间$[a_n,b_n]$的长度必趋向于零，这些区间最终将收敛于一点x^*。该点x^*就是方程$f(x)=0$的根。

当二分n的次数足够大时，就可取$x_n=\dfrac{a_n+b_n}{2}$作为方程$f(x)=0$根的近似值，其误差为

$$|x^*-x_n|\leqslant\frac{b_n-a_n}{2}=\frac{b-a}{2^{n+1}}$$

若预先给定精度要求为 ε，则只需

$$\frac{b-a}{2^{n+1}}<\varepsilon$$

便可以终止计算。

二分法的计算步骤为：

(1) 准备：计算 $f(a)$，$f(b)$。

(2) 二分：计算 $f\left(\frac{a+b}{2}\right)$。

(3) 判断：若 $f\left(\frac{a+b}{2}\right)=0$，则 $x^*=\left(\frac{a+b}{2}\right)$，并终止计算；否则，检验：

若 $f\left(\frac{a+b}{2}\right)\cdot f(a)<0$，则以 $\left(\frac{a+b}{2}\right)$ 代替 b；

若 $f\left(\frac{a+b}{2}\right)\cdot f(a)>0$，则以 $\left(\frac{a+b}{2}\right)$ 代替 a。

(4) 终止判定：若 $|b-a|<\varepsilon$（ε 为预先给定的精度要求），则终止计算，取 $x^*=\left(\frac{a+b}{2}\right)$；否则，转(2)。

二分法的优点是算法简单，程序编制容易，对函数 $f(x)$ 的性质要求不高，仅要求 $f(x)$ 连续且在区间端点的函数值异号，收敛性总能得到保证，但收敛速度较慢。

【例 2.2】 求方程

$$f(x)=x^3-2x^2-4x-7=0$$

在区间[3,4]内的一个实根，要求精确到小数点后的第二位。

解：由于题目要求精确到小数点后的第二位，故方程根近似值 x^* 的绝对误差限为 $\varepsilon=0.005$。

由例 2.1 知，$f(x)=x^3-2x^2-4x-7=0$ 在区间[3,4]内有唯一的实根，因此取 $a=3$，$b=4$，且 $f(a)=f(3)=-10<0$，$f(b)=f(4)=9>0$，取区间 $[a,b]$ 的中点 $x_0=\frac{1}{2}(a+b)=3.5$，由于 $f(x_0)=f(3.5)<0$，即 $f(x_0)$ 与 $f(a)$ 同号，与 $f(b)$ 异号，可令 $a_1=x_0=3.5$，$b_1=b=4$，得到新的有根区间 $[a_1,b_1]$。

对新的有根区间 $[a_1,b_1]$ 再取中点 $x_1=\frac{1}{2}(a_1+b_1)=3.75$，计算 $f(x_1)$，再与 $f(a_1)$ 比较符号，得到新的有根区间 $[a_2,b_2]$。

重复上述过程，直至求出满足精度要求的根。

下面依据方程根近似解 x^* 的绝对误差限 $\varepsilon=0.005$ 的要求，给出循环二分次数的估计。按误差估计式

$$|x^*-x_n|\leqslant\frac{b_n-a_n}{2}=\frac{b-a}{2^{n+1}}$$

因初始有根区间长度 $b-a=1$，故只需二分 7 次便可达到精度要求，即

$$|x^*-x_7|\leqslant 0.005$$

其详细计算结果见表 2-2。

表 2-2　详细计算结果

n	a_n	b_n	x_n	$f(x_n)$的符号
0	3	4	3.5	负
1	3.5	4	3.75	正
2	3.5	3.75	3.625	负
3	3.625	3.75	3.688	正
4	3.625	3.688	3.657	正
5	3.625	3.657	3.641	正
6	3.625	3.641	3.633	正
7	3.625	3.633	3.629	负

所以，方程的近似根 $x^* = 3.63$。

2.2　一般迭代法

迭代法是数值计算中一类典型的"不精确"算法。其特点是算法的逻辑结构、数据组织清晰简单，容易编程实现。随着计算机在各学科的普遍使用，迭代法的应用会更为广泛。

2.2.1　一般迭代法及其收敛性

1. 一般迭代法

迭代法是一种逐次逼近的方法。其本质是用某种收敛于所给问题精确值的极限过程，逐步逼近精确解。该方法使用某个固定公式，通过反复校正根的近似值，直到满足精度要求为止。

对于给定方程

$$f(x) = 0 \tag{2-1}$$

其中，$f(x)$在有根区间$[a,b]$上是连续函数，将其改写为等价形式，即

$$x = \phi(x) \tag{2-2}$$

在$[a,b]$上任取初值 x_0 作为根的初始近似值，并代入式(2-2)的右端，得到根的改进初始近似值 $x_1 = \phi(x_0)$，如此反复进行，便得到迭代公式

$$x_{n+1} = \phi(x_n) \qquad n = 0,1,2,\cdots \tag{2-3}$$

如果 $\phi(x)$是连续函数，且$\lim\limits_{n\to\infty} x_n = x^*$存在，则对式(2-3)两边取极限，即得

$$x^* = \phi(\lim_{n\to\infty} x_n) = \phi(x^*)$$

所以，x^*是$f(x) = 0$的一个根。这时称迭代公式(2-3)是收敛的；否则，就是发散的。x_0 称为初始近似值。x_n 称为 n 次近似值。$\phi(x)$称为迭代函数。$x_{n+1} = \phi(x_n)$，$n = 0,1,2,\cdots$称为迭代公式。

【例 2.3】　用迭代法求方程 $e^{2x} + 3x - 7 = 0$ 的根，精确到小数点后 4 位。

解：将原方程 $e^{2x} + 3x - 7 = 0$ 改写成

$$x = \frac{1}{2}\ln(7 - 3x)$$

从而得迭代公式

$$x_{n+1}=\frac{1}{2}\ln(7-3x_n),n=0,1,2,\cdots$$

取初始值 $x_0=1$，迭代结果见表 2-3。

表 2-3　迭代结果

n	x_n	n	x_n
0	1	5	0.771 243
1	0.693 147	6	0.772 319
2	0.796 711	7	0.771 974
3	0.764 100	8	0.772 085
4	0.774 600	9	0.772 069

由表 2-3 可见，如果仅取 4 位有效数字，则结果 x_8 与 x_9 完全相同，这时可以认为 x_9 实际上已满足方程，从而得到所求的根 $x^*=0.772\ 1$。

也可从几何上来看迭代过程（如图 2-1 所示），即方程 $x=\phi(x)$ 的求根问题实际上就是求曲线 $y=\phi(x)$ 与直线 $y=x$ 的交点 P^* 的横坐标。对于 x^* 的某个近似值 x_0，在曲线 $y=\phi(x)$ 上可以确定一个点 $P_0(x_0,y_0)$，过 P_0 引平行于 x 轴的直线，设交直线 $y=x$ 于点 Q_1，然后过 Q_1 再做平行于 y 轴的直线，它与曲线 $y=\phi(x)$ 的交点记为 P_1，则点 P_1 的横坐标为 x_1，纵坐标等于 $\phi(x_1)=x_2$。继续下去，则在曲线 $y=\phi(x)$ 上得到一个点列 $P_1,P_2,\cdots$，此点列沿曲线趋向于 P^*，而点列的横坐标 $x_{n+1}=\phi(x_n)$ 收敛到所求的根 x^*。若曲线 $y=\phi(x)$ 与直线 $y=x$ 无交点，则 x_n 将发散。

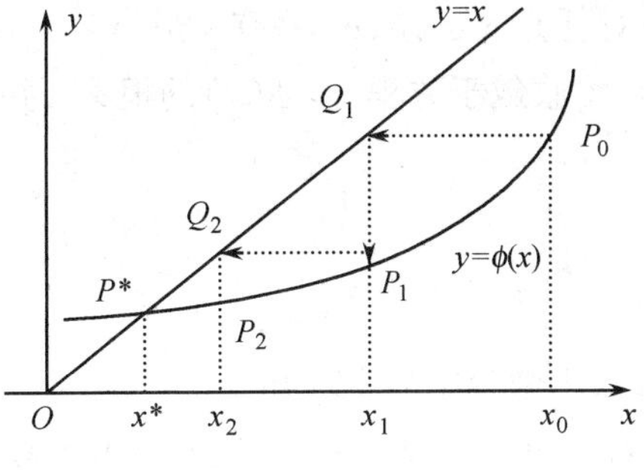

图 2-1　迭代过程的几何图

由前述讨论，若迭代序列收敛，则必收敛到方程的根，因此迭代法的核心问题是迭代序列是否收敛。用迭代法确定方程的近似根，必须解决下述两个问题：

（1）如何确定迭代函数 $\phi(x)$ 使迭代序列对任意给定的初值收敛，如果无法保证迭代法对任意初值都收敛，则必须给出选取 x_0 的可执行的量化标准；

（2）当迭代序列收敛时，如何估计 n 次近似解的误差以决定迭代过程是否结束。

对于问题（1），迭代函数的选取将直接影响迭代过程的敛散性。如在例 2.3 中迭代公式取

$$x=\frac{1}{3}(7-e^{2x})$$

则其迭代函数为　$\phi(x)=\frac{1}{3}(7-e^{2x})$，即按公式

$$x_{n+1}=\frac{1}{3}(7-e^{2x_n})$$

迭代，仍取初值 $x_0=1$，可得表 2-4 的结果。

表 2-4

n	x_n	n	x_n
0	1	4	-18.86
1	0.359608	5	2.33333
2	-0.129685	6	-33.114
3	2.796711		

上述结果表明，迭代过程明显发散。一个发散的迭代过程，无论迭代多少次，其结果必然毫无价值。

对于问题(2)，即使迭代过程收敛，如果未能给出 n 次近似解的误差估计，则自然也无法确定迭代过程何时结束，也无法编程实现。

因此，对迭代算法的设计和使用，不能盲目地建立迭代函数，必须首先保证其收敛，再结合实际问题，给出相应的误差分析。

2. 迭代法的收敛性

定理 2.1　设 $\phi(x)$ 在 (a,b) 上具有连续的一阶导数，且对任意 $x\in(a,b)$ 总有 $\phi(x)\in(a,b)$，存在 $0\leqslant q<1$，使得对任意 $x\in(a,b)$ 总有 $|\phi'(x)|\leqslant q$ 成立，则迭代公式 $x_{n+1}=\phi(x_n)$ 对任意初值 $x_0\in(a,b)$ 均收敛于方程 $x=\phi(x)$ 的根 x^*，并且具有下列估计式，即

$$|x^*-x_n|\leqslant\frac{q}{1-q}|x_n-x_{n-1}| \tag{2-4}$$

和

$$|x^*-x_n|\leqslant\frac{q^n}{1-q}|x_1-x_0| \tag{2-5}$$

证明：首先证明 $\{x_n\}$ 收敛，由微分中值定理知

$$|x_{n+1}-x_n|=|\phi(x_n)-\phi(x_{n-1})|=|\phi'(\xi)|\,|x_n-x_{n-1}|\leqslant q|x_n-x_{n-1}| \tag{2-6}$$

反复递推，对任意正整数 r，有

$$|x_{n+r}-x_{n+r-1}|\leqslant q^r|x_n-x_{n-1}|$$

从而对任意正整数 m，有

$$\begin{aligned}|x_{n+m}-x_n|&\leqslant|x_{n+m}-x_{n+m-1}|+|x_{n+m-1}-x_{n+m-2}|+\cdots+|x_{n+1}-x_n|\\&\leqslant(q^m+q^{m-1}+\cdots+q)|x_n-x_{n-1}|\\&=\frac{q(1-q^m)}{1-q}|x_n-x_{n-1}|\end{aligned} \tag{2-7}$$

再反复使用式(2-6)，可得

$$|x_n-x_{n-1}|=q|x_{n-1}-x_{n-2}|\leqslant\cdots\leqslant q^{n-1}|x_1-x_0|$$

再由式(2－7)知

$$|x_{n+m}-x_n| \leqslant \frac{(1-q^m)}{1-q}q^n|x_1-x_0| \leqslant \frac{q^n}{1-q}|x_1-x_0| \tag{2-8}$$

由于 $q<1$,故式(2－8)表明$\{x_n\}$是一柯西数列,从而有极限 x^*。由上一节证明知,x^*就是方程 $x=\phi(x)$的根。在式(2－7)中令 $m\to\infty$,即得式(2－4);在式(2－8)中令 $m\to\infty$,即得式(2－5)。

式(2－4)说明,只要前后两次迭代的偏差$|x_n-x_{n-1}|$充分小,就可以保证误差$|x^*-x_n|$足够小,即要使$|x^*-x_n|\leqslant\varepsilon$,只需

$$|x^*-x_n| \leqslant \frac{q}{1-q}|x_n-x_{n-1}| \leqslant \varepsilon$$

即

$$|x_n-x_{n-1}| \leqslant \frac{1-q}{q}\varepsilon$$

如取

$$\varepsilon_1 = \frac{1-q}{q}\varepsilon$$

则可用$|x_n-x_{n-1}|<\varepsilon_1$来控制迭代过程的结束。这里 ε 是预先给定的精度要求。

若在所求根 x^*邻近进行考察,则有下述局部收敛定理:

定理 2.2　设 x^*是方程 $x=\phi(x)$的根,如果 $\phi(x)$在 x^*的某个邻域内具有连续的一阶导数,而且对于该邻域内的一切 x 有$|\phi'(x)|\leqslant q<1$成立,则迭代公式 $x_{n+1}=\phi(x_n)$对该邻域内的任意初值 x_0 均收敛于方程 $x=\phi(x)$的根 x^*。

按迭代公式 $x_{n+1}=\phi(x_n)$求方程 $x=\phi(x)$的根 x^*的步骤为:

(1) 准备:选定初始近似值 x_0,控制发散常数 M 及精度要求常数 ε,计算 $\varepsilon_1=\dfrac{1-q}{q}\varepsilon$;

(2) 迭代:计算 $x_1=\phi(x_0)$;

(3) 判断:如果$|x_1-x_0|>M$,则打印发散信息;否则,如果$|x_1-x_0|<\varepsilon_1$,则终止迭代,取 x_1 作为所求根 x^*;否则,以 x_1 替换 x_0,转(2)继续下一步迭代。

对于 $x=\phi(x)$,由于满足$|\phi'(x)|\leqslant q<1$的 q 值难于精确计算,因而不易由 ε 出发,通过 $\varepsilon_1=\dfrac{1-q}{q}\varepsilon$ 计算 ε_1,一般可直接用 ε 作为算法的误差控制。

【例 2.4】　求方程 $x=e^{-x}$在 $x_0=0.5$ 附近的近似根,要求精确到小数点后三位。

解:设 $f(x)=x-e^{-x}$。首先取 $h=0.1$,采用逐步搜索法确定有根区间,由 $f(0.5)\times f(0.6)<0$知方程在区间[0.5,0.6]上有一个根,取迭代公式

$$x_{n+1}=e^{-x_n},\quad n=0,1,2,\cdots$$

其迭代函数为

$$\phi(x)=e^{-x}$$

则对于任意 $x\in[0.5,0.6]$,有

$$|\phi'(x)|=e^{-x}\leqslant e^{-0.5}\approx 0.607<1$$

由定理 2.2 知,如取初值 $x_0=0.5$,则迭代过程

$$x_{n+1}=e^{-x_n},\quad n=0,1,2,\cdots$$

必收敛。迭代结果见表 2-5。

表 2-5 迭代结果

n	x_n	$x_n - x_{n-1}$
0	0.5	
1	0.606 53	0.106 53
2	0.545 24	−0.061 29
3	0.579 70	0.034 46
4	0.560 07	−0.019 64
5	0.571 17	0.011 00
6	0.564 86	−0.006 31
7	0.568 44	0.003 58
8	0.566 41	−0.002 03
9	0.567 56	0.001 15
10	0.566 91	−0.000 65
11	0.567 28	−0.000 37

由表 2-5 可见，$|x_{11} - x_{10}| < \varepsilon = \frac{1}{2} \times 10^{-3}$，因此取 $x^* = 0.567$。

2.2.2 加速迭代法

有些迭代过程虽然是收敛的，但有时迭代过程收敛缓慢，从而使计算量变得很大。因此，迭代过程的加速是数值计算的一个重要研究课题。

加速过程的基本思想：对于方程求根的迭代公式，每一步迭代 $x_{n+1} = \phi(x_n)$ 都是试图由 x_n 求出更接近原方程根 x^* 的近似值 x_{n+1} 的过程。若在求出 x_{n+1} 后能估计出 x^* 与 x_{n+1} 的误差，并对其做相应修正，则有可能获得更好的近似值 $\bar{x}_{n+1}$，算法的收敛速度自然可获提高。

1. *松弛法*

设 $\bar{x}_{n+1}$ 为近似值 x_n 经一次迭代得到的结果，即

$$\bar{x}_{n+1} = \phi(x_n)$$

仍用 x^* 表示原方程根的精确值，即

$$x^* = \phi(x^*)$$

将上述两式相减，得

$$x^* - \bar{x}_{n+1} = \phi(x^*) - \phi(x_n)$$

由微分中值定理，有

$$x^* - \bar{x}_{n+1} = \phi'(\xi)(x^* - x_n) \tag{2-9}$$

其中，ξ 属于 x^* 与 x_n 构成的开区间。

如果 $\phi'(x)$ 在求根范围内变化不大，$\phi'(x)$ 近似地取某个定值 α（由收敛条件 $|\alpha| \leqslant q < 1$），则有

$$x^* - \bar{x}_{n+1} \approx \alpha(x^* - x_n)$$

即

$$x^* \approx \frac{1}{1-\alpha}\bar{x}_{n+1} - \frac{\alpha}{1-\alpha}x_n$$

将上式两边同时减去 $\bar{x}_{n+1}$ 得

$$x^* - \bar{x}_{n+1} \approx \frac{\alpha}{1-\alpha}(\bar{x}_{n+1} - x_n)$$

以该近似误差对 $\bar{x}_{n+1}$ 进行修正，则有

$$\begin{aligned} x_{n+1} &= \bar{x}_{n+1} + \frac{\alpha}{1-\alpha}(\bar{x}_{n+1} - x_n) \\ &= \frac{1}{1-\alpha}\bar{x}_{n+1} + \frac{-\alpha}{1-\alpha}x_n \end{aligned}$$

如令 $\omega = \frac{1}{1-\alpha}$，则 $1-\omega = 1 - \frac{1}{1-\alpha} = \frac{-\alpha}{1-\alpha}$，将上式进一步整理为

$$x_{n+1} = \omega\bar{x}_{n+1} + (1+\omega)x_n$$

其中，ω 称为松弛因子。

这样得到的迭代序列 $\{\bar{x}_n\}$，其收敛速度一般都要高于 $\{x_n\}$，加速迭代过程归纳为：

迭代　$\bar{x}_{n+1} = \phi(x_n)$

改进　$x_{n+1} = \bar{x}_{n+1} + \frac{\alpha}{1-\alpha}(\bar{x}_{n+1} - x_n)$

2. 埃特金(Aitken)加速法

上述松弛法的松弛因子 ω 的确定比较困难(与 $\phi'(x)$ 有关)，在实际使用时也不太方便。若在求出 x^* 的近似值 x_n 后，先求出迭代值

$$x_{n+1}^{(1)} = \phi(x_n)$$

再一次迭代得

$$x_{n+1}^{(2)} = \phi(x_{n+1}^{(1)})$$

用平均变化率

$$\frac{\phi(x_{n+1}^{(1)}) - \phi(x_n)}{x_{n+1}^{(1)} - x_n} = \frac{x_{n+1}^{(2)} - x_{n+1}^{(1)}}{x_{n+1}^{(1)} - x_n}$$

代替式(2-9)中的 $\phi'(\xi)$，则有

$$x^* - x_{n+1}^{(1)} \approx \frac{x_{n+1}^{(2)} - x_{n+1}^{(1)}}{x_{n+1}^{(1)} - x_n}(x^* - x_n)$$

则

$$x^* \approx \frac{x_{n+1}^{(2)}x_n - (x_{n+1}^{(1)})^2}{x_{n+1}^{(2)} - 2x_{n+1}^{(1)} + x_n} = x_{n+1}^{(2)} - \frac{(x_{n+1}^{(2)} - x_{n+1}^{(1)})^2}{x_{n+1}^{(2)} - 2x_{n+1}^{(1)} + x_n}$$

上式的第二项可看做是对近似值 $x_{n+1}^{(2)}$ 的修正，则有迭代公式

$$x_{n+1} = x_{n+1}^{(2)} - \frac{(x_{n+1}^{(2)} - x_{n+1}^{(1)})^2}{x_{n+1}^{(2)} - 2x_{n+1}^{(1)} + x_n}$$

这样构造的公式与导数 $\phi'(x)$ 无关，但每一步先要进行两次迭代，这一迭代过程称为埃特金(Aitken)加速法。其具体算法归纳如下：

迭代　$x_{n+1}^{(1)} = \phi(x_n)$

迭代 $$x_{n+1}^{(2)} = \phi(x_{n+1}^{(1)})$$

改进 $$x_{n+1} = x_{n+1}^{(2)} - \frac{(x_{n+1}^{(2)} - x_{n+1}^{(1)})^2}{x_{n+1}^{(2)} - 2x_{n+1}^{(1)} + x_n}$$

【例 2.5】 用埃特金(Aitken)加速法求方程 $e^{2x} + 3x - 7 = 0$ 的根。

解:将原方程 $e^{2x} + 3x - 7 = 0$ 改写成 $x = \frac{1}{2}\ln(7 - 3x)$

从而得到迭代函数

$$\phi(x) = \frac{1}{2}\ln(7 - 3x)$$

埃特金迭代过程为

迭代 $$x_{n+1}^{(1)} = \phi(x_n)$$

迭代 $$x_{n+1}^{(2)} = \phi(x_{n+1}^{(1)})$$

改进 $$x_{n+1} = x_{n+1}^{(2)} - \frac{(x_{n+1}^{(2)} - x_{n+1}^{(1)})^2}{x_{n+1}^{(2)} - 2x_{n+1}^{(1)} + x_n}$$

取初始值 $x_0 = 1$,迭代结果见表 2-6。

表 2-6 初始值 $x_0 = 1$ 的迭代结果

n	x_n
0	1
1	0.770 578
2	0.772 058
3	0.772 058

由表 2-6 可见,经过两步迭代即可精确到小数点后 4 位,与例 2.3 中的一般迭代法相比,埃特金加速法具有明显的加速效果。

2.3 牛 顿 法

2.3.1 牛顿迭代公式

牛顿法是求方程 $f(x) = 0$ 近似根的重要方法,是非线性方程线性化的方法。

设方程 $f(x) = 0$ 的一个近似根为 x_0,将 $f(x)$ 在 x_0 附近做泰勒展开,即

$$f(x) = f(x_0) + f'(x_0)(x - x_0) + \frac{f''(x_0)}{2!}(x - x_0)^2 + \cdots$$

用一阶泰勒展开式来近似 $f(x)$,则得

$$f(x) \approx f(x_0) + f'(x_0)(x - x_0) = 0$$

这是一个线性方程,设 $f'(x_0) \neq 0$,则得

$$x = x_0 - \frac{f(x_0)}{f'(x_0)}$$

取 $x_1 = x_0 - \dfrac{f(x_0)}{f'(x_0)}$作为原方程的一个新的近似根 x_1，即

$$x_1 = x_0 - \frac{f(x_0)}{f'(x_0)}$$

继续上述过程，得到一般迭代公式

$$x_{n+1} = x_0 - \frac{f(x_n)}{f'(x_n)} \qquad n = 0,1,2,\cdots \tag{2-10}$$

这就是著名的牛顿迭代公式。这种迭代法称为牛顿迭代法。

牛顿迭代法有着明显的几何意义（如图 2-2 所示）。方程 $f(x) = 0$ 的根 x^* 在几何上为曲线 $y = f(x)$ 与 x 轴交点的横坐标。设 x_n 是根 x^* 的某个近似值，过曲线 $y = f(x)$ 上横坐标为 x_n 的点 $p_n(x_n, f(x_n))$ 做切线，则该切线的方程为

$$y = f(x_n) + f'(x_n)(x - x_n)$$

于是该切线与 x 轴交点的横坐标 x_{n+1} 必满足

$$f(x_n) + f'(x_n)(x_{n+1} - x_n) = 0$$

若 $f'(x_n) \neq 0$，则解出 x_{n+1} 便得牛顿迭代法公式(2－10)。所以，牛顿迭代法就是用切线的根来逐步逼近方程 $f(x) = 0$ 的根 x^*，因而也称为切线法。

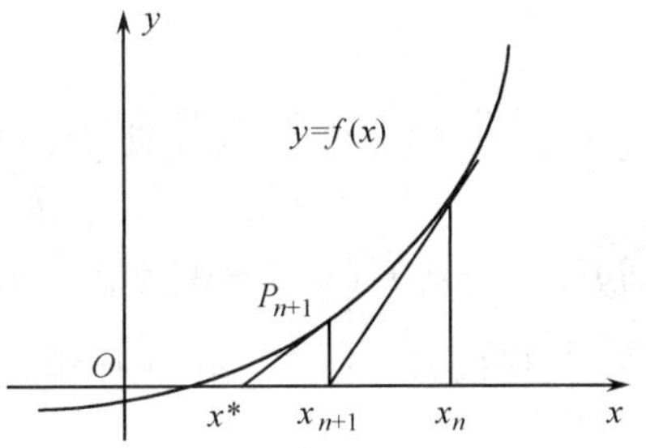

图 2-2　牛顿迭代法的几何意义

2.3.2　牛顿法的收敛性

一般迭代法和牛顿法都具有迭代过程，那么怎样比较迭代法的优劣呢？首先要考察迭代法是否收敛，其次还要考察其收敛速度，也就是在迭代过程中迭代误差的下降速度。

定义 2.1　设迭代过程 $x_{n+1} = \phi(x_n)$ 收敛于方程 $x = \phi(x)$ 的根 x^*，记迭代误差为 $e_n = x_n - x^*$，若

$$\lim_{n\to\infty} \frac{e_{n+1}}{e_n^p} = c \qquad c \neq 0 \text{ 为常数}$$

则称该迭代过程是 p 阶收敛的。特别地，当 $p = 1$ 时，称为线性收敛；当 $p > 1$ 时，称为超线性收敛；当 $p = 2$ 时，称为平方收敛。

显然，对某迭代过程，p 值越大，说明收敛速度越快。

定理 2.3　对于迭代过程 $x_{n+1} = \phi(x_n)$，如果 $\phi^{(p)}(x)$ 在所求根 x^* 的某邻域内连续，并且满足

$$\phi'(x^*) = \phi''(x^*) = \cdots = \phi^{(p-1)}(x^*) = 0 \qquad \phi^{(p)}(x^*) \neq 0$$

则该迭代过程在所求根 x^* 的某邻域内是 p 阶收敛的。

证明：由于 $\phi'(x^*)=0$，由定理 2.2 知，迭代过程 $x_{n+1}=\phi(x_n)$ 具有局部收敛性。

将 $\phi(x_n)$ 在根 x^* 处做 p 阶泰勒展开，由题设条件，有

$$\phi(x_n)=\phi(x^*)+\frac{\phi^{(p)}(\xi_n)}{p!}(x_n-x^*)^p \qquad \xi_n \text{ 介于 } x_n \text{ 与 } x^* \text{ 之间}$$

由于 $\phi(x_n)=x_{n+1}$，$\phi(x^*)=x^*$，由上式得

$$x_{n+1}-x^*=\frac{\phi^{(p)}(\xi_n)}{p!}(x_n-x^*)^p$$

因此

$$\frac{e_{n+1}}{e_n^p}=\frac{\phi^{(p)}(\xi_n)}{p!}\to\frac{\phi^{(p)}(x^*)}{p!}$$

这说明迭代过程 $x_{n+1}=\phi(x_n)$ 确实是 p 阶收敛的。

由上述定理知，迭代过程的收敛速度依赖于迭代函数 $\phi(x)$ 的选取。如果当 $x\in[a,b]$ 时 $\phi'(x)\neq 0$，则该迭代过程只可能是线性收敛的。

对于牛顿迭代公式（2－10），其迭代函数为

$$\phi(x)=x-\frac{f(x)}{f'(x)}$$

由于

$$\phi'(x)=1-\frac{[f'(x)]^2-f(x)f''(x)}{[f'(x)]^2}=\frac{f(x)f''(x)}{[f'(x)]^2}$$

假定 x^* 是 $f(x)=0$ 的单根，即 $f(x^*)=0$，$f'(x^*)\neq 0$，则由上式知 $\phi'(x^*)=0$，对上式再求一阶导数，可得 $\phi''(x^*)=\dfrac{f''(x^*)}{f'(x^*)}$，所以若 $f''(x^*)\neq 0$，则牛顿迭代过程在根 x^* 的邻域内是平方收敛的。由此可见，牛顿法的收敛速度是相当快的。但当 $f'(x)\approx 0$ 时，牛顿法收敛速度较慢。

对于方程 $x=\phi(x)$，由于它的根 x^* 在迭代前并不知道，因而定理 2.3 的条件不易验证。为此，下面给出判定牛顿法收敛的一个充分条件，并给出初始值的选取原则。

定理 2.4　设函数 $f(x)$ 在 $[a,b]$ 上存在二阶导数，且满足下列条件：

（1）$f(a)\cdot f(b)<0$；

（2）$f'(x)$ 和 $f''(x)$ 在 $[a,b]$ 上连续且不变号；

（3）对 $x_0\in[a,b]$，有 $f(x_0)\cdot f''(x_0)>0$。

则牛顿迭代序列 $\{x_n\}$ 收敛于方程 $f(x)=0$ 在 (a,b) 内唯一的根 x^*。

证明：由条件（1）知，方程 $f(x)=0$ 在 (a,b) 内至少存在一个根 x^*，由条件（2）知，$f'(x)\neq 0$，因而 $f(x)$ 在 (a,b) 内只有唯一的根。

由条件（2）知，$f'(x)$ 和 $f''(x)$ 在 $[a,b]$ 上只能是下列四种情形之一：

$$f'(x)>0,f''(x)>0;\ f'(x)>0,f''(x)<0;$$

$$f'(x)<0,f''(x)<0;\ f'(x)<0,f''(x)>0。$$

下面仅就第一种情形 $f'(x)>0$，$f''(x)>0$ 证明，其他情形的证明类似。

由 $f(a)\cdot f(b)<0$，$f'(x)>0$ 知，$f(x)$ 单调递增，因而 $f(a)<0$。由条件（3）知，$f(x_0)>0$，

从而 $x_0 > x^*$，且对于任意 $x > x^*$，必有 $f(x) > 0$，于是由

$$x_{n+1} - x^* = \phi(x_n) - \phi(x^*) = \phi'(\xi_n)(x_n - x^*)$$
$$= \frac{f(\xi_n)f''(\xi_n)}{[f'(\xi_n)]^2}(x_n - x^*)$$

知，只要 $x_0 > x^*$，则 $x_{n+1} > x^*$。又因

$$x_{n+1} = x_n - \frac{f(x_n)}{f'(x_n)}$$

则 $x_{n+1} < x_n$，因此迭代序列 $\{x_n\}$ 为一单调递减且有下界 x^* 的序列，从而必有极限。设此极限值为 α，对上式两端取极限，得 $\alpha = \alpha - \dfrac{f(\alpha)}{f'(\alpha)}$，因而 $f(\alpha) = 0$，即 $\alpha = x^*$。

定理 2.4 表明，在用迭代法求方程根时，可先用逐步搜索法找出方程 $f(x) = 0$ 的有根区间 $[a,b]$，并尽量使有根区间 $[a,b]$ 较小，从而在 $[a,b]$ 上 $f'(x)$ 与 $f''(x)$ 都不变号。这时，只要选取使 $f(x_0)$ 与 $f''(x_0)$ 同号的 x_0 作为初始值，则由牛顿迭代公式便可得到方程 $f(x) = 0$ 的根 x^*。

用牛顿法求根要经过两个步骤：要确定根 x^* 的范围 $[a,b]$，并验证满足收敛性定理，由此确定初值 x_0；迭代过程下面将给出迭代过程的算法步骤。

（1）准备：选定初始近似值 x_0，精度要求 $\varepsilon_1, \varepsilon_2$ 和控制迭代次数 K，计算 $f_0 = f(x_0)$，$f'_0 = f'(x_0)$，取 $k = 0$。

（2）迭代：按公式

$$x_1 = x_0 - \frac{f_0}{f'_0}$$

迭代一次，得新值 x_1，计算 $f_1 = f(x_1)$，$f'_1 = f'_1(x_1)$。

（3）判断：如果 $|x_1 - x_0| < \varepsilon_1$ 或 $|f'_1| \leqslant \varepsilon_2$，则终止迭代，取 x_1 作为所求根 x^*；否则，令 $k = k+1$，以 x_1、f_1、f'_1 替换 x_0、f_0、f'_0，转(2)继续下一步迭代。如果迭代次数 k 超过预先指定的次数 K 时仍达不到精度要求，则打印发散信息。

【例 2.6】 用牛顿法求方程 $x^3e^x - 2 = 0$ 的根。

解：令 $f(x) = x^3e^x - 2$，则 $f'(x) = (3x^2 + x^3)e^x$，由牛顿迭代公式

$$x_{n+1} = x_n - \frac{f(x_n)}{f'(x_n)}$$

代入整理得

$$x_{n+1} = x_n - \frac{x_n^3 e^{x_n} - 2}{(3x_n^2 + x_n^3)e^{x_n}} \qquad n = 0,1,2,\cdots$$

取初始值 $x_0 = 1$，迭代结果见表 2-7。

由表 2-7 可见，经过 4 次迭代即可精确到小数点后 6 位，收敛速度较快。

【例 2.7】 用牛顿法求方程 $e^{2x} + 3x - 7 = 0$ 的根。

解：令 $f(x) = e^{2x} + 3x - 7$，由牛顿迭代公式(2-10)得

$$x_{n+1} = x_n - \frac{e^{2x_n} + 3x_n - 7}{2e^{x_n} + 3} \qquad n = 0,1,2,\cdots$$

取初始值 $x_0 = 1$，迭代结果见表 2-8。

表 2-7

n	x_n
0	1
1	0. 933 940
2	0. 925 600
3	0. 925 479
4	0. 925 479

表 2-8

n	x_n
1	0. 809 369
2	0. 773 105
3	0. 772 059
4	0. 772 058
5	0. 772 058

由表 2-8 可见，经过 4 次迭代即可精确到小数点后 5 位，经过 5 次迭代即可精确到小数点后 6 位，而用一般迭代法（例 2. 3）需迭代 9 次才可精确到小数点后 4 位。可见，牛顿法收敛速度相当快。

2.4 弦 截 法

上一节介绍的牛顿法在求 x_{n+1}时不但要给出函数值$f(x_n)$，还必须计算$f'(x_n)$，当$f(x)$比较复杂时，计算$f'(x_n)$可能有困难。本节介绍的弦截法是选差商$\frac{f(x_n)-f(x_{n-1})}{x_n-x_{n-1}}$代替导数$f'(x_n)$从而获得迭代公式。它的收敛速度也相当快，是工程计算中常用的方法之一。

对于牛顿法迭代公式

$$x_{n+1}=x_n-\frac{f(x_n)}{f'(x_n)}$$

用$\frac{f(x_n)-f(x_{n-1})}{x_n-x_{n-1}}$近似代替$f'(x_n)$可得迭代公式

$$x_{n+1}=x_n-\frac{f(x_n)}{f(x_n)-f(x_{n-1})}(x_n-x_{n-1}) \qquad (2-11)$$

利用公式（2－11）求方程$f(x)=0$根的近似值方法就叫做弦截法。其几何意义如图 2. 3 所示。设方程$f(x)=0$ 的一个有根区间为$[a,b]$，连接曲线$y=f(x)$上的两点$A(a,f(a))$和$B(b,f(b))$得弦 AB，令 $x_0=a, x_1=b$，则弦 AB 的方程为

$$y=f(x_1)+\frac{f(x_1)-f(x_0)}{x_1-x_0}(x-x_1)$$

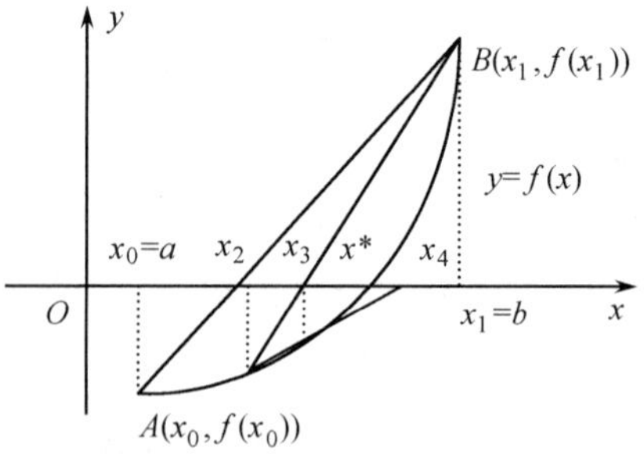

图 2-3 弦截法的几何意义

令 $y=0$,得弦 AB 与 x 的轴交点为

$$x_2 = x_1 - \frac{f(x_1)}{f(x_1)-f(x_0)}(x_1 - x_0)$$

以 x_2 作为方程根 x^* 的一个近似值,又过曲线 $y=f(x)$ 上的两点$(x_1,f(x_1))$和$(x_2,f(x_2))$做弦,得它与 x 轴的交点为

$$x_3 = x_2 - \frac{f(x_2)}{f(x_2)-f(x_1)}(x_2 - x_1)$$

则 x_3 作为根 x^* 的一个新的近似值。这样继续做下去,得到一般迭代公式(2-11)。

定理 2.5　若 $f(x)$ 在根 x^* 的某个邻域 $U(\delta)$ 内有二阶连续导数,且对任意的 $x\in U(\delta)$ 有 $f'(x)\neq 0$,则当 $U(\delta)$ 充分小时,对 $U(\delta)$ 内任意的 x_0、x_1,由弦截法的迭代公式(2-11)得到的近似值序列 $\{x_n\}$ 即可收敛到方程 $f(x)=0$ 的根 x^*。

证明*:首先用归纳法证明,当 $x_{n-1},x_n\in U(\delta)$ 时,x_{n+1} 也属于邻域 $U(\delta)$。

设过点$(x_{n-1},f(x_{n-1}))$和$(x_n,f(x_n))$的直线方程为

$$p_1(x) = f(x_{n-1}) + \frac{f(x_n)-f(x_{n-1})}{x_n - x_{n-1}}(x - x_{n-1})$$

则

$$f(x) - p_1(x) = \frac{1}{2}f''(\xi_1)(x-x_n)(x-x_{n-1}) \text{(线性插值余项)}$$

由于 $f(x^*)=0$,所以有

$$\begin{aligned} p_1(x^*) &= -\frac{1}{2}f''(\xi_1)(x^*-x_n)(x^*-x_{n-1}) \\ &= -\frac{1}{2}f''(\xi_1)e_n e_{n-1} \qquad (2-12) \end{aligned}$$

式中,$e_n = x_n - x^*$,表示迭代误差。

另一方面,由弦截法知 x_{n+1} 是 $p_1(x)=0$ 的根,所以

$$\begin{aligned} p_1(x^*) &= p_1(x^*) - p_1(x_{n+1}) \\ &= \frac{f(x_n)-f(x_{n-1})}{x_n - x_{n-1}}(x^* - x_{n+1}) \\ &= -f'(\xi_2)(x_{n+1}-x^*) \\ &= -f'(\xi_2)e_{n+1} \qquad (2-13) \end{aligned}$$

由式(2-12),式(2-13)得

$$e_{n+1} = \frac{f''(\xi_1)}{2f'(\xi_2)}e_n e_{n-1} \qquad (2-14)$$

因为 ξ_1,ξ_2 均在 x_{n-1},x_n 与 x^* 所界定的区间内,所以当 $x_{n-1},x_n\in U(\delta)$ 时,必有 $\xi_1,\xi_2\in U(\delta)$。令

$$M = \frac{\max\limits_{x\in U(\delta)}|f''(x)|}{\min\limits_{x\in U(\delta)}|f'(x)|}$$

选取邻域 $U(\delta)$ 充分小,以保证

$$M\delta < 1$$

则当 $x_{n-1},x_n\in U(\delta)$ 时,由式(2-14)有

$$\begin{aligned}|e_{n-1}| &\leq \frac{1}{2}M|e_n| \times |e_{n-1}| \\ &\leq \frac{1}{2}M\delta \times \delta < \delta \end{aligned} \tag{2-15}$$

于是 $x_{n+1} \in U(\delta)$。注意到已假定 $x_0, x_1 \in U(\delta)$，从而一切 x_n 全属于 $U(\delta)$。

其次，由递推不等式(2-15)知

$$|e_n| \leq \frac{1}{M}(M\delta)^n$$

故当 $n \to \infty$ 时，有 $e_n \to 0$，即 $x_n \to x^*$。因此收敛性得证。

由定理 2.5 的证明知，当邻域 $U(\delta)$ 充分小，即 x_0, x_1 充分接近于 x^* 时，弦截法一定收敛。若 x_0, x_1 离 x^* 距离较大，则弦截法可能发散。

弦截法的计算步骤可归纳如下：

(1) 准备：选定初始近似值为 x_0 和 x_1，精度要求为 ε_1 和 ε_2，控制迭代次数为 K，计算 $f(x_0)$，$f(x_1)$，令 $k=0$；

(2) 迭代：按公式

$$x_2 = x_1 - \frac{f(x_1)}{f(x_1) - f(x_0)}(x_1 - x_0)$$

迭代一次得到新的近似值 x_2 并计算 $f(x_2)$；

(3) 控制：如果 $|f(x_2)| < \varepsilon_1$ 或 $|x_2 - x_1| < \varepsilon_2$（$\varepsilon_1, \varepsilon_2$ 为事先指定的误差范围），则终止迭代，x_2 就是方程的近似根；否则，执行(4)；

(4) 修改：如果迭代次数超过预先指定的次数 K，则方法失败；否则，令 $k=k+1$，以 $(x_1, f(x_1))$ 和 $(x_2, f(x_2))$ 分别代替 $(x_0, f(x_0))$ 和 $(x_1, f(x_1))$，转(2)继续迭代。

【例 2.8】 用弦截法求方程 $x^3e^x - 2 = 0$ 在区间 $[0.5, 1]$ 内根的近似值。

解：令 $f(x) = x^3e^x - 2$，计算 x_{n+1} 时需知道 x_n 和 x_{n-1} 两个点的信息，由弦截法迭代公式

$$x_{n+1} = x_n - \frac{f(x_n)}{f(x_n) - f(x_{n-1})}(x_n - x_{n-1})$$

代入整理得

$$x_{n+1} = x_n - \frac{x^3e^{x_n} - 2}{x_n^3e^{x_n} - x_{n-1}^3e^{x_{n-1}}}(x_n - x_{n-1})$$

取初值 $x_0 = 0.5$，$x_1 = 1$，迭代结果见表 2-9。

表 2-9　迭代结果表

n	x_n
0	0.5
1	1
2	0.857 041
3	0.916 857
4	0.926 552
5	0.925 463
6	0.925 479
7	0.925 479

由表 2-9 可见，经过 7 次迭代即可精确到小数点后 6 位，与例 2.6 比较可见，弦截法收敛速度比牛顿法较慢，但弦截法的优点是不用计算导数。可以证明弦截法为超线性收敛，其收敛阶数为 $p=\frac{1+\sqrt{5}}{2}\approx 1.618$。

习　题

1. 证明方程 $x^3-x-1=0$ 在 $[1.2]$ 上有一个实根 x^*，并用二分法求解，要求 $|x_n-x^*|\leqslant 10^{-3}$。若要求 $|x_n-x^*|\leqslant 10^{-7}$，则需二分多少次。

2. 考虑求解方程 $2\cos x-3x+12=0$ 的迭代公式

$$x_{n+1}=4+\frac{2}{3}\cos x_n,n=0,1,2,\cdots$$

(1) 试证：对任意初值 $x_0\in R$，该方法收敛；

(2) 取 $x_0=4$，求根的近似值 x_{n+1}，要求 $|x_{n+1}-x_n|\leqslant 10^{-3}$。

3. 方程 $x^3-x^2-1=0$ 在 $x_0=1.5$ 附近有根，将方程写成如下三种不同的等价形式：

(1) $x=1+\frac{1}{x^2}$，对应迭代公式为 $x_{n+1}=1+\frac{1}{x_n^2}$；

(2) $x=(1+x^2)^{\frac{1}{3}}$，对应迭代公式为 $x_{n+1}=(1+x_n^2)^{\frac{1}{3}}$；

(3) $x^2=\frac{1}{x-1}$，对应迭代公式为 $x_{n+1}=\left(\frac{1}{x_n-1}\right)^{\frac{1}{2}}$。

试分析每种迭代公式的收敛性，并选取一种收敛的迭代公式求解方程的根，要求准确到小数点后四位。

4. 试就下列函数讨论牛顿法的收敛性

(1) $f(x)=\begin{cases}\sqrt{x} & x\geqslant 0\\ -\sqrt{-x} & x<0\end{cases}$

(2) $f(x)=\begin{cases}x^{\frac{2}{3}} & x\geqslant 0\\ -x^{\frac{2}{3}} & x<0\end{cases}$

5. 曲线 $y=x^3-0.51x+1$ 与 $y=2.4x^2-1.89$ 在点 $(1.6,1)$ 附近相切，试用牛顿迭代法求切点横坐标的近似值 x_{n+1}，要求 $|x_{n+1}-x_n|\leqslant 10^{-4}$。

6. 应用牛顿迭代法于方程 $f(x)=1-\frac{a}{x^2}=0$，导出求 $\sqrt{a}$ 的迭代公式，并用此公式求 $\sqrt{115}$ 的值。

7. 用弦截法求下列问题的解：

(1) $x^3-x^2-x-1=0$ 的正根；

(2) $\cos x=\frac{1}{2}+\sin x$ 的最小正根；

(3) $2x=e^{-x}$ 的所有根。

第3章　解线性方程组的直接法

3.1　引　　言

在生产实践和科学实验中，经常会遇到求解线性方程组的问题，如船体放样中建立三次样条函数，用有限元法求解微分方程及用最小二乘法求实验数据拟合等。克莱姆(Cramer)法则虽然给出了线性方程组解的表达式，但当方程的个数比较多时，其计算量很大，解线性方程组很难实现。随着计算机技术的发展，如何利用这一强有力的工具求解线性方程组，是我们关心的主要话题。本章将讨论线性方程组的直接解法，即消去法及其变形。这些方法经过有限次运算，能求出方程组的准确解，但在计算时，由于只能用有限位小数，故一般也只能得到解的近似值。为了研究方程组的性态，还引入了向量、矩阵范数及线性方程组的条件数等。

3.2　消　去　法

消去法是计算机上经常用来求解线性方程组的一种直接法。本节先介绍高斯消去法，再介绍高斯列主元素消去法。

3.2.1　高斯消去法

解线性方程组最常用的方法是高斯消去法，即逐步消去变元的系数，把方程组化为等价而系数矩阵为三角形的方程组，再用回代过程解此等价的方程组。下面以三元线性方程组为例说明高斯消去法。

设有线性方程组

$$\begin{cases} a_{11}x_1 + a_{12}x_2 + a_{13}xa_3 = b_1 \\ a_{21}x_1 + a_{22}x_2 + a_{23}xa_3 = b_2 \\ a_{31}x_1 + a_{32}x_2 + a_{33}xa_3 = b_3 \end{cases} \tag{3-1}$$

若 $a_{11} \neq 0$，则以 $-\dfrac{a_{i1}}{a_{11}}$ 乘以第一个方程加到第 i 个方程($i=2,3$)，就把方程组(3-1)化为

$$\begin{cases} a_{11}x_1 + a_{12}x_2 + a_{13}x_3 = b_1 \\ a_{22}^{(1)}x_2 + a_{23}^{(1)}x_3 = b_2^{(1)} \\ a_{32}^{(1)}x_2 + a_{33}^{(1)}x_3 = b_3^{(1)} \end{cases} \tag{3-2}$$

其中

$$a_{ij}^{(1)} = a_{ij} - \frac{a_{i1}}{a_{11}}a_{1j} \qquad b_i^{(1)} = b_i - \frac{a_{il}}{a_{11}}b_1 \tag{3-3}$$

$$i=2,3, \quad j=2,3$$

式(3－3)右端的 4 个数，在原方程组中恰好是在某一矩形的顶点，并且这些矩形以 a_{11} 所在位置为公共顶点，按照这种规律计算比较方便。由方程组(3－1)化为方程组(3－2)的过程中，元素 a_{11} 起着特殊的作用，故把元素 a_{11} 称为主元素。

若 $a_{22}^{(1)} \neq 0$，则以 $a_{22}^{(1)}$ 为主元素，又可把方程组(3－2)化为

$$\begin{cases} a_{11}x_1 + a_{12}x_2 + a_{13}x_3 = b_1 \\ a_{22}^{(1)}x_2 + a_{23}^{(1)}x_3 = b_2^{(1)} \\ a_{33}^{(2)}x_3 = b_3^{(2)} \end{cases} \tag{3-4}$$

其中

$$a_{33}^{(2)} = a_{33}^{(1)} - \frac{a_{32}^{(1)}}{a_{22}^{(1)}}a_{23}^{(1)} \qquad b_3^{(2)} = b_3^{(1)} - \frac{a_{32}^{(1)}}{a_{22}^{(1)}}b_2^{(1)}$$

方程组(3－4)是一个上三角方程组，很容易求解。如果 a_{11}、$a_{22}^{(1)}$、$a_{33}^{(2)}$ 均不等于零，则解为

$$\begin{cases} x_3 = b_3^{(2)} / a_{33}^{(2)} \\ x_2 = (b_1^{(1)} - a_{23}^{(1)}x_3) / a_{22}^{(1)} \\ x_1 = (b_1 - a_{12}x_2 - a_{13}x_3) / a_{11} \end{cases} \tag{3-5}$$

把方程组(3－1)化为方程组(3－4)的过程称为消元过程。由方程组(3－4)按相反的顺序求解上三角方程组的过程称为回代过程。消元过程与回代过程一起组成了解线性方程组高斯消去法的整个过程。

只要各步主元素不为零，则一个三阶方程组经过两步就可得到一个等价的上三角方程组，然后利用回代过程求得该方程组的解。同样，对于 n 阶方程组，只要各步主元素不为零，则经过 $n-1$ 步消元，就可得到一个等价的 n 阶上三角方程组，用回代方法就可求得其解。

3.2.2　主元消去法

在高斯消元过程中，始终要求各主元素不等于零，因此当主元素等于零时，消元过程就无法进行下去，或者当主元素很小时，消元过程虽然能进行下去，但舍入误差的积累会很大。为了避免上述两种情况的发生，在消元过程中，选取合适的元素作为主元素是必要的，这就产生了按列选主元消去法和全面选主元消去法。下面通过具体的例子说明按列选主元消去法。

【例 3.1】　在四位十进制的限制下，试分别用高斯消去法和列主元消去法求解下列线性方程组

$$\begin{cases} 0.012x_1 + 0.01x_2 + 0.167x_3 = 0.6781 \\ x_1 + 0.8334x_2 + 5.91x_3 = 12.1 \\ 3200x_1 + 1200x_2 + 4.2x_3 = 981 \end{cases}$$

解：用高斯消去法，消元过程为

$$\begin{cases} 0.012x_1 + 0.01x_2 + 0.167x_3 = 0.6781 \\ 0.1 \times 10^{-3}x_2 - 8.010x_3 = -44.41 \\ -1467x_2 - 4454 \times 10x_3 = -1798 \times 10^2 \end{cases}$$

$$\begin{cases}0.012x_1+0.01x_2+0.167x_3=0.6781\\0.1000\times10^{-3}x_2-8.010x_3=-44.41\\-1175\times10^5x_3=-6517\times10^5\end{cases}$$

经过回代,得

$$x_3=5.546 \qquad x_2=100.0 \qquad x_1=-104.0$$

用列主元消去法,必须先按列选主元,如在第一列中,应选第三方程中 x_1 的系数 3200 为主元素,这样调换方程组中第一与第三方程,然后经过消元可得

$$\begin{cases}3200x_1+1200x_2+4.2x_3=981\\0.4584x_2+5.909x_3=11.79\\0.5500\times10^{-2}x_2+0.1670x_3=0.6744\end{cases}$$

类似地,选 0.4584 作为主元素,继续消元可得

$$\begin{cases}3200x_1+1200x_2+4.2x_3=981\\0.4584x_2+5.909x_3=11.79\\0.0961x_3=0.5329\end{cases}$$

经回代,得

$$x_3=5.546 \qquad x_2=-45.77 \qquad x_1=17.46$$

本例线性方程组的精确解舍入到四位有效数字是

$$x_3=5.546 \qquad x_2=-45.76 \qquad x_1=17.46$$

由此可以看出,列主元消去法的精度显著高于高斯消去法。对于例 3.1,由于高斯消去法中主元素的绝对值非常小,使行乘以绝对值非常大的数,故出现较小的数与较大的数相加的现象。其舍入误差的积累很大,所得的结果 $x_1=-104.0$,$x_2=100.0$,完全失真。

对于 n 阶线性方程组,用列主元消去法求解与用高斯消去法求解的方法基本相同,只不过在每步消元之前,必须先按列选取主元,选取了主元后,要适当调换方程在方程组中的位置,然后再消元,经过 $n-1$ 步同样可把方程组化为等价的上三角方程组,再用回代的方法就可求得方程组的解。

3.3 矩阵的三角分解

已给方阵 $\boldsymbol{A}$,如果能求出下三角方阵 $\boldsymbol{L}$ 和上三角方阵 $\boldsymbol{U}$,使 $\boldsymbol{A}=\boldsymbol{LU}$,就说明方阵 $\boldsymbol{A}$ 进行了三角分解。三角分解也称为 $\boldsymbol{LU}$ 分解。方阵的三角分解和线性方程组的消去法有密切的关系。

3.2 节中我们以三元线性方程组为例说明了高斯消去法的基本思想,即第一步是把系数矩阵中的第一列元素 a_{21}、a_{31} 消为零,这相当于用下三角矩阵

$$\boldsymbol{L}_1=\begin{pmatrix}1&&\\-l_{21}&1&\\-l_{31}&0&1\end{pmatrix}$$

乘以系数矩阵 $\boldsymbol{A}$,其中 $l_{i1}=a_{i1}/a_{11}$,$i=2,3$,即

$$L_1A=\begin{pmatrix}1&&\\-l_{21}&1&\\-l_{31}&0&1\end{pmatrix}\begin{pmatrix}a_{11}&a_{12}&a_{13}\\a_{21}&a_{22}&a_{23}\\a_{31}&a_{32}&a_{33}\end{pmatrix}=\begin{pmatrix}a_{11}&a_{12}&a_{13}\\0&a_{22}^{(1)}&a_{23}^{(1)}\\0&a_{32}^{(1)}&a_{33}^{(1)}\end{pmatrix}=A^{(1)}$$

第二步是把第二列中的元素 $a_{32}^{(1)}$ 消为零,这相当于用下三角矩阵

$$L_2=\begin{pmatrix}1&&\\0&1&\\0&-l_{32}&1\end{pmatrix}$$

乘以系数矩阵 $A^{(1)}$,其中 $l_{32}=a_{32}^{(1)}/a_{22}^{(1)}$,即

$$L_2A^{(1)}=\begin{pmatrix}1&&\\0&1&\\0&-l_{32}&1\end{pmatrix}\begin{pmatrix}a_{11}&a_{12}&a_{13}\\0&a_{22}^{(1)}&a_{23}^{(1)}\\0&a_{32}^{(1)}&a_{33}^{(1)}\end{pmatrix}=\begin{pmatrix}a_{11}&a_{12}&a_{13}\\0&a_{22}^{(1)}&a_{23}^{(1)}\\0&0&a_{33}^{(1)}\end{pmatrix}=A^{(2)}$$

上述分析过程相当于对方程组的系数矩阵 A 依次左乘以下三角矩阵 L_1、L_2 化成一个上三角矩阵 $A^{(2)}$,即

$$L_2L_1A=A^{(2)}$$

显然 $A^{(2)}$ 是一个上三角阵,由于 $|L_1|=|L_2|=1$,所以 L_1、L_2 可逆,且

$$L_1^{-1}=\begin{pmatrix}1&&\\l_{21}&1&\\l_{31}&0&1\end{pmatrix},\quad L_2^{-1}=\begin{pmatrix}1&&\\0&1&\\0&l_{32}&1\end{pmatrix}$$

这样就有

$$A=L_1^{-1}L_2^{-1}A^{(2)}$$

因为

$$L_1^{-1}L_2^{-1}=\begin{pmatrix}1&&\\l_{21}&1&\\l_{31}&l_{32}&1\end{pmatrix}$$

记 $L=L_1^{-1}L_2^{-1}$,则 L 是一个主对角元素为 1 的单位下三角阵,又记 $U=A^{(2)}$,于是有 $A=LU$,即高斯消去法就是把系数矩阵分解为 LU 的过程。显然上面的分析对 n 元线性方程组也是成立的。

如果已经找出 n 元线性方程组的系数矩阵 A 的三角分解 $A=LU$,就可把求解线性方程组 $Ax=b$ 归结为求解下述两个三角形方程组,即

$$Ly=b\qquad Ux=y$$

通过消元过程得到 $y=L^{-1}b$,通过回代过程得到 $x=U^{-1}y$。

由上面分析可以看到,如果线性方程组系数矩阵 A 有 LU 分解,则很容易得到方程组的解。对于任意的 n 阶方阵 A,一般地说不一定能做 LU 分解,即使能做 LU 分解,其分解式也不一定唯一。关于分解的唯一性有下面的结论。

定理3.1　n 阶方阵 A 有 LU 分解,且分解式唯一的充分必要条件为 $A_1,A_2,\cdots,A_{n-1}$ 非奇异,其中 $A_k(k=1,2,\cdots,n-1)$ 是 A 的 k 阶顺序主子式矩阵。

证明:充分性。设 $A_1,A_2,\cdots,A_{n-1}$ 非奇异。显然有 $A_1=1\cdot a_{11}$,且 $a_{11}\neq0$。今设$A_k(k\leqslant$

$n-1$)可分解为 $\boldsymbol{A}_k=\boldsymbol{L}_k\boldsymbol{U}_k$,其中 $\boldsymbol{L}_k$ 是 k 阶单位下三角矩阵,$\boldsymbol{U}_k$ 是 k 阶非奇异上三角阵。考察 $\boldsymbol{A}$ 的 $k+1$ 阶顺序主子式矩阵

$$\boldsymbol{A}_{k+1}=\begin{pmatrix}\boldsymbol{A}_k & \boldsymbol{y}\\ \boldsymbol{x}^{\mathrm{T}} & a\end{pmatrix}$$

其中,向量 $\boldsymbol{x}$ 和 $\boldsymbol{y}$、元素 a 都是已知的。令

$$\begin{pmatrix}\boldsymbol{A}_k & \boldsymbol{y}\\ \boldsymbol{x}^{\mathrm{T}} & a\end{pmatrix}=\begin{pmatrix}\boldsymbol{L}_k & \\ \boldsymbol{p}^{\mathrm{T}} & 1\end{pmatrix}\begin{pmatrix}\boldsymbol{U}_k & \boldsymbol{q}\\ & u\end{pmatrix}$$

则有

$$\boldsymbol{L}_k\boldsymbol{q}=\boldsymbol{y}\qquad \boldsymbol{p}^{\mathrm{T}}\boldsymbol{U}_k=\boldsymbol{x}^{\mathrm{T}}\qquad \boldsymbol{p}^{\mathrm{T}}\boldsymbol{q}+u=a$$

由此得到

$$\boldsymbol{q}=\boldsymbol{L}_k^{-1}\boldsymbol{y}\qquad \boldsymbol{p}^{\mathrm{T}}=\boldsymbol{x}^{\mathrm{T}}\boldsymbol{U}_k^{-1}\qquad u=a-\boldsymbol{x}^{\mathrm{T}}\boldsymbol{A}_k^{-1}y$$

记

$$\boldsymbol{L}_{k+1}=\begin{pmatrix}\boldsymbol{L}_k & \\ \boldsymbol{p}^{\mathrm{T}} & 1\end{pmatrix}\qquad \boldsymbol{U}_{k+1}=\begin{pmatrix}\boldsymbol{U}_k & \boldsymbol{q}\\ & u\end{pmatrix}$$

则有

$$\boldsymbol{A}_{k+1}=\boldsymbol{L}_{k+1}\boldsymbol{U}_{k+1}$$

并且 $\boldsymbol{L}_{k+1}$是单位下三角阵,$\boldsymbol{U}_{k+1}$是上三角阵,只要 $k<n-1$,则由于 $\boldsymbol{A}_{k+1}$非奇异,$\boldsymbol{U}_{k+1}$就是非奇异的。按归纳原理,当 $k=n-1$ 时,就有

$$\boldsymbol{A}=\boldsymbol{A}_n=\boldsymbol{L}\boldsymbol{U}$$

其中,$\boldsymbol{L}$ 是单位下三角阵,$\boldsymbol{U}$ 是上三角阵。若 $\boldsymbol{A}$ 非奇异,则 $\boldsymbol{U}$ 也非奇异;若 $\boldsymbol{A}$ 奇异,则 $\boldsymbol{U}$ 的主对角线元素 $u_{ii}\neq 0(i=1,2,\cdots,n-1)$,$u_{nn}=0$。

现验证唯一性。分两种情况。当 $\boldsymbol{A}$ 非奇异时,假设 $\boldsymbol{A}$ 有两种分解,即

$$\boldsymbol{A}=\boldsymbol{L}\boldsymbol{U}=\boldsymbol{L}^*\boldsymbol{U}^*$$

则可得到

$$\boldsymbol{L}^{*-1}\boldsymbol{L}=\boldsymbol{U}^*\boldsymbol{U}^{-1}$$

上式左端是一个单位下三角阵,而右端是一个上三角阵,所以它们只能是单位矩阵 $\boldsymbol{I}$,即

$$\boldsymbol{L}^{*-1}\boldsymbol{L}=\boldsymbol{I}\qquad \boldsymbol{U}^*\boldsymbol{U}^{-1}=\boldsymbol{I}$$

故有 $\boldsymbol{L}=\boldsymbol{L}^*$,$\boldsymbol{U}=\boldsymbol{U}^*$ 唯一性得证。

当 $\boldsymbol{A}$ 奇异时,假设 $\boldsymbol{A}$ 的两种分解式表示为如下形式

$$\begin{pmatrix}\boldsymbol{L}_{n-1} & \\ \boldsymbol{r}^{\mathrm{T}} & 1\end{pmatrix}\begin{pmatrix}\boldsymbol{U}_{n-1} & \boldsymbol{s}\\ & 0\end{pmatrix}=\begin{pmatrix}\boldsymbol{L}_{n-1}^* & \\ \boldsymbol{r}^{*\mathrm{T}} & 1\end{pmatrix}\begin{pmatrix}\boldsymbol{U}_{n-1}^* & \boldsymbol{s}^*\\ & 0\end{pmatrix}$$

$$\begin{pmatrix}\boldsymbol{L}_{n-1}\boldsymbol{U}_{n-1} & \boldsymbol{L}_{n-1}\boldsymbol{s}\\ \boldsymbol{r}^{\mathrm{T}}\boldsymbol{U}_{n-1} & \boldsymbol{r}^{\mathrm{T}}\boldsymbol{s}\end{pmatrix}=\begin{pmatrix}\boldsymbol{L}_{n-1}^*\boldsymbol{U}_{n-1}^* & \boldsymbol{L}_{n-1}^*\boldsymbol{s}^*\\ \boldsymbol{r}^{*\mathrm{T}}\boldsymbol{U}_{n-1}^* & \boldsymbol{r}^{*\mathrm{T}}\boldsymbol{s}^*\end{pmatrix}$$

其中,$\boldsymbol{L}_{n-1}$,$\boldsymbol{U}_{n-1}$,$\boldsymbol{L}_{n-1}^*$,$\boldsymbol{U}_{n-1}^*$皆非奇异,类似前面的推理,可知

$$\boldsymbol{L}_{n-1}=\boldsymbol{L}_{n-1}^*\qquad \boldsymbol{U}_{n-1}=\boldsymbol{U}_{n-1}^*\qquad \boldsymbol{r}=\boldsymbol{r}^*\qquad \boldsymbol{s}=\boldsymbol{s}^*$$

因而必有 $\boldsymbol{L}=\boldsymbol{L}^*$,$\boldsymbol{U}=\boldsymbol{U}^*$,唯一性得证。

必要性。设 $\boldsymbol{A}$ 有唯一的 $\boldsymbol{L}\boldsymbol{U}$ 分解。当 $\boldsymbol{A}$ 非奇异时,必有 $\boldsymbol{L}$ 和 $\boldsymbol{U}$ 非奇异;当 $\boldsymbol{A}$ 奇异时,必

有 $u_{nn}=0, u_{ii}\neq 0(i=1,2,\cdots,n-1)$，否则，$\boldsymbol{A}$ 的 $\boldsymbol{LU}$ 分解不存在，或者这种分解不唯一。因此，无论 $\boldsymbol{A}$ 是否奇异，$\boldsymbol{L}$、$\boldsymbol{U}$ 的各阶顺序主子式矩阵 $\boldsymbol{L}_k\neq 0, \boldsymbol{U}_k\neq 0(k=1,2,\cdots,n-1)$ 非奇异，而 $\boldsymbol{A}_k=\boldsymbol{L}_k\boldsymbol{U}_k(k=1,2,\cdots,n-1)$，所以 $\boldsymbol{A}_k(k=1,2,\cdots,n-1)$ 非奇异。

定理 3.1 中要求方阵 $\boldsymbol{A}$ 有 1 到 $n-1$ 阶主子式矩阵非奇异，必有唯一的 $\boldsymbol{LU}$ 分解。显然，若 $\boldsymbol{A}$ 的各阶顺序主子式矩阵非奇异时，方阵 $\boldsymbol{A}$ 也有唯一的 $\boldsymbol{LU}$ 分解。

3.4　紧凑格式与平方根法

3.4.1　紧凑格式

由 3.3 节知道，如果 n 阶方阵 $\boldsymbol{A}$ 的各阶主子式矩阵都不等于零，则 $\boldsymbol{A}$ 表示成单位下三角方阵 $\boldsymbol{L}$ 与上三角方阵 $\boldsymbol{U}$ 的乘积。下面我们用紧凑格式求解 $\boldsymbol{L}$、$\boldsymbol{U}$ 及求解线性方程组 $\boldsymbol{Ax}=\boldsymbol{b}$。所谓紧凑格式，就是利用已知数和前面已经求出的数来表示要求的数，计算时不必记录中间结果，格式较为紧凑。

设

$$\begin{pmatrix} a_{11} & a_{12} & \cdots & a_{1n} \\ a_{21} & a_{22} & \cdots & a_{2n} \\ \vdots & \vdots & & \vdots \\ a_{n1} & a_{n2} & \cdots & a_{nn} \end{pmatrix} = \begin{pmatrix} 1 & & & \\ l_{21} & 1 & & \\ \vdots & \vdots & \ddots & \\ l_{n1} & l_{n2} & \cdots & 1 \end{pmatrix} \begin{pmatrix} u_{11} & u_{12} & \cdots & u_{1n} \\ & u_{22} & \cdots & u_{2n} \\ & & \ddots & \vdots \\ & & & u_{nn} \end{pmatrix} \tag{3-6}$$

根据矩阵乘法定义，比较两端元素，只要从给定的元素及先算好的元素出发，就可逐步把 $\boldsymbol{L}$ 和 $\boldsymbol{U}$ 的元素一一构造出来，而不必记录中间结果。其计算顺序按照如图 3-1 所示一框一框地逐步进行，这里除了第一框的

$$u_{1j}=a_{1j} \qquad j=1,2,\cdots,n$$
$$l_{i1}=a_{i1}/u_{11} \qquad i=2,3,\cdots,n$$

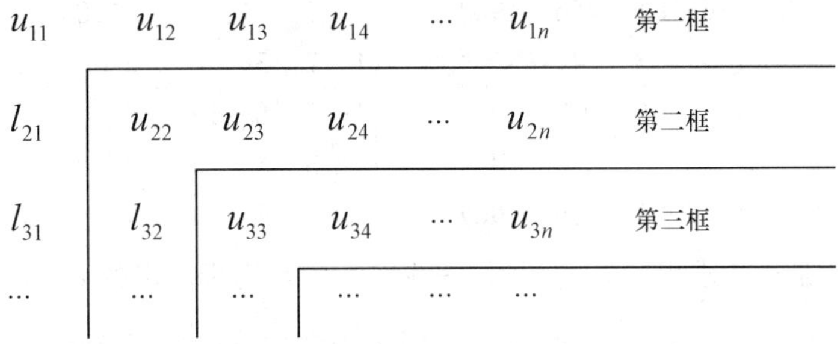

图 3-1　计算顺序

外，其他各框中的元素均按下列公式计算，即

$$u_{kj}=a_{kj}-\sum_{r=1}^{k-1} l_{kr}u_{rj} \qquad j=k,k+1,\cdots,n$$

$$l_{ik}=\left(a_{ik}-\sum_{r=1}^{k-1} l_{ir}u_{rk}\right)/u_{kk} \qquad i=k+1,k+2,\cdots,n$$

这些公式记忆起来很方便。不论是 u_{kj} 还是 l_{ik}，除了计算 l_{ik} 时要被 u_{kk} 除以外，都等于相应的 a_{kj} 或 a_{ik} 减去一个内积，被减的内积中的每一项都成 lu 的形状，其中 l 与被算的 l_{ik}（或 u_{kj}）处于同一行，而 u 则与被算的 l_{ik}（或 u_{kj}）处于同一列。内积中的每一项因子同属于同一个框。内积中的求和就是指对被计算的框前面诸框来求和。由此可知，对于同一框中的元素，除了 u_{kk} 必须在计算 l_{ik} 之前先算出外，其他元素的计算谁先谁后彼此没有影响。

上面的计算公式中不含中间结果，所以叫做紧凑格式法。紧凑格式法的计算规则，不仅可用于矩阵 $\boldsymbol{A}$ 的分解，而且能用于在把 $\boldsymbol{Ax}=\boldsymbol{b}$ 消元化成 $\boldsymbol{Ux}=\boldsymbol{y}$ 的同时，计算出向量 $\boldsymbol{y}$ 的表达式。这是因为用 $\boldsymbol{L}^{-1}$ 去左乘方程组 $\boldsymbol{Ax}=\boldsymbol{b}$ 的增广矩阵 $[\boldsymbol{A},\boldsymbol{B}]$，可得

$$\boldsymbol{L}^{-1}[\boldsymbol{A},\boldsymbol{b}]=\boldsymbol{L}^{-1}[\boldsymbol{LU},\boldsymbol{b}]=[\boldsymbol{U},\boldsymbol{L}^{-1}\boldsymbol{b}]$$

由此可见，消元过程是求 $\boldsymbol{L}$、$\boldsymbol{U}$，并解 $\boldsymbol{Ly}=\boldsymbol{b}$ 而得到 $\boldsymbol{y}=\boldsymbol{L}^{-1}\boldsymbol{b}$，即对 $\boldsymbol{A}$ 左乘 $\boldsymbol{L}^{-1}$ 得到 $\boldsymbol{U}$，对方程组右端自由列向量 $\boldsymbol{b}$ 施行相同的运算就可得到 $\boldsymbol{y}$，即向量 $\boldsymbol{y}$ 的计算和 $\boldsymbol{U}$ 最后一列的计算方法一致，故用紧凑格式分解 $\boldsymbol{A}$ 时，即对增广矩阵 $[\boldsymbol{A},\boldsymbol{b}]$ 施行相同的变换时，变换后的最后一列即得向量 $\boldsymbol{y}$，再通过回代的方法解与原方程组同解的方程组 $\boldsymbol{Ux}=\boldsymbol{y}$，就得到方程组 $\boldsymbol{Ax}=\boldsymbol{b}$ 的解。

【例 3.2】 求解线性方程组

$$\begin{cases} x_1+2x_2+3x_3+4x_4=2 \\ x_1+4x_2+9x_3+16x_4=10 \\ x_1+8x_2+27x_3+64x_4=44 \\ x_1+16x_2+81x_3+256x_4=190 \end{cases}$$

并求其系数行列式。

解：对增广矩阵用紧凑格式逐层计算，依次得

$$\begin{bmatrix} 1 & 2 & 3 & 4 & 2 \\ 1 & 4 & 9 & 16 & 10 \\ 1 & 8 & 27 & 64 & 44 \\ 1 & 16 & 81 & 256 & 190 \end{bmatrix} \quad \begin{bmatrix} 1 & 2 & 3 & 4 & 2 \\ 1 & 2 & 6 & 12 & 8 \\ 1 & 3 & 27 & 64 & 44 \\ 1 & 7 & 81 & 256 & 190 \end{bmatrix}$$

$$\begin{pmatrix} 1 & 2 & 3 & 4 & 2 \\ 1 & 2 & 6 & 12 & 8 \\ 1 & 3 & 6 & 24 & 18 \\ 1 & 7 & 6 & 256 & 190 \end{pmatrix} \quad \begin{pmatrix} 1 & 2 & 3 & 4 & 2 \\ 1 & 2 & 6 & 12 & 8 \\ 1 & 3 & 6 & 24 & 18 \\ 1 & 7 & 6 & 24 & 240 \end{pmatrix}$$

其中，虚线左下角是逐步求出的 $\boldsymbol{L}$ 的元素，虚线右上角是逐步求出的 $\boldsymbol{U}$ 的元素和等价方程组的右端。

这样一来，完成了消元过程，得出等价的三角形方程组为

$$\begin{cases} x_1+2x_2+3x_3+4x_4=2 \\ 2x_2+6x_3+12x_4=8 \\ 6x_3+24x_4=18 \\ 24x_4=24 \end{cases}$$

由回代过程得

$$(x_1,x_2,x_3,x_4)^{\mathrm{T}}=(-1,1,-1,1)^{\mathrm{T}}$$

原方程组的系数行列式等于三角分解中上三角矩阵主对角线元素的乘积，即等于

$$1\times 2\times 6\times 24=288$$

3.4.2　平方根法

设 $\boldsymbol{A}$ 是一个 n 阶对称方阵，如果对任何 n 维实向量 $\boldsymbol{x}\neq\boldsymbol{0}$，都有

$$\boldsymbol{x}^{\mathrm{T}}\boldsymbol{A}\boldsymbol{x}>0$$

则称 $\boldsymbol{A}$ 为正定矩阵。

由线性代数知，正定矩阵具有下列性质：

引理1　正定矩阵是非奇异的。

引理2　任一正定矩阵的主子式矩阵也是正定矩阵。

定理3.2　如果 $\boldsymbol{A}$ 是 n 阶正定矩阵，则 $\boldsymbol{A}$ 可唯一分解为

$$\boldsymbol{A}=\boldsymbol{L}\boldsymbol{D}\boldsymbol{L}^{\mathrm{T}} \tag{3-7}$$

其中，$\boldsymbol{L}$ 为单位下三角阵，$\boldsymbol{D}$ 为主对角线元素 d_{ii} 都是正数的对角矩阵。

证明：因为 $\boldsymbol{A}$ 是正定矩阵，由引理2，它的各阶主子式矩阵也是正定对称的，由此可知，它的各阶主子式矩阵的行列式大于零，根据定理1，存在唯一单位下三角方阵 $\boldsymbol{L}$、上三角矩阵 $\boldsymbol{U}$，使

$$\boldsymbol{A}=\boldsymbol{L}\boldsymbol{U}$$

因为 $u_{ii}\neq 0(i=1,2,\cdots,n)$，令

$$\boldsymbol{U}=\begin{pmatrix} u_{11} & & & \\ & u_{22} & & \\ & & \ddots & \\ & & & u_{nn}\end{pmatrix}\begin{pmatrix} 1 & u_{12}/u_{11} & \cdots & u_{1n}/u_{11} \\ & 1 & \cdots & u_{2n}/u_{22} \\ & & \ddots & \vdots \\ & & & 1\end{pmatrix}=\boldsymbol{D}\boldsymbol{U}_1$$

其中，$d_{ii}=u_{u}(i=1,2,\cdots,n)$，于是

$$\boldsymbol{A}=\boldsymbol{L}\boldsymbol{D}\boldsymbol{U}_1$$

因为 $\boldsymbol{A}$ 是对称方阵，所以

$$\boldsymbol{U}_1^{\mathrm{T}}\boldsymbol{D}^{\mathrm{T}}\boldsymbol{L}^{\mathrm{T}}=\boldsymbol{U}_1^{\mathrm{T}}(\boldsymbol{D}\boldsymbol{L}^{\mathrm{T}})$$

由 $\boldsymbol{A}$ 的 $\boldsymbol{L}\boldsymbol{U}$ 分解的唯一性知

$$\boldsymbol{L}=\boldsymbol{U}_1^{\mathrm{T}}$$

从而有

$$\boldsymbol{A}=\boldsymbol{L}\boldsymbol{D}\boldsymbol{L}^{\mathrm{T}}$$

现证明 $\boldsymbol{D}$ 的对角线元素 d_{ii} 都是正数。因为 $\boldsymbol{L}$ 是单位下三角矩阵，故对于向量 $\boldsymbol{e}_i$（只有第 i 个分量是1，其余分量是零），存在非零向量 $\boldsymbol{y}_i$，使得

$$\boldsymbol{L}^{\mathrm{T}}\boldsymbol{y}_i=\boldsymbol{e}_i\quad(i=1,2,\cdots,n)$$

又由于 $\boldsymbol{A}$ 是正定矩阵，有

$$0<\boldsymbol{y}_i^{\mathrm{T}}\boldsymbol{A}\boldsymbol{y}_i=\boldsymbol{y}_i^{\mathrm{T}}\boldsymbol{L}\boldsymbol{D}\boldsymbol{L}^{\mathrm{T}}\boldsymbol{y}_i=(\boldsymbol{L}^{\mathrm{T}}\boldsymbol{y}_i)^{\mathrm{T}}\boldsymbol{D}(\boldsymbol{L}^{\mathrm{T}}\boldsymbol{y}_i)=\boldsymbol{e}_i^{\mathrm{T}}\boldsymbol{D}\boldsymbol{e}_i=d_{ii}$$

定理3.3　若 $\boldsymbol{A}$ 是正定矩阵，则存在唯一的主对角线元素都是正数的下三角方阵 $\boldsymbol{L}$，使

$$\boldsymbol{A}=\boldsymbol{L}\boldsymbol{L}^{\mathrm{T}} \tag{3-8}$$

证明：因为 $\boldsymbol{A}$ 是正定矩阵，则定理3.2成立。因此 $\boldsymbol{D}$ 的对角线元素 d_{ii} 都是正数。用 $\boldsymbol{D}^{\frac{1}{2}}$

表示主对角线元素是正实数$\sqrt{d_{ii}}$的对角方阵，则由式(3－7)可得

$$A = L_1 D L_1^{\mathrm{T}} = L_1 D^{\frac{1}{2}} D^{\frac{1}{2}} L_1^{\mathrm{T}} = (L_1 D^{\frac{1}{2}})(L_1 D^{\frac{1}{2}})^{\mathrm{T}}$$

其中，L_1 是单位下三角矩阵，令 $L = L_1 D^{\frac{1}{2}}$，则 L 是下三角矩阵，且主对角线元素都是正数。

分解式 $A = LL^{\mathrm{T}}$ 称为正定矩阵的乔列斯基(Cholesky)分解。应用正定矩阵 A 的 LL^{T} 分解来求解系数矩阵为正定矩阵的线性方程组的方法，称为平方根法。下面我们讨论分解式 L 的求法。

设

$$\begin{pmatrix} a_{11} & a_{12} & \cdots & a_{1n} \\ a_{21} & a_{22} & \cdots & a_{2n} \\ \vdots & \vdots & & \vdots \\ a_{n1} & a_{n2} & \cdots & a_{nn} \end{pmatrix} = \begin{pmatrix} l_{11} & & & \\ l_{21} & l_{22} & & \\ \vdots & \vdots & \ddots & \\ l_{n1} & l_{n2} & \cdots & l_{nn} \end{pmatrix} \begin{pmatrix} l_{11} & l_{21} & \cdots & l_{n1} \\ & l_{22} & \cdots & l_{n2} \\ & & \ddots & \vdots \\ & & & l_{nn} \end{pmatrix} \tag{3-9}$$

根据矩阵相等，得到 L 的元素的计算公式为

对 $j = 1, 2, \cdots, n$

$$l_{jj} = \left(a_{jj} - \sum_{k=1}^{j-1} l_{jk}^2\right)^{\frac{1}{2}} \tag{3-10}$$

$$l_{ij} = \left(a_{ij} - \sum_{k=1}^{j-1} l_{jk} l_{jk}\right) / l_{jj} \qquad i = j+1, j+2, \cdots, n \tag{3-11}$$

由此可以看到，L 的元素的计算顺序按列逐一进行。

设有方程组 $Ax = b$，A 为正定矩阵，则 A 有乔列斯基分解 $A = LL^{\mathrm{T}}$，这样方程组化为两个三角方程组

$$Ly = b \qquad L^{\mathrm{T}} x = y$$

依次求解这两个方程组，得

$$y_i = \left(b_i - \sum_{k=1}^{i-1} l_{ik} y_k\right) / l_{ii} \qquad i = 1, 2, \cdots, n \tag{3-12}$$

$$x_i = \left(y_i - \sum_{k=i+1}^{n} l_{ki} x_k\right) / l_{ii} \qquad i = n, n-1, \cdots, 2, 1 \tag{3-13}$$

由式(3－10)得

$$a_{jj} = \sum_{k=1}^{j} l_{jk}^2 \qquad j = 1, 2, \cdots, n$$

所以

$$l_{jk}^2 \leqslant a_{jj} \leqslant \max_{1 \leqslant j \leqslant n} (a_{jj})$$

这表明，平方根法所求得的中间量 l_{jk} 的数量级完全得到控制，因而计算过程是稳定的。但利用平方根法解对称正定线性方程组时，计算 L 的对角元素要用到开平方运算。为了避免开平方运算，可利用式(3－7)，得到改进的平方根法。

设

$$A = LDL^{\mathrm{T}} = \begin{pmatrix} 1 & & & \\ l_{21} & 1 & & \\ \vdots & \vdots & \ddots & \\ l_{n1} & l_{n2} & \cdots & 1 \end{pmatrix} \begin{pmatrix} d_{11} & & & \\ & d_{22} & & \\ & & \ddots & \\ & & & d_{nn} \end{pmatrix} \begin{pmatrix} 1 & l_{21} & \cdots & l_{n1} \\ & 1 & \cdots & l_{n2} \\ & & \ddots & \vdots \\ & & & 1 \end{pmatrix}$$

$$=\begin{pmatrix} d_{11} & & & \\ s_{21} & d_{22} & & \\ \vdots & \vdots & \ddots & \\ s_{n1} & s_{n2} & \cdots & d_{nn} \end{pmatrix}\begin{pmatrix} 1 & l_{21} & \cdots & l_{n1} \\ & 1 & \cdots & l_{n2} \\ & & \ddots & \vdots \\ & & & 1 \end{pmatrix}$$

其中

$$s_{ij}=l_{ij}d_{jj}(j<i)$$

根据矩阵相等,比较上式两边可得到

对于 $i=2,3,\cdots,n$

$$\begin{cases} d_{11}=a_{11} \\ s_{ij}=a_{ij}-\sum\limits_{k=1}^{j-1} s_{ik}l_{kj} \\ l_{ij}=s_{ij}/d_{jj} \\ d_{ii}=a_{ii}-\sum\limits_{k=1}^{i-1} s_{ik}l_{ik} \end{cases} \quad j=1,2,\cdots,n$$

这时,求解方程组 $\boldsymbol{Ax}=\boldsymbol{b}$ 等价为求解下列方程组

$$\boldsymbol{Ly}=\boldsymbol{b} \qquad \boldsymbol{DL}^{\mathrm{T}}\boldsymbol{x}=\boldsymbol{y}$$

具体计算公式为

$$y_i=(b_i-\sum_{k=1}^{i-1} l_{ik}y_k)/l_{ii} \qquad i=1,2,\cdots,n$$

$$x_i=(y_i/d_{ii}-\sum_{k=i+1}^{n} l_{ik}x_k) \qquad i=n,n-1,\cdots,1$$

这一方法又称为改进平方根法。

【例 3.3】　用平方根法解下列线性方程组

$$\begin{cases} 1.00x_1+0.42x_2+0.54x_3+0.66x_4=0.3 \\ 0.42x_1+1.00x_2+0.32x_3+0.44x_4=0.5 \\ 0.54x_1+0.32x_2+1.00x_3+0.22x_4=0.7 \\ 0.66x_1+0.44x_2+0.22x_3+1.00x_4=0.9 \end{cases}$$

解:不难证明系数矩阵的各阶主子行列式及系数行列式本身大于零,且矩阵是对称矩阵,故为正定矩阵。由式(3-10)、式(3-11)逐一计算得出

$$l_{11}=1, l_{21}=0.41, l_{31}=0.54, l_{41}=0.66$$
$$l_{22}=0.9075, l_{32}=0.127, l_{42}=0.1794$$
$$l_{33}=0.8354, l_{43}=-0.1853, l_{44}=0.7056$$

由式(3-12)、(3-13)可得到

$$\boldsymbol{y}=(0.3, 0.4121, 0.5933, 1.0459)^{\mathrm{T}}$$
$$\boldsymbol{x}=(-1.2576, 0.0435, 1.0390, 1.4823)^{\mathrm{T}}$$

3.5　三对角线性方程组的追赶法

若一矩阵的非零元素很少,而且等于零的元素占绝大多数时,则称该矩阵为稀疏矩阵。

许多实际问题导出的线性方程组的系数矩阵是稀疏的，非零元素分布是有规律的，并往往集中在主对角线附近。故本节将讨论一种常用的简单方法。

若线性方程组

$$\boldsymbol{Ax}=\boldsymbol{b} \tag{3-14}$$

中，系数矩阵 $\boldsymbol{A}$ 满足，当 $|i-j|>1$ 时，就有 $a_{ij}=0$，则称 $\boldsymbol{A}$ 是三对角方阵，同样把方程组(3－14)叫做三对角线性方程组。$\boldsymbol{A}$ 可写成如下形式，即

$$\boldsymbol{A}=\begin{pmatrix} a_1 & c_1 & & & & \\ d_2 & a_2 & c_2 & & & \\ & d_3 & a_3 & c_3 & & \\ & & \ddots & \ddots & \ddots & \\ & & & d_{n-1} & a_{n-1} & c_{n-1} \\ & & & & d_n & a_n \end{pmatrix} \tag{3-15}$$

其中，未写出的元素都等于零。

引理3　设阶数不小于2的三对角方阵(3－15)中，所有 c_i 都不等于零，并且是按行严格对角占优，即

$$|a_1|>|c_1| \qquad |a_n|>|d_n|>0$$

$$|a_i|>|c_i|+|d_i| \qquad i=2,3,\cdots,n-1$$

则此方阵非奇异。

证明：用数学归纳法证明此引理。当 $n=2$ 时，结论显然成立。假设对 $k-1$ 阶方阵结论成立，现证明引理3对 k 阶方阵成立。用 $\boldsymbol{A}_k$ 表示方阵 $\boldsymbol{A}$ 的 k 阶子式。因为 $a_1\neq0$，以 $-\dfrac{d_2}{a_1}$乘方阵 $\boldsymbol{A}_k$ 的第一行且加到它的第二行得到方阵 $\boldsymbol{B}_k$，则方阵 $\boldsymbol{B}_k$ 的第二行为

$$(0,a_2-d_2c_1/a_1,c_2,0,\cdots,0)$$

用 $\boldsymbol{B}_{k-1}$表示删去方阵 $\boldsymbol{B}_k$ 的第一行、第一列而得到的方阵，由条件知

$$|a_2-d_2c_1/a_1|>|a_2|-|d_2|\cdot|c_1/a_1|\geqslant|a_2|-|d_2|>|c_2|$$

所以 $k-1$ 阶方阵 $\boldsymbol{B}_{k-1}$ 满足引理3的条件。由归纳假设 $\det(\boldsymbol{B}_{k-1})\neq0$，故 $\det(\boldsymbol{A}_k)=\det(\boldsymbol{B}_k)=a_1\det(\boldsymbol{B}_{k-1})\neq0$。这就完成了引理3的证明。

定理3.4　三对角方阵 $\boldsymbol{A}$ 满足引理3的条件，则 $\boldsymbol{A}$ 有三角分解

$$\boldsymbol{A}=\begin{pmatrix} 1 & & & & \\ l_2 & 1 & & & \\ & \ddots & \ddots & & \\ & & l_{n-1} & 1 & \\ & & & l_n & 1 \end{pmatrix}\begin{pmatrix} u_1 & c_1 & & & \\ & u_2 & c_2 & & \\ & & \ddots & \ddots & \\ & & & u_{n-1} & c_{n-1} \\ & & & & u_n \end{pmatrix}$$

其中，未写出的元素是零，而 l_i,u_j 由下式计算，即

$$\begin{cases} u_1=a_1 \\ l_i=d_i/u_{i-1} \qquad i=2,3,\cdots,n-1 \\ u_i=a_i-l_ic_{i-1} \end{cases} \tag{3-16}$$

证明:由引理3的证明过程可知,方阵 $\boldsymbol{A}$ 及各阶子式非奇异,这样 $\boldsymbol{A}$ 就有三角分解,利用 $\boldsymbol{LU}$ 分解格式可得出式(3-16)。

若系数矩阵 $\boldsymbol{A}$ 可分解为 $\boldsymbol{A}=\boldsymbol{LU}$,则求解方程组(3-14)可分解为下列两个方程组求解,即

$$\boldsymbol{Ly}=\boldsymbol{b}\qquad \boldsymbol{Ux}=\boldsymbol{y}$$

即

$$\begin{pmatrix} 1 & & & & \\ l_2 & 1 & & & \\ & \ddots & \ddots & & \\ & & l_{n-1} & 1 & \\ & & & l_n & 1 \end{pmatrix}\begin{pmatrix} y_1 \\ y_2 \\ \vdots \\ y_{n-1} \\ y_n \end{pmatrix}=\begin{pmatrix} b_1 \\ b_2 \\ \vdots \\ b_{n-1} \\ b_n \end{pmatrix} \tag{3-17}$$

$$\begin{pmatrix} u_1 & c_1 & & & \\ & u_2 & c_2 & & \\ & & \ddots & \ddots & \\ & & & u_{n-1} & c_{n-1} \\ & & & & u_n \end{pmatrix}\begin{pmatrix} x_1 \\ x_2 \\ \vdots \\ x_{n-1} \\ x_n \end{pmatrix}=\begin{pmatrix} y_1 \\ y_2 \\ \vdots \\ y_{n-1} \\ y_n \end{pmatrix} \tag{3-18}$$

用追的过程解方程组(3-17),其公式为

$$\begin{cases} y_1=b_1 \\ y_i=b_i-l_iy_{i=1} \qquad i=2,3,\cdots,n \end{cases}$$

用赶的过程解方程组(3-18),其公式为

$$\begin{cases} x_n=y_n/u_n \\ x_i=(y_i-c_ix_{i+1})/u_i \qquad i=n-1,n-2,\cdots,1 \end{cases}$$

上述解三对角线性方程组的方法称为追赶法。当三对角线性方程组的系数矩阵严格对角占优时,用追赶法解该方程组有较好的数值稳定性,又有计算量小的优点。

3.6　向量和矩阵的范数

为了研究线性方程组近似解的误差估计和迭代法的收敛性,我们需要对 n 维向量(或矩阵)的大小引进某种度量——向量(矩阵)范数的概念。向量范数的概念是三维欧氏空间中向量长度概念的推广,在数值分析中起着重要的作用。

3.6.1　向量的范数

定义3.1　设 $\boldsymbol{x}$ 是 n 维向量,称满足下列三个条件的一个非负实数为向量 x 的范数,记这个非负实数为 $\|x\|$。

(1)当 $x\neq\boldsymbol{0}$ 时,$\|x\|>0$;

(2)对于任何实数 c 及任意实向量 $\boldsymbol{x}$,都有

$$\|\boldsymbol{cx}\|=|\boldsymbol{c}|\cdot\|\boldsymbol{x}\|$$

(3)对任何实向量 $\boldsymbol{x}$、$\boldsymbol{y}$,都有

$$\|\boldsymbol{x}+\boldsymbol{y}\| \leqslant \|\boldsymbol{x}\|+\|\boldsymbol{y}\|$$

条件(3)叫做三角不等式,因为它是“三角形任一边之长不大于其他两边之和”这一结论的推广。由条件(2)、(3)还可推出

$$\|\boldsymbol{x}+\boldsymbol{y}\| \geqslant |\,\|\boldsymbol{x}\|-\|\boldsymbol{y}\|\,|$$

设 $\boldsymbol{x}=(x_1,x_2,\cdots,x_n)^{\mathrm{T}}$,最常见的向量范数有

$$\|\boldsymbol{x}\|_2=(x_1{}^2+x_2{}^2+\cdots+x_n{}^2)^{\frac{1}{2}}=\left(\sum_{i=1}^{n}x_i{}^2\right)^{\frac{1}{2}}$$

$$\|\boldsymbol{x}\|_1=|x_1|+|x_2|+\cdots+|x_n|=\sum_{i=1}^{n}|x_i|$$

$$\|\boldsymbol{x}\|_\infty=\max\{|x_1|,|x_2|,\cdots,|x_n|\}=\max_{1\leqslant i\leqslant n}\{|x_i|\}$$

不难证明这三种范数确实满足条件(1)、(2)、(3),它们都是 n 维向量的范数,分别称为谱范数、列范数和行范数。这三种范数称为基本范数,可以统一写成

$$\|\boldsymbol{x}\|_p=(|x_1|^p+|x_2|^p+\cdots+|x_n|^p)^{\frac{1}{p}} \qquad p=1,2,\infty$$

当 $p=1,2$ 时,这种记法显然成立。下面将说明,当 $p\to\infty$ 时,$\|\boldsymbol{x}\|_p\to\|\boldsymbol{x}\|_\infty$。事实上,记 $k=\max\limits_{1\leqslant i\leqslant n}|x_i|$,则

$$\begin{aligned}\lim_{p\to\infty}\|\boldsymbol{x}\|_p&=\lim_{p\to\infty}(|x|^p+|x_2|^p+\cdots+|x_n|^p)^{\frac{1}{p}}\\&=k\lim_{p\to\infty}\left(\left|\frac{x_1}{k}\right|^p+\left|\frac{x_2}{k}\right|^p+\cdots+\left|\frac{x_n}{k}\right|^p\right)^{\frac{1}{p}}\\&=k=\|x\|_\infty\end{aligned}$$

一般用 $\|\cdot\|$ 泛指任何一种范数,在 $\boldsymbol{R}^n$ 中可以引进各种向量的范数,但它们都满足下述范数等价定理。

定理3.5　设 $\|\boldsymbol{x}\|_\alpha,\|\boldsymbol{x}\|_\beta$ 是 $\boldsymbol{R}^n$ 上的任一种范数,则存在与 $\boldsymbol{x}$ 无关的常数 m 和 $M(0<m<M)$,使

$$m\|\boldsymbol{x}\|_\alpha<\|\boldsymbol{x}\|_\beta\leqslant M\|\boldsymbol{x}\|_\alpha \qquad \forall \boldsymbol{x}\in\mathbf{R}^n$$

证明略。其意义在于,向量 $\boldsymbol{x}$ 的某一种范数可以任意小(大)时,该向量的其他范数也会任意小。当不需要指明使用哪一种范数时,就用记号 $\|\cdot\|$ 泛指任何一种范数。

3.6.2　矩阵的范数

类似于向量范数,在 $n\times n$ 矩阵集合 $\mathbf{R}^{n\times n}$ 中可以定义矩阵范数。

定义 3.2　称定义在 $\mathbf{R}^{n\times n}$ 上的实值函数 $\|\cdot\|$ 为矩阵范数,如果对于 $\mathbf{R}^{n\times n}$ 中的任意矩阵 $\boldsymbol{A}$ 和 $\boldsymbol{B}$,满足:

(1) $\|\boldsymbol{A}\|\geqslant 0$,当且仅当 $\boldsymbol{A}=\boldsymbol{0}$ 时,$\|\boldsymbol{A}\|=0$;

(2) 对任一数 $k\in R$,有 $\|k\boldsymbol{A}\|=|k|\,\|\boldsymbol{A}\|$;

(3) $\|\boldsymbol{A}+\boldsymbol{B}\|\leqslant\|\boldsymbol{A}\|+\|\boldsymbol{B}\|$;

(4) $\|\boldsymbol{AB}\|\leqslant\|\boldsymbol{A}\|\cdot\|\boldsymbol{B}\|$。

在矩阵的计算中,矩阵和向量的乘积经常出现,因而应让所用的矩阵范数和向量范数有某种关系。

定义3.3　对于给定的向量范数 $\|\cdot\|$,如果对任一个 $\boldsymbol{A}\in\mathbf{R}^{n\times n}$,满足

$$\|Ax\| \leqslant \|A\| \cdot \|x\|$$

则称所给的矩阵范数与向量范数应是相容的。

当定义一种矩阵范数时，应当使它能与某种向量范数相容，在同一个问题中要同时使用矩阵范数和向量范数时，这两种范数应是相容的。为此，我们给出一种定义矩阵范数的方法。

定理3.6　设在 $\mathbf{R}^n$ 中给定了一种向量范数，对任一矩阵，令

$$\|A\| = \max_{\|x\|=1} \|Ax\| \tag{3-19}$$

则由式(3-19)定义的 $\|\cdot\|$ 是一种矩阵范数，并且它与所给的向量范数相容。

证明：首先证明相容性。对任意的方阵 $A \in \mathbf{R}^{n\times n}$ 和任意的非零向量 $y \in \mathbf{R}^n$，由于

$$\max_{\|x\|=1} \|Ax\| \geqslant \left\|A\frac{y}{\|y\|}\right\| = \frac{1}{\|y\|}\|Ay\|$$

所以有

$$\|Ay\| \leqslant \|y\| \max_{\|x\|=1} \|Ax\| = \|A\| \cdot \|y\|$$

此结果显然也适用于 $y=0$ 的情形。

再证式(3-19)满足矩阵范数的 4 个条件：

(1) 当 $A=0$时，$\|A\|=0$，当 $A\neq 0$时，必有 $\|A\|>0$；

(2) 对任一数 $k\in\mathbf{R}$，有

$$\|kA\| = \max_{\|x\|=1}\|kAx\| = |k| \max_{\|x\|=1}\|Ax\| = |k|\cdot\|A\|$$

(3) 对任意方阵 A,B

$$\begin{aligned}\|A+B\| &= \max_{\|x\|=1}\|(A+B)x\| = \max_{\|x\|=1}\|Ax+Bx\| \\ &\leqslant \max_{\|x\|=1}(\|Ax\|+\|Bx\|) \\ &\leqslant \max_{\|x\|=1}\|Ax\| + \max_{\|x\|=1}\|Bx\| \\ &= \|A\|+\|B\|\end{aligned}$$

(4) $$\begin{aligned}\|AB\| &= \max_{\|x\|=1}\|ABx\| \leqslant \max_{\|x\|=1}\|A\|\cdot\|Bx\| \\ &= \|A\|\max_{\|x\|=1}\|Bx\| = \|A\|\,\|B\|\end{aligned}$$

称式(3-19)是由向量范数导出的矩阵范数。

设给定的向量范数为 $\|\cdot\|_p$，则导出的矩阵范数仍记为 $\|\cdot\|_p$，即

$$\|A\|_p = \max_{\|x\|=1}\|Ax\|_p$$

其中，A 是 n 阶方阵，x 是 n 维向量，又称 $\|\cdot\|_p$ 为矩阵的 p-范数。

定理3.7　设 $A=(a_{ij})\in\mathbf{R}^{n\times n}$，则

$$\|A\|_1 = \max_{1\leqslant j\leqslant n}\left[\sum_{i=1}^{n}|a_{ij}|\right]$$

$$\|A\|_2 = \sqrt{\lambda_{\max}(A^{\mathrm{T}}A)}$$

$$\|A\|_\infty = \max_{1\leqslant i\leqslant n}\left[\sum_{j=1}^{n}|a_{ij}|\right]$$

其中，$\lambda_{\max}(A^{\mathrm{T}}A)$表示矩阵 $A^{\mathrm{T}}A$ 的最大特征值。

证明：对于 1-范数，设 $\|x\|_1 = \sum_{i=1}^{n}|x_i| = 1$，矩阵 A 可表示为

$$A=(a_1,a_2,\cdots,a_n)$$

其中，$a_j=(a_{1j},a_{2j},\cdots,a_{nj})^{\mathrm T}$。设 $\|a_r\|_1=\max\limits_{1\leqslant j\leqslant n}\|a_j\|_1$，则

$$\|Ax\|_1=\left\|\sum_{j=1}^{n}x_ja_j\right\|_1\leqslant\sum_{j=1}^{n}|x_j|\cdot\|a_j\|_1$$
$$\leqslant\left(\sum_{j=1}^{n}|x_j|\right)\max_{1\leqslant j\leqslant n}\|a_j\|_1=\max_{1\leqslant j\leqslant n}\|a_j\|_1$$

取向量 $e_r=(0,\cdots,0,1,0,\cdots,0)$，它的非零元素 1 位于第 r 个分量，显然 $\|e_r\|_1=1$，且

$$\|Ae_r\|_1=\|a_r\|_1=\max_{1\leqslant j\leqslant n}\|a_j\|_1$$

于是有

$$\|A\|_1=\max_{\|x\|=1}\|Ax\|_1=\max_{1\leqslant j\leqslant n}\|a_j\|_1=\max_{1\leqslant j\leqslant n}\left[\sum_{i=1}^{n}|a_{ij}|\right]$$

对于 2 - 范数，设 n 维向量 x 满足 $\|x\|_2=1$

$$\|Ax\|_2^2=(Ax)^{\mathrm T}Ax=x^{\mathrm T}A^{\mathrm T}Ax$$

因 A^TA 是正定或半正定矩阵，故它的全部特征值 $\lambda_i(i=1,2,\cdots,n)$ 非负，设

$$\lambda_1\geqslant\lambda_2\geqslant\cdots\geqslant\lambda_n$$

并设相应的标准正交特征向量为 $u_1,u_2,\cdots,u_n$。因而存在实数 $k_1,k_2,\cdots,k_n$，使

$$x=\sum_{i=1}^{n}k_iu_i$$

并且有

$$\|x\|_2^2=x^{\mathrm T}x=\sum_{i=1}^{n}k_i^2=1 \text{ 由此可推出}$$

$$\|Ax\|_2^2=x^{\mathrm T}A^{\mathrm T}Ax=\sum_{i=1}^{n}\lambda_ik_1^2\leqslant\lambda_1$$

取 $\bar{x}=u_1$，则 $\|\bar{x}\|_2=1$，以及

$$\|A\bar{x}\|_2^2=u_1^{\mathrm T}A^{\mathrm T}A_{u_1}=\lambda_1$$

所以

$$\|A\|_2=\max_{\|x\|=1}\|Ax\|_2=\sqrt{\lambda_1}=\sqrt{\lambda_{\max}(A^{\mathrm T}A)}$$

对于∞ - 范数，设 n 维向量 $x=(x_1,x_2,\cdots,x_n)^{\mathrm T}$，满足 $\|x\|_\infty=1$，又设 $\omega=\max\limits_{1\leqslant i\leqslant n}\sum\limits_{j=1}^{n}|a_{ij}|=\sum\limits_{j=1}^{n}|a_{rj}|$，则

$$\|Ax\|_\infty=\max_{1\leqslant i\leqslant n}\left(\left|\sum_{j=1}^{n}a_{ij}x_j\right|\right)\leqslant\max_{1\leqslant i\leqslant n}\left(\sum_{j=1}^{n}|a_{ij}|\cdot|x_j|\right)$$
$$\leqslant\left(\max_{1\leqslant i\leqslant n}\sum_{j=1}^{n}|a_{ij}|\right)\|x\|_\infty=\omega$$

取向量 $\bar{x}=(\mathrm{sign}(a_{r1}),\mathrm{sign}(a_{r2}),\cdots,\mathrm{sign}(a_{rn}))^{\mathrm T}$，则有 $\|\bar{x}\|_\infty=1$，以及

$$\|A\bar{x}\|_\infty=\sum_{j=1}^{n}|a_{rj}|=\omega$$

所以

$$\|A\|_\infty = \max_{\|x\|_\infty=1}\|Ax\|_\infty = \max_{1\leqslant i\leqslant n}\sum_{j=1}^{n}|a_{ij}|$$

凡是从属于某种向量范数的矩阵范数,对于单位矩阵 I 都有

$$\|I\| = \max_{\|x\|=1}\|Ix\| = 1$$

矩阵范数 $\|\cdot\|_1$、$\|\cdot\|_2$ 和 $\|\cdot\|_\infty$ 又分别称为矩阵的列范数、谱范数和行范数,它们都是常用的矩阵范数。

还有一种常用的矩阵范数,就是

$$\|A\|_F = \sqrt{\sum_{i,j=1}^{n}a_{ij}^2}$$

称 $\|\cdot\|_F$ 为矩阵 A 的 Frobenius 范数。又称 Euclid 范数,可以证明 $\|\cdot\|_F$ 满足矩阵范数的 4 个条件,且 $\|\cdot\|_F$ 与向量范数 $\|\cdot\|_2$ 相容,这些证明留给读者完成。但是需要指明一点,即矩阵范数 $\|\cdot\|_F$ 不从属于任何一种向量范数。

【例 3.4】　设 $x=(3,-5,1)^T$,$A=\begin{pmatrix}1 & 5 & -2\\ -2 & 1 & 0\\ 3 & -8 & 2\end{pmatrix}$。试求 $\|x\|_p$,$\|A\|_p$,$p=1,2,\infty$ 及 $\|A\|_F$。

解: $\|x\|_1 = 3+5+1 = 9$

$\|x\|_2 = \sqrt{9+25+1} = \sqrt{35}$

$\|x\|_\infty = \max\{3,5,1\} = 5$

$\|A\|_1 = \max\{1+2+3,5+1+8,2+0+2\} = 14$

$\|A\|_\infty = \max\{1+5+2,2+1+0,3+8+2\} = 13$

$\|A\|_F = \sqrt{1+25+4+4+1+0+9+64+4} = \sqrt{112}$

$$A^TA = \begin{pmatrix}14 & -21 & 4\\ -21 & 90 & -26\\ 4 & -26 & 8\end{pmatrix}$$

特征方程为

$$|A^TA-\lambda I| = -\lambda^3+112\lambda^2-959\lambda+16 = 0$$

最大根为 $\lambda_1\approx 102.66$,所以

$$\|A\|_2 = \sqrt{\lambda_1}\approx 10.132$$

3.7　矩阵的条件数和方程组的性态

在实际问题中,线性方程组 $Ax=b$ 中的系数矩阵 A 和右端向量 b 往往是通过观测或其他计算而得到的,常常带有误差,即使求解过程是完全精确进行的,也得不到原方程组的精确解。现在研究,当系数矩阵 A 和右端向量 b 有误差时,是如何影响原方程组解向量 x 的。首先考察一个例子。

【例 3.5】　设有方程组

$$\begin{cases}x_1+x_2=2\\ x_1+1.0001x_2=2\end{cases}\quad 或\quad Ax=b \tag{3-20}$$

它的精确解为 $\boldsymbol{x}=(2,0)^{\mathrm{T}}$。

现在考虑常数项的微小变化对方程组解的影响，即考察方程组

$$\begin{cases} x_1+x_2=2 \\ x_1+1.0001x_2=2.0001 \end{cases} \quad 或 \quad \boldsymbol{A}(\boldsymbol{x}+\delta\boldsymbol{x})=\boldsymbol{b}+\delta\boldsymbol{b} \tag{3-21}$$

其中，$\delta\boldsymbol{b}=(0,0.0001)^{\mathrm{T}}$，$\boldsymbol{y}=\boldsymbol{x}+\delta\boldsymbol{x}$，$\boldsymbol{x}$ 为方程组(3－20)的解。显然方程组(3－21)的解为

$$\boldsymbol{x}+\delta\boldsymbol{x}=(1,1)^{\mathrm{T}}$$

可以看到，方程组(3－20)的常数项 $\boldsymbol{b}$ 的第二个分量只有微小的变化，但方程组的解却变化很大。这样的方程组称为病态方程组。

定义3.4　如果系数矩阵 $\boldsymbol{A}$ 和右端向量 $\boldsymbol{b}$ 的微小变化，引起方程组 $\boldsymbol{Ax}=\boldsymbol{b}$ 解的巨大变化，则称此方程组为“病态”方程组，称矩阵 $\boldsymbol{A}$ 为“病态”矩阵（相对于方程组而言），否则方程组为“良态”方程组，$\boldsymbol{A}$ 为“良态”矩阵。

矩阵的“病态”性质是矩阵本身的特性。下面我们希望找出刻画矩阵“病态”性质的量。考虑线性方程组

$$\boldsymbol{Ax}=\boldsymbol{b} \tag{3-22}$$

其中，系数矩阵 $\boldsymbol{A}$ 非奇异，$\boldsymbol{x}$ 为方程组的准确解。以下我们研究方程组的系数矩阵 $\boldsymbol{A}$ 和右端向量 $\boldsymbol{b}$ 有微小误差（扰动）时对解的影响。分两种情况讨论。

先假设系数矩阵 $\boldsymbol{A}$ 是精确的，而右端向量 $\boldsymbol{b}$ 有误差（或扰动）$\delta\boldsymbol{b}$，解为 $\boldsymbol{x}+\delta\boldsymbol{x}$，则

$$\boldsymbol{A}(\boldsymbol{x}+\delta\boldsymbol{x})=\boldsymbol{b}+\delta\boldsymbol{b} \qquad \delta\boldsymbol{x}=\boldsymbol{A}^{-1}\delta\boldsymbol{b}$$

$$\|\delta\boldsymbol{x}\|=\|\boldsymbol{A}^{-1}\|\cdot\|\delta\boldsymbol{b}\|$$

再由式(3－22)可得

$$\|\boldsymbol{b}\|\leqslant\|\boldsymbol{A}\|\,\|\boldsymbol{x}\|$$

假设右端向量 $\boldsymbol{b}$ 不为零，从而其解向量 $\boldsymbol{x}$ 不为零，由以上二式可得

$$\frac{\|\delta\boldsymbol{x}\|}{\|\boldsymbol{x}\|}\leqslant\|\boldsymbol{A}^{-1}\|\cdot\|\boldsymbol{A}\|\frac{\|\delta\boldsymbol{b}\|}{\|\boldsymbol{b}\|} \tag{3-23}$$

再假设 $\boldsymbol{b}$ 是精确的，而 $\boldsymbol{A}$ 有误差（扰动）$\delta\boldsymbol{A}$，解为 $\boldsymbol{x}+\delta\boldsymbol{x}$，则

$$(\boldsymbol{A}+\delta\boldsymbol{A})(\boldsymbol{x}+\delta\boldsymbol{x})=\boldsymbol{b}$$

假设 $\boldsymbol{A}+\delta\boldsymbol{A}$ 非奇异，则上述方程组有唯一解，且

$$\boldsymbol{x}+\delta\boldsymbol{x}=(\boldsymbol{A}+\delta\boldsymbol{A})^{-1}\boldsymbol{b}$$

$$\delta\boldsymbol{x}=(\boldsymbol{A}+\delta\boldsymbol{A})^{-1}\boldsymbol{b}-\boldsymbol{A}^{-1}\boldsymbol{b}=-\boldsymbol{A}^{-1}\delta\boldsymbol{A}(\boldsymbol{x}+\delta\boldsymbol{x})$$

最后得到

$$\frac{\|\delta\boldsymbol{x}\|}{\|\boldsymbol{x}+\delta\boldsymbol{x}\|}\leqslant\|\boldsymbol{A}^{-1}\|\cdot\|\boldsymbol{A}\|\frac{\|\delta\boldsymbol{A}\|}{\|\boldsymbol{A}\|} \tag{3-24}$$

由式(3－23)、式(3－24)可以看到，量 $\|\boldsymbol{A}^{-1}\|\cdot\|\boldsymbol{A}\|$ 越小，系数矩阵 $\boldsymbol{A}$ 或右端向量 $\boldsymbol{b}$ 的相对误差引起的解的相对误差越小；量 $\|\boldsymbol{A}^{-1}\|\cdot\|\boldsymbol{A}\|$ 越大，系数矩阵 $\boldsymbol{A}$ 或右端向量 $\boldsymbol{b}$ 的相对误差引起的解的相对误差越大。所以线性方程组的解的相对误差由 $\|\boldsymbol{A}^{-1}\|\cdot\|\boldsymbol{A}\|$ 来确定，由此引入矩阵的条件数的概念。

定义3.5　对非奇异矩阵 $\boldsymbol{A}$，称 $\|\boldsymbol{A}^{-1}\|\cdot\|\boldsymbol{A}\|$ 为矩阵的条件数，记做 $\mathrm{cond}(\boldsymbol{A})$。

条件数与所取的矩阵范数有关。当 $\boldsymbol{A}$ 为实对称矩阵，且使用谱范数时，则有

$$\mathrm{cond}(\boldsymbol{A})=\|\boldsymbol{A}^{-1}\|\cdot\|\boldsymbol{A}\|=\frac{|\lambda_1|}{|\lambda_2|}$$

其中，λ_1,λ_2 分别是$\boldsymbol{A}$ 的绝对值最大和绝对值最小的特征值。当$\boldsymbol{A}$ 是正交矩阵时，且使用谱范数，则有

$$\mathrm{cond}(\boldsymbol{A})=1$$

条件数具有下列性质，即：

(1) $\mathrm{cond}(\boldsymbol{A})\geqslant 1$；

(2)对任意的常数 c，有 $\mathrm{cond}(c\boldsymbol{A})=\mathrm{cond}(\boldsymbol{A})$。

【例3.6】 求下列矩阵的条件数

$$\boldsymbol{A}=\begin{pmatrix}\frac{1}{2} & \frac{1}{3} & \frac{1}{4}\\ \frac{1}{3} & \frac{1}{4} & \frac{1}{5}\\ \frac{1}{4} & \frac{1}{5} & \frac{1}{6}\end{pmatrix}$$

解：设 $\boldsymbol{b}=(b_1,b_2,b_3)$，求方程组 $\boldsymbol{Ax}=\boldsymbol{b}$ 的解，得

$$\begin{pmatrix}x_1\\ x_2\\ x_3\end{pmatrix}=\begin{pmatrix}72b_1-240b_2+180b_3\\ -240b_1+900b_2-720b_3\\ 180b_1-720b_2+600b_3\end{pmatrix}$$

由此可见

$$\boldsymbol{A}^{-1}=\begin{pmatrix}72 & -240 & 180\\ -240 & 900 & -720\\ 180 & -720 & 600\end{pmatrix}$$

所以

$$\mathrm{cond}_\infty(\boldsymbol{A})=\|\boldsymbol{A}\|_\infty\cdot\|\boldsymbol{A}^{-1}\|_\infty=\frac{13}{12}\cdot 1860=2015$$

当 $\boldsymbol{b}=10^2\cdot\left(\frac{13}{12},\frac{47}{60},\frac{37}{60}\right)^{\mathrm{T}}$，$\delta\boldsymbol{b}=(-0.001,0.001,-0.001)$时，可得

$$\boldsymbol{x}=(100,100,100)^{\mathrm{T}}\qquad \delta\boldsymbol{x}=(-0.492,1.86,-1.5)^{\mathrm{T}}$$

$$\|\delta\boldsymbol{b}\|_\infty/\|\boldsymbol{b}\|_\infty=0.001/\left(\frac{13}{12}\times 10^2\right)=0.00012/13$$

$$\|\delta\boldsymbol{x}\|_\infty/\|\boldsymbol{x}\|_\infty=1.86/100=0.0186$$

$$\|\delta\boldsymbol{x}\|_\infty/\|\boldsymbol{x}\|_\infty=2015\|\delta\|_\infty/\|\boldsymbol{b}\|_\infty$$

以上精确计算表明了右端相对扰动和解的相对扰动之间存在着扩大了 $\mathrm{cond}(\boldsymbol{A})=2015$ 倍的关系，说明不等式(3－23)中等号有可能成立。

习　　题

1. 用高斯消去法解下列线性方程组，并求系数行列式的值。

$$\begin{cases}x_1+4x_2-2x_3+3x_4=6\\ 2x_1+2x_2+4x_4=2\\ 3x_1-x_2+2x_4=1\\ x_1+2x_2+2x_3-3x_4=8\end{cases}$$

2. 利用矩阵 $\boldsymbol{A}$ 的 $\boldsymbol{LU}$ 分解解方程组 $\boldsymbol{Ax}=\boldsymbol{b}$,其中

$$\boldsymbol{A}=\begin{pmatrix}1 & 2 & 1 & -2\\ 2 & 5 & 3 & -2\\ -2 & -2 & 3 & 5\\ 1 & 3 & 2 & 3\end{pmatrix}\qquad \boldsymbol{b}=(4,7,-1,0)^{\mathrm{T}}$$

3. 试用紧凑格式解下列方程组

$$\begin{cases}x_1-2x_2+3x_3-4x_4=4\\ x_2-x_3+x_4=-3\\ x_1+3x_2+x_4=1\\ -7x_2+3x_3+x_4=-3\end{cases}$$

4. 用平方根法解方程组

$$\begin{pmatrix}3 & 2 & 3\\ 2 & 2 & 0\\ 3 & 0 & 12\end{pmatrix}\begin{pmatrix}x_1\\ x_2\\ x_3\end{pmatrix}=\begin{pmatrix}5\\ 3\\ 7\end{pmatrix}$$

5. 用改进的平方根法解线性方程组

$$\begin{pmatrix}3 & 3 & 5\\ 3 & 5 & 9\\ 5 & 9 & 17\end{pmatrix}\begin{pmatrix}x_1\\ x_2\\ x_3\end{pmatrix}=\begin{pmatrix}10\\ 16\\ 30\end{pmatrix}$$

6. 用追赶法解三对角线性方程组

$$\begin{pmatrix}-4 & 1 & & \\ 1 & -4 & 1 & \\ & 1 & -4 & 1\\ & & 1 & -4\end{pmatrix}\begin{pmatrix}x_1\\ x_2\\ x_3\\ x_4\end{pmatrix}=\begin{pmatrix}1\\ 1\\ 1\\ 1\end{pmatrix}$$

7. 设 $\boldsymbol{x}=(4,-8,2)^{\mathrm{T}}$,$\boldsymbol{A}=\begin{pmatrix}2 & -5 & 4\\ -1 & 0 & 3\\ 4 & 2 & -2\end{pmatrix}$,试求 $\|\boldsymbol{x}\|_p$, $\|\boldsymbol{A}\|_p$。其中,$p=1,2,\infty$。

第4章　解线性方程组的迭代法

4.1 引　　言

第3章介绍了解线性方程组的各种直接解法，这对变量个数不多的线性方程组是有效的，但对于变量个数较多的方程组则常用迭代法求解。所谓迭代法，就是根据所给的线性方程组设计一个迭代公式，由迭代公式构造一个向量序列。若此向量序列收敛，则它的极限就是方程组的解。

设 n 元线性方程组

$$\begin{cases} a_{11}x_1 + a_{12}x_2 + \cdots + a_{1n}x_n = b_1 \\ a_{21}x_1 + a_{22}x_2 + \cdots + a_{2n}x_n = b_2 \\ \qquad\vdots \\ a_{n1}x_1 + a_{n2}x_2 + \cdots + a_{nn}x_n = b_n \end{cases} \tag{4-1}$$

简记为

$$\boldsymbol{Ax} = \boldsymbol{b}$$

其中，系数矩阵 $\boldsymbol{A} \in \boldsymbol{R}^{n \times n}, \boldsymbol{b} \in \boldsymbol{R}^n$。如果将系数矩阵 $\boldsymbol{A}$ 分解成

$$\boldsymbol{A} = \boldsymbol{M} - \boldsymbol{N}$$

且 $\boldsymbol{M}$ 非奇异，则式(4-1)可写成等价形式 $\boldsymbol{Mx} = \boldsymbol{Nx} + \boldsymbol{b}$ 或 $\boldsymbol{x} = \boldsymbol{M}^{-1}\boldsymbol{Nx} + \boldsymbol{M}^{-1}\boldsymbol{b}$。记 $\boldsymbol{G} = \boldsymbol{M}^{-1}\boldsymbol{N},\ \boldsymbol{d} = \boldsymbol{M}^{-1}\boldsymbol{b}$，则上式可写为

$$\boldsymbol{x} = \boldsymbol{Gx} + \boldsymbol{d} \tag{4-2}$$

方程组(4-2)与原方程组是同解方程组。任取一个向量 $\boldsymbol{x}^{(0)} \in \boldsymbol{R}^n$，由式(4-2)均可以构造迭代公式为

$$\boldsymbol{x}^{(k+1)} = \boldsymbol{Gx}^{(k)} + \boldsymbol{d} \qquad k = 0,1,2,\cdots \tag{4-3}$$

其中，式(4-3)称为迭代公式，$\boldsymbol{G}$ 称为迭代矩阵。

为了研究迭代公式的收敛性，首先介绍向量序列收敛的概念。

定义4.1　设有向量序列

$$\boldsymbol{x}^{(k)} = (x_1^{(k)}, x_2^{(k)}, \cdots, x_n^{(k)})^{\mathrm{T}} \qquad k = 0,1,2,\cdots$$

如果存在常向量 $\boldsymbol{x}^* = (x_1^*, x_2^*, \cdots, x_n^*)^{\mathrm{T}}$，使得

$$\lim_{k \to \infty} x_i^{(k)} = x_i^*$$

则称向量序列 $\{\boldsymbol{x}^{(k)}\}$ 收敛于常向量 $\boldsymbol{x}^*$，记为

$$\lim_{k \to \infty} \boldsymbol{x}^{(k)} = \boldsymbol{x}^*$$

定理4.1　设有向量序列 $\{\boldsymbol{x}^{(k)}\}$ 和常向量 $\boldsymbol{x}^*$，如果对某种范数有

$$\lim_{k \to \infty} \| \boldsymbol{x}^{(k)} - \boldsymbol{x}^* \| = 0$$

则必有

$$\lim_{k\to\infty}\boldsymbol{x}^{(k)}=\boldsymbol{x}^*$$

证明:根据向量范数的等价性,必有

$$\lim_{k\to\infty}\|\boldsymbol{x}^{(k)}-\boldsymbol{x}^*\|_\infty=0$$

即

$$\lim_{k\to\infty}\max_{1\leqslant i\leqslant n}|x_i^{(k)}-x_i^*|_\infty=0$$

因而有

$$\lim_{k\to\infty}x_i^{(k)}=x_i^*\qquad i=1,2,\cdots,n$$

根据定义,即$\lim\limits_{k\to\infty}\boldsymbol{x}^{(k)}=\boldsymbol{x}^*$。

如果由式(4-3)产生的向量序列$\{\boldsymbol{x}^{(k+1)}\}$在$k\to\infty$时有极限$\boldsymbol{x}^*$,则显然$\boldsymbol{x}^*$是式(4-1)和式(4-2)的解。这种求解线性方程组的方法称为迭代法。不同的迭代法,其迭代矩阵不一样,对同一个方程组,有些迭代法收敛,有些迭代法则不收敛。迭代解法是一个极限过程,但在实际计算中,常用$\max|\Delta x_i|=\max\limits_{1\leqslant i\leqslant n}|x_i^{(k+1)}-x_i^{(k)}|<\varepsilon$($\varepsilon$为精度要求)控制迭代终止,将$\boldsymbol{x}^{(k)}$作为方程组(4-1)的近似解。

本章将介绍雅可比(Jacobi)迭代法、高斯-塞德尔(Gauss-Seidel)迭代法及超松弛迭代法,并讨论迭代法的收敛性。

4.2 雅可比迭代法与高斯-塞德尔迭代法

4.2.1 雅可比迭代法

设线性方程组(4-1)的系数矩阵$\boldsymbol{A}$满足条件$a_{ii}\neq0(i=1,2,\cdots,n)$,则方程组(4-1)可改写为

$$\begin{cases}x_1=1/a_{11}(-a_{12}x_2-a_{13}x_3-\cdots-a_{1n}x_n+b_1)\\x_2=1/a_{22}(-a_{21}x_1-a_{23}x_3-\cdots-a_{2n}x_n+b_2)\\\vdots\\x_n=1/a_{nn}(-a_{n1}x_1-a_{n2}x_2-\cdots-a_{n,n-1}+x_{n-1}+b_n)\end{cases}\tag{4-4}$$

记

$$\boldsymbol{D}=\begin{pmatrix}a_{11}&&&\\&a_{22}&&\\&&\ddots&\\&&&a_{nn}\end{pmatrix}\quad\boldsymbol{L}=\begin{pmatrix}0&&&&\\a_{21}&0&&&\\a_{31}&a_{31}&0&&\\\vdots&\vdots&\vdots&\ddots&\\a_{n1}&a_{n2}&a_{n3}&\cdots&0\end{pmatrix}$$

$$\boldsymbol{U}=\begin{pmatrix}0&a_{12}&a_{13}&\cdots&a_{1n}\\&0&a_{23}&\cdots&a_{2n}\\&&\ddots&&\vdots\\&&&0&a_{n-1,n}\\&&&&0\end{pmatrix}$$

即 $\boldsymbol{D}$ 是 $\boldsymbol{A}$ 的对角元素所构成的对角方阵,$\boldsymbol{L}$,$\boldsymbol{U}$ 分别表示由 $\boldsymbol{A}$ 的主对角线以下和以上的元素组成的严格下、上三角阵。这样,系数矩阵 $\boldsymbol{A}$ 可分解为

$$\boldsymbol{A}=\boldsymbol{D}+\boldsymbol{L}+\boldsymbol{U}$$

由于 $a_{ii}\neq 0(i=1,2,\cdots,n)$,$\boldsymbol{D}$ 可逆,故式(4-4)可用矩阵形式写为

$$\boldsymbol{x}=-\boldsymbol{D}^{-1}(\boldsymbol{L}+\boldsymbol{U})\boldsymbol{x}+\boldsymbol{D}^{-1}\boldsymbol{b}$$

令 $\boldsymbol{B}=-\boldsymbol{D}^{-1}(\boldsymbol{L}+\boldsymbol{U})$,$\boldsymbol{d}=\boldsymbol{D}^{-1}\boldsymbol{b}$,于是式(4-4)又可写为

$$\boldsymbol{x}=\boldsymbol{B}\boldsymbol{x}+\boldsymbol{d} \tag{4-5}$$

由式(4-5)形成如下的迭代公式

$$\boldsymbol{x}^{(k+1)}=\boldsymbol{B}\boldsymbol{x}^{(k)}+\boldsymbol{d}\quad k=0,1,2,\cdots \tag{4-6}$$

其中,$\boldsymbol{x}^{(0)}\in\boldsymbol{R}^n$ 任取。式(4-6)表示的迭代法称为雅可比迭代法,又称简单迭代法。其迭代矩阵 $\boldsymbol{B}=-\boldsymbol{D}^{-1}(\boldsymbol{L}+\boldsymbol{U})$,式(4-6)的分量形式为

$$\begin{cases}x_1^{(k+1)}=1/a_{11}(-a_{12}x_2^{(k)}-a_{13}x_3^{(k)}-\cdots-a_{1n}x_n^{(k)}+b_1)\\x_2^{(k+1)}=1/a_{22}(-a_{21}x_1^{(k)}-a_{23}x_3^{(k)}-\cdots-a_{2n}x_n^{(k)}+b_2)\\\vdots\\x_n^{(k+1)}=1/a_{nn}(-a_{n1}x_1^{(k)}-a_{n2}x_2^{(k)}-\cdots-a_{n,n-1}x_{n-1}^{(k)}+b_n)\end{cases} \tag{4-7}$$

为了编写程序方便,可将式(4-7)改写成下面的形式,即

$$\begin{aligned}x_i^{(k+1)}&=1/a_{ii}\Big(-\sum_{j=1}^{i-1}a_{ij}x_j^{(k)}-\sum_{j=i+1}^{n}a_{ij}x_j^{(k)}+b_i\Big)\\&=x_i^{(k)}+1/a_{ii}\Big(b_i-\sum_{j=1}^{n}a_{ij}x_j^{(k)}\Big)\end{aligned} \tag{4-8}$$

$$i=1,2,\cdots,n;\ k=0,1,2,\cdots$$

4.2.2 高斯-塞德尔迭代法

设线性方程组(4-1)的系数矩阵 $\boldsymbol{A}$ 满足条件 $a_{ii}\neq 0(i=1,2,\cdots,n)$,系数矩阵 $\boldsymbol{A}$ 有

$$\boldsymbol{A}=\boldsymbol{D}+\boldsymbol{L}+\boldsymbol{U}$$

在一般迭代形式中,取 $\boldsymbol{M}=\boldsymbol{D}+\boldsymbol{L}$,$\boldsymbol{N}=-\boldsymbol{U}$,由于 $a_{ii}\neq 0(i=1,2,\cdots,n)$,$\boldsymbol{M}$ 可逆,式(4-1)可写为

$$\boldsymbol{x}=-(\boldsymbol{D}+\boldsymbol{L})^{-1}\boldsymbol{U}\boldsymbol{x}+(\boldsymbol{D}+\boldsymbol{L})^{-1}\boldsymbol{b}$$

故可以形成以下迭代公式

$$\boldsymbol{x}^{(k+1)}=-(\boldsymbol{D}+\boldsymbol{L})^{-1}\boldsymbol{U}\boldsymbol{x}^{(k)}+(\boldsymbol{D}+\boldsymbol{L})^{-1}\boldsymbol{b}\qquad k=0,1,2,\cdots \tag{4-9}$$

其中,$\boldsymbol{x}^{(0)}\in\boldsymbol{R}^n$ 任取。式(4-9)表示的迭代法称为高斯-塞德尔迭代法。其迭代矩阵 $\boldsymbol{G}=-(\boldsymbol{D}+\boldsymbol{L})^{-1}\boldsymbol{U}$。在实际计算时,为了避免计算 $(\boldsymbol{D}+\boldsymbol{L})^{-1}$,可将式(4-9)改写为

$$(\boldsymbol{D}+\boldsymbol{L})\boldsymbol{x}^{(k+1)}=-\boldsymbol{U}\boldsymbol{x}^{(k)}+\boldsymbol{b}$$

$$\boldsymbol{D}\boldsymbol{x}^{(k+1)}=-\boldsymbol{L}\boldsymbol{x}^{(k+1)}-\boldsymbol{U}\boldsymbol{x}^{(k)}+\boldsymbol{b}$$

$$\boldsymbol{x}^{(k+1)}=-\boldsymbol{D}^{-1}\boldsymbol{L}\boldsymbol{x}^{(k+1)}-\boldsymbol{D}^{-1}\boldsymbol{U}\boldsymbol{x}^{(k)}+\boldsymbol{D}^{-1}\boldsymbol{b}$$

其分量表达式为

$$\begin{cases} x_1^{(k+1)} = 1/a_{11}(-a_{12}x_2^{(k)} - a_{13}x_3^{(k)} - \cdots - a_{1n}x_n^{(k)} + b_1) \\ x_2^{(k+1)} = 1/a_{22}(-a_{21}x_1^{(k+1)} - a_{23}x_3^{(k)} - \cdots - a_{2n}x_n^{(k)} + b_2) \\ \vdots \\ x_n^{(k+1)} = 1/a_{nn}(-a_{n1}x_1^{(k+1)} - a_{n2}x_2^{(k+1)} - \cdots - a_{n,n-1}x_{n-1}^{(k+1)} + b_n) \end{cases} \tag{4-10}$$

为了编写程序方便,可将式(4-10)改写成下面的形式,即

$$\begin{aligned} x_i^{(k+1)} &= 1/a_{ii}\left(-\sum_{j=1}^{i-1} a_{ij}x_j^{(k+1)} - \sum_{j=i+1}^{n} a_{ij}x_j^{(k)} + b_i\right) \\ &= x_i^{(k)} + 1/a_{ii}\left(b_i - \sum_{j=1}^{i-1} a_{ij}x_j^{(k+1)} - \sum_{j=i}^{n} a_{ij}x_j^{(k)}\right) \end{aligned} \tag{4-11}$$

$$i = 1,2,\cdots,n;\ k = 0,1,2,\cdots$$

比较式(4-7)和式(4-10)可得,用高斯-塞德尔迭代法计算分量时,可随时更新已经计算出的分量,即一旦计算出 $x_i^{(k+1)}$,则在以后的计算中 $x_i^{(k)}$ 便不需要。而在雅可比迭代法中,整个 $\boldsymbol{x}^{(k)}$ 要保存到整个 $\boldsymbol{x}^{(k+1)}$ 计算出来后才不需要,即高斯-塞德尔迭代法所需的存储单元个数比雅可比迭代法所需的存储单元个数少。高斯-塞德尔迭代法的程序设计比雅可比迭代法省事。

【例 4.1】 用雅可比迭代法和高斯-塞德尔迭代法解下列方程组,并要求 $\|\boldsymbol{x}^{k+1} - \boldsymbol{x}^{(k)}\|_\infty \leqslant 10^{-5}$。

$$\begin{cases} 10x_1 - 2x_2 - 2x_3 = 1 \\ -2x_1 + 10x_2 - x_3 = 0.5 \\ -x_1 - 2x_2 + 3x_3 = 1 \end{cases}$$

解:(1) 雅可比迭代法的迭代公式为

$$\begin{cases} x_1^{(k+1)} = 0.2x_2^{(k)} + 0.2x_3^{(k)} + 0.1 \\ x_2^{(k+1)} = 0.2x_1^{(k)} + 0.2x_3^{(k)} + 0.05 \\ x_3^{(k+1)} = 1/3x_1^{(k)} + 2/3x_2^{(k)} + 1/3 \end{cases}$$

取初始向量 $\boldsymbol{x}^{(0)} = (x_1^{(0)}, x_2^{(0)}, x_3^{(0)})^{\mathrm{T}} = (0,0,0)^{\mathrm{T}}$,计算结果见表 4-1。

表 4-1 雅可比迭代法的计算结果

k	$x_1^{(k)}$	$x_2^{(k)}$	$x_3^{(k)}$
0	0	0	0
1	0.100 000	0.050 000	0.333 333
2	0.176 667	0.103 333	0.400 000
3	0.200 667	0.125 333	0.461 111
⋮	⋮	⋮	⋮
13	0.231 069	0.147 041	0.508 362
14	0.231 081	0.147 050	0.508 383
15	0.231 087	0.147 055	0.508 393

由于 $\|\boldsymbol{x}^{(15)} - \boldsymbol{x}^{(14)}\|_\infty < 10^{-5}$,故所求的解为

$$x_1^* \approx 0.231\ 087 \qquad x_2^* \approx 0.147\ 055 \qquad x_3^* = 0.508\ 393$$

（2）高斯 - 塞德尔迭代法的迭代公式为

$$\begin{cases} x_1^{(k+1)} = 0.2x_2^{(k)} + 0.2x_3^{(k)} + 0.1 \\ x_2^{(k+1)} = 0.2x_1^{(k+1)} + 0.1x_3^{(k)} + 0.05 \\ x_3^{(k+1)} = 1/3x_1^{(k+1)} + 2/3x_2^{(k+1)} + 1/3 \end{cases}$$

取初始向量 $\boldsymbol{x}^{(0)} = (x_1^{(0)}, x_2^{(0)}, x_3^{(0)})^{\mathrm{T}} = (0,0,0)^{\mathrm{T}}$，计算结果见表 4-2。

表 4-2 高斯 - 塞德尔迭代法计算结果

k	$x_1^{(k)}$	$x_2^{(k)}$	$x_3^{(k)}$
0	0	0	0
1	0.100 000	0.070 000	0.413 333
2	0.196 667	0.130 667	0.486 000
3	0.223 333	0.143 276	0. 503 289
⋮	⋮	⋮	⋮
7	0.231 071	0.147 048	0.508 389
8	0.231 087	0.147 056	0.508 399
9	0.231 091	0.147 058	0.508 402

由于 $\|\boldsymbol{x}^{(9)} - \boldsymbol{x}^{(8)}\|_\infty < 10^{-5}$，故所求的解为

$$x_1^* \approx 0.231\ 091 \qquad x_2^* \approx 0.147\ 058 \qquad x_3^* = 0.508\ 402$$

4.3 超松弛迭代法

用雅可比迭代法和高斯 - 塞德尔迭代法解线性方程组时，有时收敛速度很慢，故为了改善其收敛速度，下面将介绍超松弛迭代法。超松弛迭代法是在高斯 - 塞德尔迭代法基础上的一种加速方法。下面先介绍其基本思想。

给定一个线性方程组

$$\boldsymbol{Ax} = \boldsymbol{b}$$

将系数矩阵 $\boldsymbol{A}$ 分解成 $\boldsymbol{A} = \boldsymbol{I} - \boldsymbol{B}$，则该方程组等价为

$$\boldsymbol{x} = \boldsymbol{Bx} + \boldsymbol{b}$$

于是可构造迭代公式

$$\boldsymbol{x}^{(k+1)} = \boldsymbol{Bx}^{(k)} + \boldsymbol{b} \tag{4-12}$$

由于第 k 次近似值 $\boldsymbol{x}^{(k)}$ 并不是方程组的解，从而 $\boldsymbol{b} - \boldsymbol{Ax}^{(k)} \neq \boldsymbol{0}$。令 $\boldsymbol{r}^{(k)} = \boldsymbol{b} - \boldsymbol{Ax}^{(k)}$，称 $\boldsymbol{r}^{(k)}$ 为剩余向量，于是式(4 - 12)可改写为

$$\boldsymbol{x}^{(k+1)} = (\boldsymbol{I} - \boldsymbol{A})\boldsymbol{x}^{(k)} + \boldsymbol{b} = \boldsymbol{x}^{(k)} + \boldsymbol{b} - \boldsymbol{Ax}^{(k)} = \boldsymbol{x}^{(k)} + \boldsymbol{r}^{(k)}$$

上式说明，迭代法过程实际上是用剩余向量 $\boldsymbol{r}^{(k)}$ 来改进解的第 k 次近似值，即第 $k+1$ 次近似值是由第 k 次近似值加上剩余向量 $\boldsymbol{r}^{(k)}$ 得到的。为了加快收敛速度，可以考虑给 $\boldsymbol{r}^{(k)}$ 乘上一个适当的因子 ω，从而得到一个加速迭代公式

$$\boldsymbol{x}^{(k+1)} = \boldsymbol{x}^{(k)} + \omega\boldsymbol{r}^{(k)} = \boldsymbol{x}^{(k)} + \omega(\boldsymbol{b} - \boldsymbol{Ax}^{(k)}) \tag{4-13}$$

其中,称 ω 为松弛因子。

只要松弛因子 ω 选择得当,则由式(4－13)算出的第 $k+1$ 次近似值就会更快地接近方程组 $\boldsymbol{Ax}=\boldsymbol{b}$ 的解,从而达到加速收敛的目的。上面讲述的这种加速方法是带松弛因子的同时迭代法,技巧要求高,也没有充分利用已算出的分量信息,故不经常使用。

高斯－塞德尔迭代法的程序设计简单,且充分利用了最新计算出来的分量信息,故根据上面的加速收敛思想,对高斯－塞德尔迭代法加以修改,得到下面的逐次超松弛迭代法(Successive Over Relaxation Method),简称 SOR 法。

在高斯－塞德尔迭代法公式(4－11)中的括号前添加上一个松弛因子 ω,便得到逐次超松弛迭代公式

$$x_i^{(k+1)}=x_i^{(k)}+\omega/a_{ii}\left(b_i-\sum_{j=1}^{i-1}a_{ij}x_j^{(k+1)}-\sum_{j=i}^{n}a_{ij}x_j^{(k)}\right) \qquad (4-14)$$

$$i=1,2,\cdots,n;\quad k=0,1,2,\cdots$$

当松弛因子 $\omega<1$ 时,式(4－14)便称为低松弛法;当 $\omega>1$ 时,式(4－14)称为超松弛法。超松弛法是解大型方程组,特别是解大型稀疏矩阵方程组的有效方法之一。它具有计算公式简单、程序设计容易及占用计算机内存单元较少等优点,但要选择好松弛因子 ω。显然,$\omega=1$时,超松弛迭代法即为高斯－塞德尔迭代法。

下面将要讨论超松弛迭代法的收敛性,为此推导超松弛迭代法的迭代矩阵。迭代公式(4－14)也可写为

$$a_{ii}x_i^{(k+1)}=(1-\omega)a_{ii}x_i^{(k)}+\omega\left(-\sum_{j=1}^{i-1}a_{ij}x_j^{(k+1)}-\sum_{j=i+1}^{n}a_{ij}x_j^{(k)}+b_i\right)$$

$$i=1,2,\cdots,n;\quad k=0,1,2,\cdots \qquad (4-15)$$

用分解式 $\boldsymbol{A}=\boldsymbol{D}+\boldsymbol{L}+\boldsymbol{U}$,则上式用矩阵形式可写为

$$\boldsymbol{Dx}^{(k+1)}=(1-\omega)\boldsymbol{Dx}^{(k)}+\omega(\boldsymbol{b}-\boldsymbol{Lx}^{(k+1)}-\boldsymbol{Ux}^{(k)})$$

将上式整理可得

$$(\boldsymbol{D}+\omega\boldsymbol{L})\boldsymbol{x}^{(k+1)}=[(1-\omega)\boldsymbol{D}-\omega\boldsymbol{U}]\boldsymbol{x}^{(k)}+\omega\boldsymbol{b}$$

因为 $a_{ii}\neq0(i=1,2,\cdots,n)$,所以 $\det(\boldsymbol{D}+\omega\boldsymbol{L})\neq0$,故超松弛迭代法的矩阵形式为

$$\boldsymbol{x}^{(k+1)}=(\boldsymbol{D}+\omega\boldsymbol{L})^{-1}[(1-\omega)\boldsymbol{D}-\omega\boldsymbol{U}]\boldsymbol{x}^{(k)}+(\boldsymbol{D}+\omega\boldsymbol{L})^{-1}\omega\boldsymbol{b}$$

其迭代矩阵为

$$\boldsymbol{L}_\omega=(\boldsymbol{D}+\omega\boldsymbol{L})^{-1}[(1-\omega)\boldsymbol{D}-\omega\boldsymbol{U}] \qquad (4-16)$$

【例 4.2】 试分别用雅可比迭代法、高斯－塞德尔迭代法和超松弛迭代法($\omega=1.15$)解线性方程组。

$$\begin{pmatrix}5&1&-1&-2\\2&8&1&3\\1&-2&-4&-1\\-1&3&2&7\end{pmatrix}\begin{pmatrix}x_1\\x_2\\x_3\\x_4\end{pmatrix}=\begin{pmatrix}-2\\-6\\6\\12\end{pmatrix}$$

当 $\max|\Delta x_j|=\max\limits_{1\leqslant j\leqslant n}|x_j^{(k+1)}-x_j^{(k)}|<10^{-5}$时迭代终止,方程组的精确解为 $\boldsymbol{x}^*=(1,-2,-1,3)^{\mathrm{T}}$。

解:取 $\boldsymbol{x}^{(0)}=(0,0,0,0)^{\mathrm{T}}$,则雅可比迭代公式为

$$\begin{cases} x_1^{(k+1)}=x_1^{(k)}+\dfrac{1}{5}(-2-5x_1^{(k)}-x_2^{(k)}+x_3^{(k)}+2x_4^{(k)}) \\ x_2^{(k+1)}=x_2^{(k)}+\dfrac{1}{8}(-6-2x_1^{(k)}-8x_2^{(k)}-x_3^{(k)}-3x_4^{(k)}) \\ x_3^{(k+1)}=x_3^{(k)}-\dfrac{1}{4}(6-x_1^{(k)}-2x_2^{(k)}+4x_3^{(k)}+x_4^{(k)}) \\ x_4^{(k+1)}=x_4^{(k)}+\dfrac{1}{7}(12+x_1^{(k)}-3x_2^{(k)}-2x_3^{(k)}-7x_4^{(k)}) \end{cases}$$

迭代 24 次后得方程组的近似解为

$$\boldsymbol{x}^{(24)}=(0.999\,994\,1,1.999\,995\,0,1.000\,004\,0,2.999\,999\,0)^{\mathrm{T}}$$

高斯－塞德尔迭代法公式为

$$\begin{cases} x_1^{(k+1)}=x_1^{(k)}+\dfrac{1}{5}(-2-5x_1^{(k)}-x_2^{(k)}+x_3^{(k)}+2x_4^{(k)}) \\ x_2^{(k+1)}=x_2^{(k)}+\dfrac{1}{8}(-6-2x_1^{(k+1)}-8x_2^{(k)}-x_3^{(k)}-3x_4^{(k)}) \\ x_3^{(k+1)}=x_3^{(k)}-\dfrac{1}{4}(6-x_1^{(k+1)}+2x_2^{(k+1)}+4x_3^{(k)}+x_4^{(k)}) \\ x_4^{(k+1)}=x_4^{(k)}+\dfrac{1}{7}(12+x_1^{(k+1)}-3x_2^{(k+1)}-2x_3^{(k+1)}-7x_4^{(k)}) \end{cases}$$

迭代 14 次后得方程组的近似解为

$$\boldsymbol{x}^{(14)}=(0.999\,996\,6,-1.999\,997\,0,-1.000\,004\,0,2.999\,999\,0)^{\mathrm{T}}$$

超松弛迭代法的迭代公式为

$$\begin{cases} x_1^{(k+1)}=x_1^{(k)}+\dfrac{\omega}{5}(-2-5x_1^{(k)}-x_2^{(k)}+x_3^{(k)}+2x_4^{(k)}) \\ x_2^{(k+1)}=x_2^{(k)}+\dfrac{\omega}{8}(-6-2x_1^{(k+1)}-8x_2^{(k)}-x_3^{(k)}-3x_4^{(k)}) \\ x_3^{(k+1)}=x_3^{(k)}-\dfrac{\omega}{4}(6-x_1^{(k+1)}+2x_2^{(k+1)}+4x_3^{(k)}+x_4^{(k)}) \\ x_4^{(k+1)}=x_4^{(k)}+\dfrac{\omega}{7}(12+x_1^{(k+1)}-3x_2^{(k+1)}-2x_3^{(k+1)}-7x_4^{(k)}) \end{cases}$$

取 $\omega=1.15$，迭代 8 次后得方程组的近似解为

$$\boldsymbol{x}^{(8)}=(0.999\,996\,5,-1.999\,997\,0,-1.000\,001\,0,2.999\,999\,0)^{\mathrm{T}}$$

由上例可知，对同一线性方程组，要达到同一精度，在 3 种迭代法都收敛的情况下，雅可比迭代法收敛较慢，高斯－塞德尔迭代法较快，超松弛迭代法最快。

4.4　迭代法的收敛性

从任意向量 $\boldsymbol{x}^{(0)}$ 出发，由解线性方程组的迭代法所得到的向量序列 $\{\boldsymbol{x}^{(k)}\}$ 是否一定收敛，回答是不一定的。例如，方程组

$$\begin{cases} x_1-10x_2+20x_3=11 \\ -10x_1+x_2-5x_3=-14 \\ 5x_1-x_2-x_3=3 \end{cases}$$

其准确解 $\boldsymbol{x}^* = (1,1,1)^{\mathrm{T}}$。若用雅可比迭代法，则其迭代公式为

$$\begin{cases} x_1^{(k+1)} = 10x_2^{(k)} - 20x_3^{(k)} + 11 \\ x_2^{(k+1)} = 10x_1^{(k)} + 5x_3^{(k)} - 14 \\ x_3^{(k+1)} = 5x_1^{(k)} - x_2^{(k)} - 3 \end{cases}$$

选取 $\boldsymbol{x}^{(0)} = (0,0,0)$，计算结果见表 4-3。

表 4-3

k	$x_1^{(k)}$	$x_2^{(k)}$	$x_3^{(k)}$
1	11	-14	-3
2	-69	81	66
3	-931	-374	-267

由迭代 3 次所得的结果可以看出，向量序列 $\{\boldsymbol{x}^{(k)}\}$ 不会收敛到方程组的准确解。

4.4.1　一般迭代法收敛条件

设线性方程组

$$\boldsymbol{A}x = \boldsymbol{b} \tag{4-17}$$

的一般迭代公式为

$$\boldsymbol{x}^{(k+1)} = \boldsymbol{G}\boldsymbol{x}^{(k)} + \boldsymbol{d} \tag{4-18}$$

其中，$\boldsymbol{G}$ 为迭代矩阵。

定理4.2　如果矩阵公式中 $\boldsymbol{G}$ 的某种范数 $\|\boldsymbol{G}\| < 1$，则

(1) 方程组(4-17)的解 $\boldsymbol{x}^*$ 存在且唯一；

(2) 对迭代公式(4-18)有 $\lim\limits_{k\to\infty}\boldsymbol{x}^{(k)} = \boldsymbol{x}^*$，$\forall\, \boldsymbol{x}^{(0)} \in \mathbf{R}^n$，并且下列两式成立，即

$$\|\boldsymbol{x}^{(k)} - \boldsymbol{x}^*\| \leqslant \frac{\|\boldsymbol{G}\|^k}{1 - \|\boldsymbol{G}\|}\|\boldsymbol{x}^{(1)} - \boldsymbol{x}^{(0)}\| \tag{4-19}$$

$$\|\boldsymbol{x}^{(k)} - \boldsymbol{x}^*\| \leqslant \frac{\|\boldsymbol{G}\|}{1 - \|\boldsymbol{G}\|}\|\boldsymbol{x}^{(k)} - \boldsymbol{x}^{(k-1)}\| \tag{4-20}$$

证明：(1) 只需证明 $\boldsymbol{I}-\boldsymbol{G}$ 非奇异。其中，$\boldsymbol{I}$ 是单位矩阵。假设 $\boldsymbol{I}-\boldsymbol{G}$ 奇异，则齐次线性方程组 $(\boldsymbol{I}-\boldsymbol{G})\boldsymbol{x} = \boldsymbol{0}$ 有非零解，即存在 $\boldsymbol{x}_0 \neq \boldsymbol{0}$，使 $(\boldsymbol{I}-\boldsymbol{G})\boldsymbol{x}_0 = \boldsymbol{0}$，即 $\boldsymbol{x}_0 = \boldsymbol{G}\boldsymbol{x}_0$，从而 $\|\boldsymbol{x}_0\| = \|\boldsymbol{G}\boldsymbol{x}_0\| \leqslant \|\boldsymbol{G}\| \cdot \|\boldsymbol{x}_0\|$，因为 $\|\boldsymbol{x}_0\| \neq 0$，所以 $\|\boldsymbol{G}\| \geqslant 1$，这与假设矛盾，故 $\boldsymbol{I}-\boldsymbol{G}$ 非奇异，线性方程组 $(\boldsymbol{I}-\boldsymbol{G})\boldsymbol{x} = \boldsymbol{d}$ 有唯一解 $\boldsymbol{x}^*$，满足

$$\boldsymbol{x}^* = \boldsymbol{G}\boldsymbol{x}^* + \boldsymbol{d} \tag{4-21}$$

(2) 用式(4-18)减去式(4-21)可得

$$\boldsymbol{x}^{(k+1)} - \boldsymbol{x}^* = \boldsymbol{G}(\boldsymbol{x}^{(k)} - x^*)$$

由此得

$$\begin{aligned} 0 \leqslant \|\boldsymbol{x}^{(k+1)} - \boldsymbol{x}^*\| &\leqslant \|\boldsymbol{G}\| \cdot \|\boldsymbol{x}^{(k)} - \boldsymbol{x}^*\| \\ &\leqslant \|\boldsymbol{G}\|^2 \cdot \|\boldsymbol{x}^{(k-1)} - \boldsymbol{x}^*\| \\ &\leqslant \cdots \leqslant \|\boldsymbol{G}\|^{k+1} \cdot \|\boldsymbol{x}^{(0)} - \boldsymbol{x}^*\| \end{aligned}$$

因为 $\|\boldsymbol{G}\| < 1$，所以由上式得

$$\lim_{k\to\infty}\|\boldsymbol{x}^{(k)}-\boldsymbol{x}^*\|=0$$

根据定理 4.1,可知$\lim\limits_{k\to\infty}\boldsymbol{x}^{(k)}=\boldsymbol{x}^*$。

设 $m>k$,则有

$$\boldsymbol{x}^{(k)}-\boldsymbol{x}^{(m)}=\sum_{i=k}^{m-1}(\boldsymbol{x}^{(i)}-\boldsymbol{x}^{(i+1)})$$

所以

$$\begin{aligned}\|\boldsymbol{x}^{(k)}-\boldsymbol{x}^{(m)}\| &\leqslant \sum_{i=k}^{m-1}\|\boldsymbol{x}^{(i)}-\boldsymbol{x}^{(i+1)}\| \\ &\leqslant \sum_{i=k}^{m-1}\|\boldsymbol{G}\|^{i}\cdot\|\boldsymbol{x}^{(i)}-\boldsymbol{x}^{(i+1)}\| \\ &=\|\boldsymbol{G}\|^{k}\frac{1-\|\boldsymbol{G}\|^{m-k}}{1-\|\boldsymbol{G}\|}\|\boldsymbol{x}^{(0)}-\boldsymbol{x}^{(1)}\|\end{aligned}$$

令 $m\to\infty$,由于$\|\boldsymbol{G}\|<1$,则由上式得

$$\|\boldsymbol{x}^{(k)}-\boldsymbol{x}^*\|\leqslant\frac{\|\boldsymbol{G}\|^{k}}{1-\|\boldsymbol{G}\|}\|\boldsymbol{x}^{(1)}-\boldsymbol{x}^{(0)}\|$$

仍设 $m>k$,则有

$$\boldsymbol{x}^{(k)}-\boldsymbol{x}^{(m)}=\sum_{i=1}^{m-k}(\boldsymbol{x}^{(k+i-1)}-\boldsymbol{x}^{(k+i)})$$

所以

$$\begin{aligned}\|\boldsymbol{x}^{(k)}-\boldsymbol{x}^{(m)}\| &\leqslant \sum_{i=1}^{m-k}\|\boldsymbol{G}\|^{i}\cdot\|\boldsymbol{x}^{(k-1)}-\boldsymbol{x}^{(k)}\| \\ &=\|\boldsymbol{G}\|\frac{1-\|\boldsymbol{G}\|^{m-k}}{1-\|\boldsymbol{G}\|}\|\boldsymbol{x}^{(k-1)}-\boldsymbol{x}^{(k)}\|\end{aligned}$$

令 $m\to\infty$,由上式得

$$\|\boldsymbol{x}^{(k)}-\boldsymbol{x}^*\|\leqslant\frac{\|\boldsymbol{G}\|}{1-\|\boldsymbol{G}\|}\|\boldsymbol{x}^{(k)}-\boldsymbol{x}^{(k-1)}\|$$

定理 4.2 给出了迭代法收敛性判别的一个充分条件,即迭代矩阵的某种范数小于 1。由定理 4.2 还可得到:

(1) 当$\|\boldsymbol{G}\|$越小时,一般迭代法的收敛速度越快,式(4-19)可以作为误差估计式;

(2) 如果事先给定精度 ε,则由式(4-20)可以得到迭代次数的估计值

$$k>\left[\ln\frac{\varepsilon(1-\|\boldsymbol{G}\|)}{\|\boldsymbol{x}^{(1)}-\boldsymbol{x}^{(0)}\|}\Big/\ln\|\boldsymbol{G}\|\right]$$

(3) 如果$\|\boldsymbol{G}\|$不是很接近于 1,则由式(4-20)还可得到,只要$\|\boldsymbol{x}^{(k)}-\boldsymbol{x}^{(k-1)}\|$很小,则 $\boldsymbol{x}^{(k)}$就很接近 $\boldsymbol{x}^*$。在实际计算中,可以预先给定一个很小的 ε,当满足$\|\boldsymbol{x}^{(k)}-\boldsymbol{x}^{(k-1)}\|<\varepsilon$时,迭代终止,即用当前的 $\boldsymbol{x}^{(k)}$作为方程组的近似解。

定义4.2　设 n 阶方阵 $\boldsymbol{G}$ 的特征值为 $\lambda_1,\lambda_2,\cdots,\lambda_n$,故称

$$\rho(\boldsymbol{G})=\max_{1\leqslant i\leqslant n}|\lambda_i|$$

为方阵 $\boldsymbol{G}$ 的谱半径。

可以证明,$\rho(\boldsymbol{G})\leqslant\|\boldsymbol{G}\|$,即 $\boldsymbol{G}$ 的范数是它的谱半径的上界,因此定理 4.2 是用谱半径的上界小于 1 作为一般迭代法收敛的一个充分条件。

定理4.3　一般迭代法 $\boldsymbol{x}^{(k+1)}=\boldsymbol{G}\boldsymbol{x}^{(k)}+\boldsymbol{d}$ 对任意的初始向量 $\boldsymbol{x}^{(0)}$ 和 $\boldsymbol{d}$ 都收敛的充分必要条件是 $\rho(\boldsymbol{G})<1$。

4.4.2　常见迭代法收敛判别及举例

由定理4.2可知,如果雅可比迭代法和高斯－塞德尔迭代法的迭代矩阵任意范数小于1,那么这两种迭代法都收敛。由定理4.3可知,迭代法收敛性判别又可转化为对迭代矩阵谱半径的讨论。

【例4.3】　设有线性方程组

$$\begin{cases} x_1-2x_2+2x_3=1 \\ -x_1+2x_2-x_3=0 \\ -2x_1-2x_2+x_3=-2 \end{cases}$$

试讨论用雅可比迭代法和高斯－塞德尔迭代法解此方程组的收敛性。

解:(1) 雅可比迭代法的迭代矩阵为

$$\boldsymbol{B}=-\boldsymbol{D}^{-1}(\boldsymbol{L}+\boldsymbol{U})=\begin{pmatrix} 0 & 2 & -2 \\ 1 & 0 & 1 \\ 2 & 2 & 0 \end{pmatrix}$$

因为 $|\boldsymbol{B}-\lambda\boldsymbol{I}|=-\lambda^3=0$,所以 $\lambda_1=\lambda_2=\lambda_3=0$,从而 $\rho(\boldsymbol{B})=0<1$,故雅可比迭代法收敛。

(2) 高斯－塞德尔迭代法的迭代矩阵为

$$\boldsymbol{G}=-(\boldsymbol{D}+\boldsymbol{L})^{-1}=\begin{pmatrix} 0 & 2 & -2 \\ 0 & 2 & -1 \\ 0 & 8 & -6 \end{pmatrix}$$

因为 $|\boldsymbol{G}-\lambda\boldsymbol{I}|=-\lambda(\lambda^2+4\lambda-4)=0$,所以 $\lambda_1=0,\lambda_2=2+2\sqrt{2},\lambda_3=2-2\sqrt{2}$,从而 $\rho(\boldsymbol{G})=\max\limits_{1\leqslant i\leqslant 3}|\lambda_i|=2+2\sqrt{2}>1$,故高斯－塞德尔迭代法不收敛。

由于求迭代矩阵的谱半径时需要求特征值,故当矩阵的阶数 n 较大时,比较麻烦,而利用定理4.2去判别会方便些。但在实际问题中,经常遇到一些线性方程组,其系数矩阵是对称正定或其对角元素占优的情形,这时根据矩阵的性质,可以较方便地判别这些迭代法的收敛性。

4.4.3　严格对角占优矩阵及正定矩阵

定义4.3　如果矩阵 $\boldsymbol{A}$ 的元素满足条件

$$|a_{ii}|>\sum_{j=1,j\neq i}^{n}|a_{ij}| \qquad i=1,2,\cdots,n \tag{4-22}$$

即矩阵 $\boldsymbol{A}$ 的每一行对角元素的绝对值都严格大于同行的其他元素的绝对值之和,则称矩阵 $\boldsymbol{A}$ 为严格对角占优矩阵。

例如,矩阵

$$\begin{pmatrix} 5 & 1 & 0.5 \\ 1 & 4 & -2 \\ 2 & -2 & 5 \end{pmatrix}$$

就是严格对角占优矩阵。

定理4.4　如果 n 阶方阵 $\boldsymbol{A}$ 为严格对角占优矩阵,则 $\boldsymbol{A}$ 为非奇异矩阵。

证明:因 $\boldsymbol{A}$ 是严格对角占优矩阵,因而 $a_{ii}\neq 0, i=1,2,\cdots,n$,$\boldsymbol{D}=diag(a_{ii})$ 非奇异。

令
$$\boldsymbol{A}=\boldsymbol{D}+\boldsymbol{L}+\boldsymbol{U}=\boldsymbol{D}[\boldsymbol{I}+\boldsymbol{D}^{-1}(\boldsymbol{L}+\boldsymbol{U})]=\boldsymbol{D}(\boldsymbol{I}-\boldsymbol{G})$$
其中,$\boldsymbol{G}=-\boldsymbol{D}^{-1}(\boldsymbol{L}+\boldsymbol{U})$。由 $\boldsymbol{A}$ 所满足的条件可知
$$\|\boldsymbol{G}\|_\infty=\max_{1\leqslant i\leqslant n}\sum_{i=1,j\neq i}^{n}\left|\frac{a_{ij}}{a_{ii}}\right|<1$$

由定理 4.2 证明过程可知 $(\boldsymbol{I}-\boldsymbol{G})$ 非奇异,因而 $\boldsymbol{A}$ 也非奇异。

定理4.5　若线性方程组 $\boldsymbol{Ax}=\boldsymbol{b}$ 的系数矩阵 $\boldsymbol{A}$ 为严格对角占优矩阵,则解此方程组的雅可比迭代法和高斯－塞德尔迭代法收敛。

证明:只证明雅可比迭代法收敛。高斯－塞德尔迭代法是定理 4.8 的推论。因为 $\boldsymbol{A}$ 为严格对角占优矩阵,故 $\boldsymbol{D}^{-1}=diag(a_{ij}^{-1})$ 存在。假设雅可比迭代法不收敛,则根据定理 4.3,迭代矩阵 $\boldsymbol{B}=-\boldsymbol{D}^{-1}(\boldsymbol{L}+\boldsymbol{U})$ 有一特征值 μ 满足 $|\mu|\geqslant 1$,并且有
$$\begin{aligned}\boldsymbol{0}=|\mu\boldsymbol{I}-\boldsymbol{B}|&=|\mu\boldsymbol{I}+\boldsymbol{D}^{-1}(\boldsymbol{L}+\boldsymbol{U})|\\&=|\mu\boldsymbol{D}^{-1}(\boldsymbol{D}+\mu^{-1}(\boldsymbol{L}+\boldsymbol{U}))|\\&=\mu^n|\boldsymbol{D}|^{-1}\cdot|\boldsymbol{D}+\mu^{-1}(\boldsymbol{L}+\boldsymbol{U})|\end{aligned}\tag{4-23}$$
显然 $\mu^n\neq 0$,$|\boldsymbol{D}|^{-1}\neq\boldsymbol{0}$,又因 $|\mu^{-1}|\leqslant 1$,所以当 $\boldsymbol{A}$ 是严格对角占优矩阵时,有
$$|a_{ij}|>\sum_{i=1,j\neq i}^{n}|a_{ij}|\geqslant\sum_{j=1,j\neq i}^{n}|\mu^{-1}a_{ij}|\qquad i=1,2,\cdots,n$$
即矩阵 $\boldsymbol{D}+\mu^{-1}(\boldsymbol{L}+\boldsymbol{U})$ 是严格对角占优矩阵,则 $|\boldsymbol{D}+\mu^{-1}(\boldsymbol{L}+\boldsymbol{U})|\neq\boldsymbol{0}$,与式(4－23)矛盾,即假设不成立,所以解此方程组的雅可比迭代法收敛。

例如,线性方程组
$$\begin{cases}3x_1-x_2-x_3=1\\2x_1+5x_2+x_3=2\\x_1+2x_3=-1\end{cases}$$
的系数矩阵严格对角占优,所以用雅可比迭代法和高斯－塞德尔迭代法求解时都收敛。

定理4.6　如果方程组 $\boldsymbol{Ax}=\boldsymbol{b}$ 的系数矩阵 $\boldsymbol{A}$ 满足 $a_{ii}\neq 0, i=1,2,\cdots,n$,则解方程组的超松弛迭代法收敛的必要条件是 $0<\omega<2$。

证明:由于超松弛迭代法收敛,故迭代矩阵 $\boldsymbol{L}_\omega$ 的谱半径 $\rho(\boldsymbol{L}_\omega)<1$,设 $\boldsymbol{L}_\omega$ 的特征值为 $\lambda_1,\lambda_2,\cdots,\lambda_n$,则
$$|\det(\boldsymbol{L}_\omega)|=|\lambda_1\lambda_2\cdots\lambda_n|\leqslant(\rho(\boldsymbol{L}\omega))^n$$
即
$$|\det(\boldsymbol{L}_\omega)|^{1/n}\leqslant\rho(\boldsymbol{L}_\omega)<1$$
而
$$\begin{aligned}\det(\boldsymbol{L}_\omega)&=\det[(\boldsymbol{D}+\omega\boldsymbol{L})^{-1}]\cdot\det[(1-\omega)\boldsymbol{D}-\omega\boldsymbol{U}]\\&=\det[(\boldsymbol{I}+\omega\boldsymbol{D}^{-1}\boldsymbol{L})^{-1}\boldsymbol{D}^{-1}]\cdot\det\{\boldsymbol{D}[(1-\omega)\boldsymbol{I}-\omega\boldsymbol{D}^{-1}\boldsymbol{U}]\}\\&=\det[(\boldsymbol{I}+\omega\boldsymbol{D}^{-1}\boldsymbol{L})^{-1}]\cdot\det(\boldsymbol{D}^{-1})\cdot\det(\boldsymbol{D})\cdot\det[(1-\omega)\boldsymbol{I}-\omega\boldsymbol{D}^{-1}\boldsymbol{U}]\\&=(1-\omega)^n\end{aligned}$$

所以

$$|1-\omega|<1$$

即解方程组 $\boldsymbol{Ax}=\boldsymbol{b}(a_{ii}\neq 0,i=1,2,\cdots,n)$ 的超松弛迭代法收敛的必要条件是 $0<\omega<2$。

这个定理给出了超松弛迭代法收敛的必要条件。就是说,只有松弛因子 ω 在(0,2)取值时,超松弛迭代法才可能收敛。但是,当系数矩阵为对称正定矩阵时,ω 满足 $0<\omega<2$ 时,超松弛迭代法一定收敛。

定理4.7 如果方程组 $\boldsymbol{Ax}=\boldsymbol{b}$ 的系数矩阵 $\boldsymbol{A}$ 是正定矩阵,则用 $0<\omega<2$ 的松弛迭代法求解必收敛。

证明:如果能证明超松弛迭代法迭代矩阵的特征值 λ 的绝对值小于1,则定理得证。设 λ 与 $\boldsymbol{y}$ 是迭代矩阵 $\boldsymbol{L}_\omega$ 的特征值和对应的特征向量,即

$$\boldsymbol{L}_\omega \boldsymbol{y}=\lambda \boldsymbol{y}$$

$$(\boldsymbol{D}+\omega\boldsymbol{L})^{-1}[(1-\omega)\boldsymbol{D}-\omega\boldsymbol{U})]\boldsymbol{y}=\lambda\boldsymbol{y}$$

$$[(1-\omega)\boldsymbol{D}-\omega\boldsymbol{U})]\boldsymbol{y}=\lambda(\boldsymbol{D}+\omega\boldsymbol{L})\boldsymbol{y}$$

为了找出 λ 的表达式,考虑数量积

$$([(1-\omega)\boldsymbol{D}-\omega\boldsymbol{U}]\boldsymbol{y},\boldsymbol{y})=\boldsymbol{\lambda}[(\boldsymbol{D}+\omega\boldsymbol{L})\boldsymbol{y},\boldsymbol{y}]$$

则

$$\lambda=\frac{(1-\omega)(\boldsymbol{Dy},\boldsymbol{y})-\omega(\boldsymbol{Uy},\boldsymbol{y})}{(\boldsymbol{Dy},\boldsymbol{y})+\omega(\boldsymbol{Ly},\boldsymbol{y})}$$

由于 $\boldsymbol{A}$ 对称正定,则 $\boldsymbol{D}$ 的对角元素 $a_{ii}>0$,且 $\boldsymbol{U}^{\mathrm{T}}=\boldsymbol{L}$,所以

$$(\boldsymbol{Dy},\boldsymbol{y})=\sum_{i=1}^{n}a_{ii}y_i^2=\sigma>0$$

设 $(\boldsymbol{Ly},\boldsymbol{y})=\alpha+i\beta$,则根据复内积的性质,$(\boldsymbol{Uy},\boldsymbol{y})=\overline{(\boldsymbol{Ly},\boldsymbol{y})}=\alpha-i\beta$,这样有

$$\lambda=\frac{(1-\omega)\sigma-\alpha\omega+i\omega\beta}{\sigma+\alpha\omega+i\omega\beta}$$

$$|\lambda|^2=\frac{(\sigma-\omega\sigma-\alpha\omega)^2+\omega^2\beta^2}{(\sigma+\alpha\omega)^2+\omega^2\beta^2}$$

$$0<(\boldsymbol{Ay},\boldsymbol{y})=((\boldsymbol{D}+\boldsymbol{L}+\boldsymbol{U})\boldsymbol{y},\boldsymbol{y})=(\boldsymbol{Dy},\boldsymbol{y})+(\boldsymbol{Ly},\boldsymbol{y})+(\boldsymbol{Uy},\boldsymbol{y})=\sigma+2\alpha$$

当 $0<\omega<2$ 时

$$(\sigma-\omega\sigma-\alpha\omega)^2-(\sigma+\alpha\omega)^2=\omega\sigma(\sigma+2\alpha)(\omega-2)<0$$

即 $\boldsymbol{L}_\omega$ 的任一特征值满足 $|\lambda|<1$,故超松弛迭代法收敛。

定理4.8 如果方程组 $\boldsymbol{Ax}=\boldsymbol{b}$ 的系数矩阵 $\boldsymbol{A}$ 是严格对角占优矩阵,则用 $0<\omega\leqslant 1$ 的超松弛迭代法求解时必收敛。

证明:只要说明超松弛迭代法迭代矩阵 $\boldsymbol{L}_\omega$ 的谱半径小于1即可。假设 $\boldsymbol{L}_\omega$ 有特征值 λ,且 $|\lambda|\geqslant 1$,则

$$\begin{aligned}|\lambda\boldsymbol{I}-\boldsymbol{L}_\omega| &= |\lambda(\boldsymbol{D}+\omega\boldsymbol{L})^{-1}(\boldsymbol{D}+\omega\boldsymbol{L})-\boldsymbol{L}_\omega| \\ &= |\boldsymbol{D}+\omega\boldsymbol{L}|^{-1}|(\lambda+\omega-1)\boldsymbol{D}+\lambda\omega\boldsymbol{L}+\omega\boldsymbol{U}|=0\end{aligned} \tag{4-24}$$

由于 $\boldsymbol{A}$ 严格对角占优,$|\boldsymbol{D}+\omega\boldsymbol{L}|\neq 0$,另一方面

$$|(\lambda+\omega-1)a_{ii}|-\sum_{j=1}^{i-1}|\lambda\omega a_{ij}|-\sum_{j=i+1}^{n}|\omega a_{ij}|$$

$$\geqslant [\,|\lambda| - (1-\omega)\,]\,|a_{ij}| - |\lambda|\,\omega\sum_{j=1}^{i-1}|a_{ij}| - \omega\sum_{j=i+1}^{n}|a_{ij}|$$

$$> [\,|\lambda| - (1-\omega)\,]\left[\sum_{j=1}^{i-1}|a_{ij}| + \sum_{j=i+1}^{n}|a_{ij}|\right] - |\lambda|\,\omega\sum_{j=1}^{i-1}|a_{ij}| - \omega\sum_{j=i+1}^{n}|a_{ij}|$$

$$\geqslant (|\lambda| - 1)(1-\omega)\sum_{j=1}^{i-1}|a_{ij}| + (|\lambda| - 1)\sum_{j=i+1}^{n}|a_{ij}| \geqslant 0$$

说明$(\lambda+\omega-1)\boldsymbol{D}+\lambda\omega\boldsymbol{L}+\omega\boldsymbol{U}$也是严格对角占优,其行列式值不为零,这与式(4－24)矛盾,故假设不成立,说明$\boldsymbol{L}_{\omega}$的任一特征值λ均有$|\lambda|<1$,从而$\rho(\boldsymbol{L}_{\omega})<1$。

使用超松弛迭代法的关键是如何选择松弛因子,使得收敛的速度最快,这就是所谓最佳松弛因子的问题。但是,目前只有少数特殊类型的矩阵才能求出其最佳松弛因子。一般是采用逐步搜索的方法,即选择一个或几个不同的$\omega(0<\omega<2)$值进行试算,再根据迭代过程的快慢,不断修正ω,从而逐步寻找最佳的ω。

习　题

1. 讨论用雅可比迭代法求解方程组$\boldsymbol{Ax}=\boldsymbol{b}$的收敛性,其中

(1) $\boldsymbol{A}=\begin{pmatrix}2 & -1 & 1\\ 1 & 1 & 1\\ 1 & 1 & -2\end{pmatrix}$　(2) $\boldsymbol{A}=\begin{pmatrix}1 & 2 & -2\\ 1 & 1 & 1\\ 2 & 2 & 1\end{pmatrix}$　(3) $\boldsymbol{A}=\begin{pmatrix}1 & -2 & -2\\ -1 & 1 & -1\\ -2 & -2 & 1\end{pmatrix}$

2. 讨论用高斯－塞德尔迭代法求解方程组$\boldsymbol{Ax}=\boldsymbol{b}$的收敛性,其中$\boldsymbol{A}$由第 1 题给出。

3. 设$\boldsymbol{A}=\begin{pmatrix}1 & a & a\\ a & 1 & a\\ a & a & 1\end{pmatrix}$,其中$a$为实数。

(1) a取何值时,用雅可比迭尔法求解$\boldsymbol{Ax}=\boldsymbol{b}$收敛?

(2) a取何值时,用高斯－塞德尔迭代法求解$\boldsymbol{Ax}=\boldsymbol{b}$收敛?

4. 设线性方程组$\boldsymbol{Ax}=\boldsymbol{b}$的系数矩阵为

$$\boldsymbol{A}=\begin{pmatrix}-1 & 0 & 1\\ -1 & 1 & 0\\ 1 & 2 & 3\end{pmatrix}$$

证明:用雅可比迭代法收敛,而用高斯－塞德尔迭代法不收敛。

5. 试用$\omega=1.25$的超松弛迭代法求解下列方程组,要求$\|\boldsymbol{x}^{(k)}-\boldsymbol{x}^{(k-1)}\|_{\infty}<0.000\,05$。

$$\begin{cases}4x_1+3x_2=16\\ 3x_1+4x_2-x_3=20\\ -x_2+4x_3=-12\end{cases}$$

6. 设有方程组

$$\begin{cases}10x_1+4x_2+4x_3=13\\ 4x_1+10x_2+8x_3=11\\ 4x_1+8x_2+10x_3=25\end{cases}$$

写出雅可比迭代法、高斯－塞德尔迭代法、$\omega=1.2$的超松弛迭代法的迭代公式。三种迭代是否收敛？为什么?

第5章 插 值 法

5.1 引 言

在实际问题中，函数 $y=f(x)$ 往往是比较复杂的，难以写出它的表达式，但通过实验观测，大多能得出函数在区间 $[a,b]$ 上的一些两两互异的点 $x_0,x_1,\cdots,x_n$ 的函数值 $y_i=f(x_i)$，即得出如下数据表

$$(x_0,y_0),(x_1,y_1),\cdots,(x_n,y_n)$$

其中，$y_i=f(x_i)(i=0,1,\cdots,n)$。$x_0,x_1,\cdots,x_n$ 称为节点。如果 x 不是节点，就不能查数据表得到此点的函数值。所以需要解决下列问题，即已知某一函数 $y=f(x)$ 在区间 $[a,b]$ 上若干点的函数值，还知道 $f(x)$ 在此区间上有若干阶导数，如何求出 $f(x)$ 在此区间上任意点 x 的近似值。

根据 $f(x)$ 在节点的值，求一个足够光滑且又比较简单的函数 $\varphi(x)$ 称为插值函数作为 $f(x)$ 的近似表达式，然后计算 $\varphi(x)$ 在区间 $[a,b]$（称为插值区间）上 x 点的值作为原来 $f(x)$ 在此点的近似值。插值法就是按这一想法解决上列问题的一种方法。

代数多项式比较简单，常将 $\varphi(x)$ 取为 n 次多项式，即 $\varphi(x)=P_n(x)$，显然在 $[a,b]$ 上，用 $P_n(x)$ 近似 $f(x)$ 时，除去在节点 x_i 处 $P_n(x_i)=f(x_i)$ 外，在其余点 x 处都有误差。

令

$$R_n(x)=f(x)-P_n(x)$$

则称 $R_n(x)$ 为插值多项式的余项。它表示用 $P_n(x)$ 去近似 $f(x)$ 的截断误差。一般地说，$\max\limits_{a<x\leqslant b}|R_n(x)|$ 越小，其近似程度越好。

插值法是一种古老的数学方法。它来自生产实践。早在 1 000 年前，我国科学家在研究历法上就应用了线性插值与二次插值，但它的基本理论和结果却是在微积分产生以后才逐步完善的，且应用也日益增多，特别是在计算机广泛应用以后，由于航空、造船、精密机械加工等实际问题的需要，使插值法在实践上或理论上显得更为重要，并且得到了进一步的发展，尤其是在 20 世纪 70 年代发展起来的样条插值，使插值法获得了更广泛的应用。

本章将介绍代数多项式插值构造法与误差估计，并简单介绍三次样条插值。

5.2 拉格朗日插值

5.2.1 线性插值与抛物插值

1. 线性插值

设函数 $f(x)$ 在区间 $[x_0,x_1]$ 两端点的值为 $y_0=f(x_0)$，$y_1=f(x_1)$，要求用线性函数

$y=P_1(x)=ax+b$近似代替$f(x)$,适当选择参数a,b,使

$$P_1(x_0)=f(x_0),P_1(x_1)=f(x_1) \tag{5-1}$$

则线性函数$P_1(x)$称为$f(x)$的线性插值函数。

线性插值的几何意义是利用通过两点$A(x_0,f(x_0))$和$B(x_1,f(x_1))$的直线去近似代替曲线$y=f(x)$,如图5-1所示。

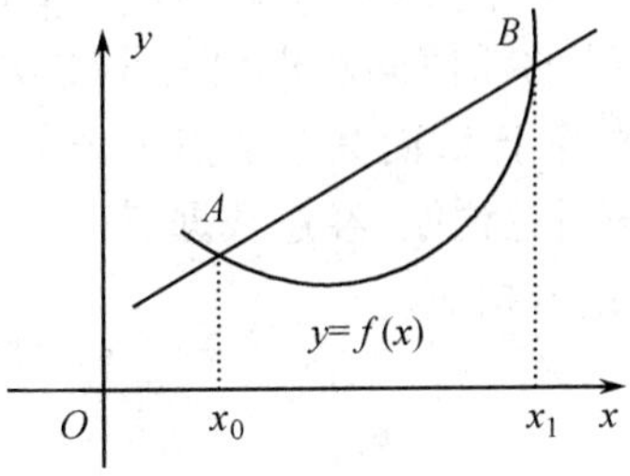

图5-1 线性插值的几何意义

由直线方程的两点可求得$P_1(x)$的表达式为

$$P_1(x)=\frac{x-x_1}{x_0-x_1}y_0+\frac{x-x_0}{x_1-x_0}y_1$$

这就是所求的线性插值函数。

2. 二次插值(抛物插值)

二次插值问题,即求经过数据点

$$(x_0,y_0),(x_1,y_1),(x_2,y_2) \tag{5-2}$$

而次数不高于2的多项式。

首先求出经过三点

$$(x_0,1)(x_1,0)(x_2,0)$$

的抛物线$l_0(x)$,所求抛物线与x轴的交点为$(x_1,0)$,$(x_2,0)$,故$l_0(x)$有因式$(x-x_1)(x-x_2)$。因此存在常数C,使

$$l_0(x)=C(x-x_1)(x-x_2)$$

此抛物线过$(x_0,1)$,所以

$$C=\frac{1}{(x_0-x_1)(x_0-x_2)}$$

故所求抛物线为

$$l_0(x)=\frac{(x-x_1)(x-x_2)}{(x_0-x_1)(x_0-x_2)}$$

同理, 经过三点

$$(x_0,0),(x_1,1),(x_2,0)$$

的抛物线是

$$l_1(x)=\frac{(x-x_0)(x-x_2)}{(x_1-x_0)(x_1-x_2)}$$

经过三点

$$(x_0,0),(x_1,0),(x_2,1)$$

的抛物线是

$$l_2(x)=\frac{(x-x_0)(x-x_1)}{(x_2-x_0)(x_2-x_1)}$$

这样一来，经过数据点(5－2)的抛物线是

$$P_2(x)=y_0l_0(x)+y_1l_1(x)+y_2l_2(x)$$

在上述讨论中，先由三个特殊的插值问题求出三个二次多项式 $l_0(x),l_1(x),l_2(x)$，要求每一个二次式在一个节点的值等于 1，而其余节点的值等于零。具有此种性质的插值多项式称为基本插值多项式。上面讨论说明，经过数据点(5－2)而次数不高于 2 的插值多项式，可由基本插值多项式的线性组合构成。

5.2.2 拉格朗日插值多项式

n 次插值问题，即求经过数据点

$$(x_0,y_0),(x_1,y_1),\cdots,(x_n,y_n) \tag{5-3}$$

而次数不高于 n 的多项式 $P_n(x)$。

为了确定插值多项式 $P_n(x)$，可设 $P_n(x)=a_0+a_1x+\cdots+a_nx^n$，通过待定系数法来求，但缺点是要解线性方程组，现仍用构造 n 次插值基函数的方法构造 $P_n(x)$。

令

$$P_n(x)=\sum_{k=0}^{n}l_k(x)\cdot y_k \tag{5-4}$$

其中，$l_k(x)$是满足条件

$$l_k(x_j)=\begin{cases}1 & j=k\\0 & j\neq k\end{cases}$$

的 n 次代数多项式，$k=0,1,2,\cdots,n$，显然式(5－4)表示的 $P_n(x)$是次数不超过 n 次的代数多项式。由于

$$l_k(x_j)=0 \qquad j\neq k$$

所以

$$l_k(x)=A_k\prod_{\substack{j=0\\j\neq k}}^{n}(x-x_j)$$

又因 $l_k(x_k)=1$，可知

$$A_k=\frac{1}{\prod\limits_{\substack{j=0\\j\neq k}}^{n}(x_k-x_j)}$$

于是得到

$$l_k(x)=\prod_{\substack{j=0\\j\neq k}}^{n}\frac{x-x_j}{x_k-x_j} \tag{5-5}$$

代入式(5－4)得

$$P_n(x)=\sum_{k=0}^{n}\left(\prod_{\substack{j=0\\j\neq k}}^{n}\frac{x-x_j}{x_k-x_j}\right)y_k \tag{5-6}$$

式(5-6)的插值多项式称为拉格朗日插值多项式。由式(5-5)所表示的 n 次代数多项式 $l_k(x)(k=0,1,2,\cdots,n)$ 称为拉格朗日插值基函数。上述构造插值多项式的方法叫做基函数法。

从式(5-5)可看到,插值基函数 $l_k(x)(k=0,1,2,\cdots,n)$ 仅与节点有关,与被插值函数 $f(x)$ 无关。从式(5-6)则可看到,插值多项式仅由数对 $(x_k,y_k)(k=0,1,\cdots,n)$ 确定,但与数对排列次序无关。

5.2.3 拉格朗日插值多项式的唯一性及插值余项

定理5.1 假设已给区间 $[a,b]$ 上的节点 $x_0,x_1,\cdots,x_n$,函数 $f(x)$ 在区间 $[a,b]$ 上有 $n+1$ 阶导数,且

$$f(x_0)=y_0,f(x_1)=y_1,\cdots,f(x_n)=y_n \tag{5-7}$$

$P_n(x)$ 是通过数据点(5-3)的次数不超过 n 的多项式,则 $P_n(x)$ 是唯一的,且对区间 $[a,b]$ 上的任何 x 都存在 ξ(ξ 依赖于 x)属于 (a,b),使得

$$R_n(x)=f(x)-P_n(x)=\frac{f^{(n+1)}(\xi)\omega_{n+1}(x)}{(n+1)!} \tag{5-8}$$

其中

$$\omega_{n+1}(x)=(x-x_0)(x-x_1)\cdots(x-x_n) \tag{5-9}$$

证明:假设还有一个插值多项式 $Q_n(x)$ 也通过数据点(5-3),则 $P_n(x)-Q_n(x)$ 是一个次数不超过 n 的多项式,且在节点 x_i 处的值为零,即 $P_n(x)-Q_n(x)$ 有 $n+1$ 个零点 $x_0,x_1,\cdots,x_n$,但次数不超过 n 的多项式的零点个数不能超过 n,故只有一个可能,即 $P_n(x)-Q_n(x)\equiv 0$,所以 $P_n(x)\equiv Q_n(x)$,即插值多项式是唯一的。

为了导出余项表达式(5-8),故作辅助函数

$$\varphi(t)=f(t)-P_n(t)-\frac{f(x)-P_n(x)}{\omega_{n+1}(x)}\omega(t) \tag{5-10}$$

式(5-10)右端第一项有 $n+1$ 阶导数,第二项是次数不高于 n 的多项式,当 x 取定值时,第三项是 $n+1$ 次多项式,所以 $\varphi(t)$ 有 $n+1$ 阶导数。在区间 $[a,b]$ 上,$\varphi(t)$ 有 $n+2$ 个零点,即 $t=x,x_0,x_1,\cdots,x_n$。陆续应用微分中值定理可知,$\varphi^{(n+1)}(t)$ 在区间 $[a,b]$ 上有一个零点,即存在 ξ,使

$$0=\varphi^{(n+1)}(\xi)\equiv f^{(n+1)}(\xi)-\frac{f(x)-P_n(x)}{\omega_{n+1}(x)}(n+1)!$$

即可得出式(5-8)。

在余项表达式中,由于 ξ 是未知的,因此 $R_n(x)$ 表达式给不出估计式,但若已知存在常数 M,且满足 $|f^{(n+1)}(t)|\leqslant M,t\in[a,b]$,则余项的估计式

$$|R_n(x)|\leqslant\frac{M}{(n+1)!}|\omega_{n+1}(x)| \tag{5-11}$$

利用这个估计式可以在计算插值结果之前就能估计出它的截断误差。

当 $n=1$ 时,线性插值余项为

$$R_1(x)=\frac{1}{2}f''(\xi)\omega_2(x)=\frac{1}{2}f''(\xi)(x-x_0)(x-x_1)$$

当 $n=2$ 时,抛物插值余项为

$$R_2(x)=\frac{1}{6}f'''(\xi)\omega_3(x)=\frac{1}{6}f'''(\xi)(x-x_0)(x-x_1)(x-x_2)$$

【例 5.1】 已知函数 $y=2^x$ 的函数表

x	-2	-1	0	1	2
2^x	0.25	0.5	1	2	4

(1) 试以 $x_2=0,x_3=1$ 为节点,建立线性插值多项式 $P_1(x)$,计算 $2^{0.3}$ 的近似值,并估计截断误差。

(2) 试以 $x_1=-1,x_2=0,x_3=1$ 为节点,建立二次插值多项式 $P_2(x)$,计算 $2^{0.3}$ 的近似值,并估计截断误差。

解:(1) 线性插值多项式为

$$P_1(x)=\frac{x-1}{0-1}\cdot 1+\frac{x-0}{1-0}\cdot 2=x+1$$

$$2^{0.3}\approx P_1(0.3)=1.3$$

$$f(x)=2^x,f'(x)=2^x\ln 2,f''(x)=2^x(\ln 2)^2$$

$$\max_{0\leqslant x\leqslant 1}|f''(x)|=2(\ln 2)^2=0.960\ 9$$

由截断误差估计式(5-11)可知

$$|2^{0.3}-p_1(0.3)|\leqslant\frac{0.909\ 6}{2}|0.3(0.3-1)|=0.095\ 22$$

由此可见,用 $P_1(0.3)=1.3$ 作为 $2^{0.3}$ 的近似值,只能保证有一位有效数字。

(2) 二次插值多项式为

$$P_2(x)=0.25x^2+0.75x+1$$

$$2^{0.3}\approx P_2(0.3)=1.248$$

因为

$$f'''(x)=2^x(\ln x)^3$$

$$\max_{-1\leqslant x\leqslant 1}|f'''(x)|=2(\ln 2)^3=0.666\ 0$$

故有

$$|2^{0.3}-P_2(0.3)|\leqslant\frac{0.666\ 0}{3!}|(0.3+1)(0.3-0)(0.3-1)|=0.030\ 3$$

由此可见,用 $P_2(0.3)=1.248$ 作为 $2^{0.3}$ 的近似值,可保证有两位有效数字。

5.3 分段插值

用插值多项式 $P_n(x)$ 近似代替被插值函数 $f(x)$,总希望余项 $R_n(x)$ 的绝对值充分小。当插值节点较多时,插值多项式次数也比较高,这时常有数值不稳定的缺点,即在两个节点之间插值函数与 $f(x)$ 的值相差很大,所以高次插值是不可取的。由余项表达式可知,适当缩小插值区间的长度,同样可以提高插值精度,所以在实际工作中,常用的是分段一、二、三次插值。

5.3.1 分段线性插值与分段二次插值

1. 分段线性插值

设在区间$[a,b]$上取 $n+1$ 个节点,即

$$a=x_0\leqslant x_1<\cdots<x_n=b$$

函数$f(x)$在区间$[a,b]$上有二阶导数,故在上述节点的值为

$$f(x_0)=y_0,f(x_1)=y_1,\cdots,f(x_n)=y_n$$

于是得到 $n+1$ 个数据点

$$(x_0,y_0),(x_1,y_1),\cdots,(x_n,y_n) \tag{5-12}$$

连接相邻两点(x_{i-1},y_{i-1}),$(x_i,y_i)$$(i=1,2,\cdots,n)$即得 n 条线段,由 n 条线段可组成一条折线。把由区间$[a,b]$上这条折线表示的函数称为函数$f(x)$关于数据点(5-12)的分段线性插值函数,记做$\varphi(x)$。$\varphi(x)$具有下列性质:

(1) $\varphi(x)$可以分段表示,在每个小区间$[x_i,x_{i+1}]$上是线性函数;

(2) $\varphi(x_i)=f(x_i)=y_i(i=0,1,2,\cdots,n)$;

(3) 在整个区间$[a,b]$上,$\varphi(x)$连续。

分段线性插值的基本函数和分段线性插值函数本身都只能分段表示,其基本函数的图形如图 5-2 所示。

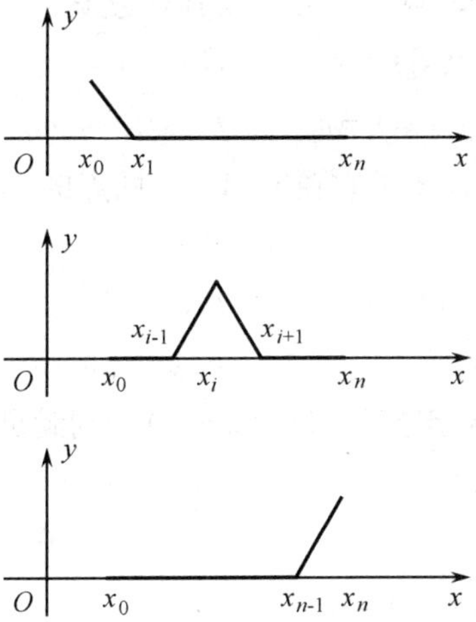

图 5-2 基本函数的图形

如果只改变一个数据点(x_i,y_i)的纵坐标 y_i,则分段线性插值函数仅仅在以 x_i 为端点的小区间$[x_{i-1},x_i]$,$[x_i,x_{i+1}]$上有相应的改变,在不以 x_i 为端点的小区间上,分段线性插值函数不会因 y_i 的改变而有所改变,这是分段线性插值的优点。拉格朗日插值多项式就没有这样的性质,任何一个数据点(x_i,y_i)的纵坐标 y_i 的改变,都会引起拉格朗日插值多项式在整个$[a,b]$上发生变化。

2. 分段二次插值

给定区间$[a,b]$上互不相同的节点及函数 $y=f(x)$在这些节点处的函数值 $y_i=f(x_i)$,由 5.2 节的二次插值公式可知,二次插值多项式为

$$l_2(x)=\frac{(x-x_i)(x-x_{i+1})}{(x_{i-1}-x_i)(x_{i-1}-x_{i+1})}y_{i-1}+\frac{(x-x_{i-1})(x-x_{i+1})}{(x_i-x_{i-1})(x_i-x_{i+1})}y_i+\frac{(x-x_{i-1})(x-x_i)}{(x_{i+1}-x_{i-1})(x_{i+1}-x_i)}y_{i+1} \tag{5-13}$$

把 $\varphi(x)$ 定义为按式(5－13)分段表示的区间$[a,b]$上的函数，则称 $\varphi(x)$ 为 $f(x)$ 在区间$[a,b]$上的分段二次插值函数：

(1) $\varphi(x)$ 在区间$[a,b]$上是连续函数；

(2) $\varphi(x_i)=y_i(i=1,2,\cdots,n)$；

(3) 在每个区间(x_i,x_{i+1})上，$\varphi(x)$ 是次数不超过二次的多项式。

应用二次插值的关键是恰当地选择插值节点，应尽可能地在插值点的邻近选取插值节点。

5.3.2　分段三次埃尔米特插值

前面提到的插值，仅要求插值多项式 $P_n(x)$ 在插值点处与被插值函数 $f(x)$ 有相同的函数值，这样多项式往往不能反映原给函数的变化趋势。现在提出一个新的插值问题，要求构造一个多项式，使它与函数 $f(x)$ 在插值点处不仅有相同的函数值，而且还有相同的导数值，这种插值叫做埃尔米特(Hermite)插值。下面仅讨论两个节点且带导数的插值问题。

设已知函数 $f(x)$ 在 x_i,x_{i+1} 两点的函数值及其导数值

$$\begin{cases} f(x_i)=y_i & f(x_{i+1})=y_{i+1} \\ f'(x_i)=m_i & f'(x_{i+1})=m_{i+1} \end{cases} \tag{5-14}$$

求次数不大于 3 的多项式 $p_i(x)$，要求它在 x_i 和 x_{i+1} 两点的函数值和导数值分别等于 $f(x)$ 在这两点的函数值和导数值，即

$$\begin{cases} p_i(x_i)=y_i & p_i(x_{i+1})=y_{i+1} \\ p_i'(x_i)=m_i & p_i'(x_{i+1})=m_{i+1} \end{cases}$$

为了解决上述问题，求三次多项式 $u(x)$ 和 $v(x)$ 分别满足条件

$$\begin{cases} u(x_i)=y_i \\ u'(x_i)=m_i \\ u(x_{i+1})=0 \\ u'(x_{i+1})=0 \end{cases} \qquad \begin{cases} v(x_i)=0 \\ v'(x_i)=0 \\ v(x_{i+1})=y_{i+1} \\ v'(x_{i+1})=m_{i+1} \end{cases}$$

首先求三次多项式 $u(x)$，由 $u(x)$ 在 x_{i+1} 点处满足的条件可知，x_{i+1} 是它的二重零点，即它有因子$(x_{i+1}-x)^2$，设

$$h_i=x_{i+1}-x_i$$

则可把 $u(x)$ 写成

$$u(x)=[t(x-x_i)+s]\left(\frac{x_{i+1}-x}{h_i}\right)^2 \tag{5-15}$$

根据 $u(x)$ 在 x_i 点满足的条件可得

$$y_i=u(x_i)=s \qquad m_i=u'(x_i)=t-2s/h_i$$

由此求出 s 和 t，代入式(5－15)即得

$$u(x) = [(m_i + 2y_i/h_i)(x - x_i) + y_i] \cdot \left(\frac{x_{i+1} - x}{h_i}\right)^2 =$$

$$y_i[2(x - x_i) + h_i](x_{i+1} - x)^2/h_i^3 + m_i(x - x_i)(x_{i+1} - x)^2/h_i^2 \quad (5-16)$$

同理

$$v(x) = y_{i+1}[2(x_{i+1} - x) + h_i](x - x_i)^2/h_i^3 - m_{i+1}(x_{i+1} - x)(x - x_i)^2/h_i^2 \quad (5-17)$$

综上所述,所求次数不大于3 的多项式 $p_i(x)$ 为

$$p_i(x) = u(x) + v(x) \quad (5-18)$$

且可以证明满足条件(5-14)而次数不大于3 的多项式是唯一的,$p_i(x)$ 称为区间 $[x_i, x_{i+1}]$ 上三次埃尔米特插值。

已给区间 $[a,b]$ 上互不相同的节点,以及函数 $f(x)$ 及其导数 $f'(x)$ 在这些节点的值

$$\begin{cases} f(x_0) = y_0 & f(x_1) = y_1, \cdots & f(x_n) = y_n \\ f'(x_0) = m_0 & f'(x_1) = m_1, \cdots & f'(x_n) = m_n \end{cases}$$

用 $h_i = x_{i+1} - x_i$ 表示子区间 $[x_i, x_{i+1}]$ 的长,则根据以上讨论,次数不高于3 的多项式

$$\begin{aligned} p_i(x) = {} & \frac{y_i}{h_i^3}[2(x - x_i) + h_i](x_{i+1} - x)^2 + \frac{y_{i+1}}{h_i^3}[2(x_{i+1} - x) + h_i](x - x_i)^2 \\ & + \frac{m_i}{h_i^2} \cdot (x - x_i)(x_{i+1} - x)^2 - \frac{m_{i+1}}{h_i^2}(x_{i+1} - x)(x - x_i)^2 \\ & i = 0, 1, \cdots, n-1 \end{aligned} \quad (5-19)$$

在子区间 $[x_i, x_{i+1}]$ 的端点函数值分别等于 y_i, y_{i+1},而导数值分别等于 m_i, m_{i+1}。把 $\varphi(x)$ 定义为按式(5-19)分段表示区间 $[a,b]$ 上的函数,则 $\varphi(x)$ 称为 $f(x)$ 在区间 $[a,b]$ 上的分段三次爱尔米特(Hermite)插值函数。它有下列性质:

(1) 在每个子区间 $[x_i, x_{i+1}]$ 上,$\varphi(x)$ 是次数不高于3 的多项式;

(2) $\varphi(x_i) = y_i, \varphi'(x_i) = m_i (i = 0, 1, 2, \cdots, n)$;

(3) $\varphi(x)$ 和 $\varphi'(x)$ 都是区间 $[a,b]$ 上的连续函数。

5.4 差商与牛顿插值多项式

使用拉格朗日插值基函数建立的插值多项式,构造容易,很适合在计算机上使用。但是要增加一个节点时,拉格朗日插值多项式除了要增加一项外,原来的每一项都需要改变。能否构造另一种形式的插值多项式,它们仍然能满足插值条件的次数不超过 n 的代数多项式,但当增加一个节点时,只需在原来的插值多项式中增加一项,而原有的项不动。为此,我们先建立差商的概念。

5.4.1 差商

定义5.1 称比值

$$f[x_0, x_1] = \frac{f(x_1) - f(x_0)}{x_1 - x_0}$$

为$f(x)$关于节点x_0,x_1的一阶差商。称比值

$$f[x_0,x_1,x_2]=\frac{f[x_1,x_2]-f[x_0,x_1]}{x_2-x_0}$$

为$f(x)$关于节点x_0,x_1,x_2的二阶差商。一般地,设$f(x)$的$n-1$阶差商已定义,称比值

$$f[x_0,x_1,\cdots,x_n]=\frac{f[x_1,x_2,\cdots,x_n]-f[x_0,x_1,\cdots,x_{n-1}]}{x_n-x_0}$$

为$f(x)$关于节点$x_0,x_1,\cdots,x_n$的n阶差商。

显然,一阶差商具有对称性,即差商与节点次序无关。同样,二阶差商也具有对称性。一般地,n阶差商也具有对称性,即差商与节点的排列次序无关。

利用差商的递推定义,差商的计算可列差商表5-1。

表5-1 差商表

x_i	$f(x_i)$	一阶差商	二阶差商	三阶差商
x_0	$f(x_0)$			
		$f[x_0,x_1]$		
x_1	$f(x_1)$		$f[x_0,x_1,x_2]$	
		$f[x_1,x_2]$		$f[x_0,x_1,x_2,x_3]$
x_2	$f(x_2)$		$f[x_1,x_2,x_3]$	
		$f[x_2,x_3]$		
x_3	$f(x_3)$			

若要计算4阶差商,则增加一个节点,再计算一个斜行。如此下去,可求出各阶差商的值。

5.4.2 牛顿插值多项式

设对于点$x_0,x_1,\cdots,x_n,x$有相应的函数值$f(x_0),f(x_1),\cdots,f(x_n),f(x)$,根据差商的定义,有

$$f(x)=f(x_0)+(x-x_0)f[x_0,x]$$
$$f[x,x_0]=f[x_0,x_1]+(x-x_1)f[x,x_0,x_1]$$
$$f[x,x_0,x_1]=f[x_0,x_1,x_2]+(x-x_2)f[x,x_0,x_1,x_2]$$
$$\cdots$$
$$f[x,x_0,x_1,\cdots,x_{n-1}]=f[x_0,x_1,\cdots,x_n]+(x-x_n)f[x,x_0,x_1,\cdots,x_n]$$

将上面的第二式代入第一式得

$$f(x)=f(x_0)+(x-x_0)f[x_0,x_1]+(x-x_0)(x-x_1)f[x,x_0,x_1]$$

再将第三式代入上式,一直做下去,最后得到等式

$$f(x)=N_n(x)+R_n(x) \tag{5-20}$$

其中

$$N_n(x)=f(x_0)+(x-x_0)f[x_0,x_1]+\cdots+(x-x_0)(x-x_1)\cdots(x-x_{n-1})f[x_0,x_1,\cdots,x_n] \tag{5-21}$$

$$R_n(x)=\omega_{n+1}(x)f[x,x_0,x_1,\cdots,x_n] \tag{5-22}$$

$$\omega_{n+1}(x)=\prod_{k=0}^{n}(x-x_k)$$

插值多项式 $N_n(x)$ 中的系数是用差商表示的。用差商表示系数的插值多项式，称为牛顿插值多项式。$N_n(x)$ 满足插值条件，由其构造形式可以看出，要计算 $N_n(x)$，需先构造差商表，则差商表的上斜行就是牛顿插值多项式的插值系数。

【例 5.2】　设 x_i 和 $f(x_i)$ 的对应值为

x_i	1	2	4	5	6
$f(x_i)$	0	1	12	20	70

求次数不高于 4 的多项式 $N_4(x)$，使 $N_4(x_i)=f(x_i)$。

解: 做差商表

1	0				
		2			
2	2		1		
		5		0	
4	12		1		1
		8		5	
5	20		21		
		50			
6	70				

则

$$N_4(x)=2(x-1)+(x-1)(x-2)+(x-1)(x-2)(x-4)(x-5)$$

牛顿一次插值多项式为

$$N_1(x)=f(x_0)+f[x_0,x_1](x-x_1)$$

牛顿二次插值多项式为

$$\begin{aligned}N_2(x)&=f(x_0)+f[x_0,x_1](x-x_1)+f[x_0,x_1,x_2](x-x_0)(x-x_1)\\&=N_1(x)+f[x_0,x_1,x_2](x-x_0)(x-x_1)\end{aligned}$$

由上式说明，在求出一次插值后，如果需要增加一个节点做插值，则只需要新计算 $f[x_0,x_1,x_2](x-x_0)(x-x_1)$ 这一项就可以了，而原来的计算结果仍然有用。

一般地，如果 $N_n(x)$ 是节点 $x_0,x_1,\cdots,x_n$ 上的牛顿插值多项式，那么对节点 $x_0,x_1,\cdots,x_n,x_{n+1}$ 上的牛顿插值多项式 $N_{n+1}(x)$ 为

$$N_{n+1}(x)=N_n(x)+f[x_0,x_1,\cdots,x_{n+1}](x-x_0)(x-x_1)\cdots(x-x_n)$$

上式即为 $N_{n+1}(x)$ 与 $N_n(x)$ 之间的递推关系。

5.4.3　牛顿插值多项式的余项估计

由 5.4.2 节讨论可以看出，$f(x)=N_n(x)+R_n(x)$，则牛顿多项式中余项表达式为

$$R_n(x)=\omega_{n+1}(x)f[x,x_0,x_1,\cdots,x_n]$$

$R_n(x)$ 就是用牛顿插值多项式去近似代替 $f(x)$ 所产生的截断误差，称为牛顿插值多项式的余项。

由插值多项式的唯一性可知，$N_n(x)\equiv P_n(x)$，故牛顿插值多项式的余项与拉格朗日插值多项式的余项是相同的，即

$$R_n(x)=f[x,x_0,x_1,\cdots,x_n]\omega_{n+1}(x)=\frac{f^{(n)}(\xi)}{(n+1)!}\omega_{n+1}(x) \qquad (5-23)$$

从而有

$$f[x,x_0,x_1,\cdots,x_n]=\frac{f^{(n+1)}(\xi)}{(n+1)!}\qquad \xi\in[a,b]$$

由此可得 n 阶差商与 n 导数的关系为

$$f[x_0,x_1,\cdots,x_n]=\frac{f^{(n)}(\xi)}{n!}\qquad \xi\in(a,b) \tag{5-24}$$

5.5　差分与等距节点的插值多项式

以上讨论的插值公式,其节点的分布是任意的,但在实际应用时,常采用等距节点,这时插值公式可进一步简化,计算也方便很多。由于节点是等距的,所以函数的平均变化率与自变量的区间无关。此时,差商可用差分去代替。

5.5.1　差分的概念与差分表

设与等距节点 $x_i=x_0+ih$ 相应的值为 $y_i=f(x_i)(i=0,1,2,\cdots,n)$,$h$ 为常数,称为步长。

定义5.2

$$\Delta y_i=y_{i+1}-y_i$$

为函数 $f(x)$ 在 x_i 处的一阶差分。一般地,n 阶差分可递推地定义为

$$\Delta^n y_i=\Delta^{n-1}y_{i+1}-\Delta^{n-1}y_i\qquad n=2,3,\cdots \tag{5-25}$$

并规定 $\Delta^0 y_i=y_i$,叫做零阶差分。

由差分定义可得差分与函数值之间的关系为

$$\Delta y_i=y_{i+1}-y_i$$

$$\Delta^2 y_i=\Delta y_{i+1}-\Delta y_i=y_{i+2}-2y_{i+1}+y_i$$

同理可得

$$\Delta^3 y_i=y_{i+3}-3y_{i+2}+3y_{i+1}-y_i$$

一般地有

$$\Delta^n y_i=y_{n+i}-c_n^1 y_{n+i-1}+\cdots+(-1)^k c_n^k y_{n+i-k}+\cdots+(-1)^n y_i$$

其中

$$c_n^k=\frac{n!}{k!\ (n-k)!}=\frac{n(n-1)\cdots(n-k+1)}{k!}$$

由定义还可得差分与差商的关系

$$f[x_i,x_{i+1}]=\frac{f(x_{i+1})-f(x_i)}{h}=\frac{\Delta y_i}{h}$$

$$f[x_i,x_{i+1},x_{i+2}]=\frac{f[x_{i+1},x_{i+2}]-f[x_i,x_{i+1}]}{x_{i+2}-x_i}=\frac{1}{2h}[\frac{\Delta y_{i+1}}{h}-\frac{\Delta y_i}{h}]=\frac{\Delta^2 y_i}{2h^2}$$

继续递推下去,可得一般结果

$$\Delta^n y_0=n!h^n f[x_0,x_1,\cdots,x_n] \tag{5-26}$$

根据式(5-24)得到差分与导数的关系为

$$\frac{\Delta^n y_0}{n!h^n}=\frac{f^{(n)}(\xi)}{n!}$$

于是 $\Delta^n y_0 = h^n f^{(n)}(\xi)$，$\xi$ 在 x_0 与 x_n 之间。

计算差分也可以像计算差商一样列成表 5-3。

表 5-3 差分表

y_i	Δy_i	$\Delta^2 y_i$	$\Delta^3 y_i$	$\Delta^4 y_i$
y_0				
	Δy_0			
y_1		$\Delta^2 y_0$		
	Δy_1		$\Delta^3 y_0$	
y_2		$\Delta^2 y_1$		$\Delta^4 y_0$
	Δy_2		$\Delta^3 y_1$	
y_3		$\Delta^2 y_2$		
	Δy_3			
y_4				

【例 5.3】 求序列 $\{n^3\}$ 的差分表。

解：此序列差分表的部分表见表 5-4。

表 5-4 例 5.3 的差分表

0				
	1			
1		6		
	7		6	
8		12		0
	19		6	
2		18		0
	37		6	
64		24		
	61			
125				

【例 5.4】 已知数据表

x_i	0.2	0.4	0.6	0.8
y_i	1.280	1.639	2.142	2.845

试列出差分表，求出 $\Delta^2 y_1$，$\Delta^3 y_0$。

解：列出的差分表见表 5-5。

表 5-5 例 5.4 的差分表

x_i	y_i	Δy_i	$\Delta^2 y_i$	$\Delta^3 y_i$
0.2	1.280			
		0.359		
0.4	1.639		0.144	
		0.503		0.056
0.6	2.142		0.200	
		0.703		
0.8	2.845			

所以，$\Delta^2 y_1 = 0.200$，$\Delta^3 y_0 = 0.056$。

5.5.2 等距节点插值公式

如果取等距分布点作为插值节点,那么就可以把插值多项式用差分表示,写成便于记忆与使用的表达形式。用这种形式的插值公式来推导其他公式有时显得特别方便,只要选取适当的插值节点,并注意差分与差商之间的关系,就可以用牛顿插值多项式(5-21)得到好几种方便的表达式。

(1) 牛顿向前插值公式

设给定等距节点 $x_i = x_0 + ih(i=0,1,2,\cdots,n)$,当 x 位于开始点 x_0 附近时,令 $x = x_0 + th$,代入牛顿插值多项式 $N_n(x)$ 得

$$N_n(x) = N_n(x_0 + th) = y_0 + t\Delta y_0 + \frac{t(t-1)}{2}\Delta^2 y_0 + \cdots + \frac{t(t-1)\cdots(t-n+1)}{n!}\Delta^n y_0 \tag{5-27}$$

其余项为

$$R_n(x) = \frac{t(t-1)\cdots(t-n)}{n+1}h^{n+1}f^{(n+1)}(\xi) \quad \xi \in (x_0, x_n)$$

式(5-27)称为牛顿向前插值公式。它适用于计算 x_0 附近的函数值。在具体计算时,首先应根据数据表计算差分表,然后按公式 $x = x_0 + th$ 求出 $t = \frac{x - x_0}{h}$,代入式(5-27),公式中用到的各阶差分就是差分表上边第一条斜线上的对应值。

(2) 牛顿向后插值公式

如果要计算函数表末尾附近的数值,则可将插值节点次序由大到小排列,即

$$x_0, x_{-1} = x_0 - h, \cdots, x_{-n} = x_0 - nh$$

这时有

$$f[x_0, x_{-1}] = \frac{y_0 - y_{-1}}{x_0 - x_{-1}} = \frac{\Delta y_{-1}}{h}$$

$$f[x_0, x_{-1}, x_{-2}] = \frac{\Delta^2 y_{-2}}{2h^2}$$

$$\vdots$$

$$f[x_0, x_{-1}, \cdots, x_{-n}] = \frac{\Delta^2 y_{-n}}{n!h^n}$$

将上述各式及 $x = x_0 - th$ 代入牛顿插值多项式 $N_n(x)$,得

$$N_n(x) = N_n(x_0 - th) = y_0 + t\Delta y_{-1} + \frac{t(t+1)}{2}\Delta^2 y_{-2} + \cdots + \frac{t(t+1)\cdots(t+n-1)}{n!}\Delta^n y_{-n} \tag{5-28}$$

其余项为

$$R_n(x) = \frac{t(t+1)\cdots(t+n)}{(n+1)!}h^{n+1}f^{(n+1)}(\xi) \qquad \xi \in (x_{-n}, x_0)$$

式(5-28)叫做牛顿向后插值公式。式中各阶差分,就是差分表下斜行上的对应值。

【例 5.5】 给定数据表

x	0.2	0.4	0.6	0.8	1.0	1.2
$f(x)$	21	25	23	20	21	24

(1) 用三次插值多项式计算 $f(0.7)$ 的近似值;

(2) 用二次插值多项式计算 $f(0.95)$ 的近似值。

解:由于节点等距,故可用等距节点插值多项式进行计算,先造差分表5-6。

表5-6 例5.5的差分表

x_i	y_i	Δy_i	$\Delta^2 y_i$	$\Delta^3 y_i$	$\Delta^4 y_i$	$\Delta^5 y_i$
0.2	21					
0.4	25	4	-6	5		
0.6	23	-2	-1	5	0	-7
0.8	20	-3	4	-2	-7	
1.0	21	1	2			
1.2	24	3				

(1)要计算 $f(0.7)$ 的近似值,则可取 $x_0=0.6, x_1=0.8, x_2=1.0, x_3=1.3$,由牛顿向前插值公式为

$$N_3(x)=y_0+t\Delta y_0+\frac{t(t-1)}{2!}\Delta^2 y_0+\frac{t(t-1)(t-2)}{3!}\Delta^3 y_0$$

$$=23-3t+2t(t-1)-\frac{1}{3}t(t-1)(t-2)$$

由于 $0.6+0.2t=0.7$,解得 $t=0.5$,所以

$$f(0.7)\approx N_3(0.7)=20.875$$

(2) 要计算 $f(0.95)$ 的近似值,则可取 $x_0=0.8, x_1=1.0, x_2=1.2$,牛顿向前插值公式为

$$N_2(x)=y_0+t\Delta y_0+\frac{t(t-1)}{2!}\Delta^2 y_0=20+t+t(t-1)$$

由于 $0.8+0.2t=0.95$,解得 $t=0.75$,所以

$$f(0.95)\approx N_2(0.95)=20.5625$$

5.6 三次样条插值

样条这个词本来是指在飞机或轮船制造过程中为了描绘出光滑的外形曲线(即所谓放样)所用的一种数学工具,这是一个具有弹性的细长木条。放样过程,就力学讲相当于细梁(样条)在若干点处受到集中载荷时的挠曲,因此靠样条描绘出来的曲线,实际上是由一段一段的三次多项式拼合而成的曲线。在拼接处,不仅函数自身是连续的,而且它的一阶和二阶导数也是连续的。舒恩柏格(I. J. Schoenberg)在1946年把它引入到数学中,构造了所谓数学样条这一概念,并在20世纪60年代左右,受到许多数学工作者,特别是计算数学工作者的重视。他们不仅对样条函数理论做了许多研究,而且还将其引用到了数值分析的各种

课题中去,并取得了很好的效果。这样,样条函数就成为现代数值分析中一个十分重要的概念和不可缺少的工具。

尽管样条函数内容十分丰富,应用十分广泛,但我们在这里只介绍简单的也是最常用的三次样条函数,并且还仅限于把它用于插值。

5.6.1 三次样条函数的定义

设在区间$[a,b]$上,已经给出$n+1$个互不相同的节点

$$a=x_0<x_1<\cdots<x_n=b$$

而函数$y=f(x)$在这些节点上的值为$f(x_i)=y_i(i=0,1,\cdots,n)$。如果分段表示的函数$\varphi(x)$满足下列条件,就称$\varphi(x)$为三次样条插值函数,简称三次样条。

(1) $\varphi(x)$在子区间$[x_i,x_{i+1}]$的表达式$\varphi_i(x)$都是次数不高于3的多项式。

(2) $\varphi(x_i)=y_i$。

(3) $\varphi(x)$在整个区间$[a,b]$上有连续的二阶导数。

5.6.2 三次样条函数的构造

三次样条函数可以由一阶导数构造,也可以由二阶导数构造。下面用函数在节点处的一阶导数值作为参数构造三次样条函数。

设$f(x)$在区间$[x_i,x_{i+1}]$的端点函数值及导数值分别为$f(x_i)=y_i,f(x_{i+1})=y_{i+1}$,$f'(x_i)=m_i,f'(x_{i+1})=m_{i+1}$,记$h_i=x_{i+1}-x_i$,则三次样条函数$\varphi(x)$在区间$[x_i,x_{i+1}]$的表达式为$\varphi_i(x)$,如5.3.2节所述,有

$$\begin{aligned}\varphi_i(x)&=\frac{y_i}{h_i^3}[2(x-x_i)+h_i](x_{i+1}-x)^2+\frac{y_{i+1}}{h_i^3}[2(x_{i+1}-x)+h_i](x-x_i)^2+\\&\frac{m_i}{h_i^2}\cdot(x-x_i)(x_{i+1}-x)^2-\frac{m_{i+1}}{h_i^2}(x_{i+1}-x)(x-x_i)^2\end{aligned}\qquad(5-29)$$

对于任意的m_i,这样的分段表示函数$\varphi(x)$在节点的二阶导数不一定存在,故不是本节定义的样条函数。其关键在于利用5.3.2节中的结果,把m_i看做参数,根据二阶导数连续等条件而求出这些参数,就能得出样条函数的表达式。

按式(5-29),分段表示的函数$\varphi(x)$在整个区间$[a,b]$上有连续二阶的必要充分条件为

$$\varphi''_{i-1}(x_i)=\varphi''_i(x_i)\qquad i=1,2,\cdots,n-1\qquad(5-30)$$

求出式(5-30)两端的表达式得到

$$\frac{6(y_{i+1}-y_i)}{h_i^2}-\frac{4m_i}{h_i}-\frac{2m_{i+1}}{h_i}=-\frac{6(y_i-y_{i-1})}{h_{i-1}^2}+\frac{2m_{i-1}}{h_{i-1}}+\frac{4m_i}{h_{i-1}}$$

即

$$\frac{1}{h_{i-1}}m_{i-1}+2\left(\frac{1}{h_{i-1}}+\frac{1}{h_i}\right)m_i+\frac{1}{h_i}m_{i+1}=3\left(\frac{y_i-y_{i-1}}{h_{i-1}^2}+\frac{y_{i+1}-y_i}{h_i^2}\right)\qquad(5-31)$$

用$\dfrac{1}{h_{i-1}}+\dfrac{1}{h_i}$除式(5-31)的两端,并设

$$\lambda_i=\frac{h_i}{h_{i-1}+h_i}\qquad\mu_i=\frac{h_{i-1}}{h_{i-1}+h_i}\qquad i=1,2,\cdots,n-1\qquad(5-32)$$

则可得

$$\lambda_i m_{i-1} + 2m_i + \mu_i m_{i+1} = c_i \qquad i = 1, 2, \cdots, n-1 \tag{5-33}$$

其中

$$c_i = 3\lambda_i \frac{y_i - y_{i-1}}{h_{i-1}} + 3\mu_i \frac{y_{i+1} - y_i}{h_i} \qquad i = 1, 2, \cdots, n-1 \tag{5-34}$$

式(5-33)所列 $n-1$ 个方程都是 $n+1$ 个参数 m_i 的线性方程。要确定 $n+1$ 个参数 m_i，还应再加两个条件。例如，设 m_0 和 m_n 分别是已知值

$$2m_0 = c_0 \qquad 2m_n = c_n \tag{5-35}$$

这样一来，就得到 $n+1$ 个参数 m_i 的线性方程组

$$\begin{pmatrix} 2 & \mu_0 & & & & \\ \lambda_1 & 2 & \mu_1 & & & \\ & \lambda_2 & 2 & \mu_2 & & \\ & & \ddots & \ddots & \ddots & \\ & & & \lambda_{n-1} & 2 & \mu_{n-1} \\ & & & & \lambda_n & 2 \end{pmatrix} \begin{pmatrix} m_0 \\ m_1 \\ m_2 \\ \vdots \\ m_{n-1} \\ m_n \end{pmatrix} = \begin{pmatrix} c_0 \\ c_1 \\ c_2 \\ \vdots \\ c_{n-1} \\ c_n \end{pmatrix} \tag{5-36}$$

其中，λ_i, μ_i, c_i 分别由式(5-32)、式(5-34)给出，并且 c_0, c_n 是已知值

$$\mu_0 = 0, \lambda_n = 0 \tag{5-37}$$

由式(5-32)已知 $\lambda_i + \mu_i = 1$，因此线性方程组(5-36)的系数矩阵按行严格对角占优。其行列式不等于零，从而方程组(5-36)的解存在并且唯一。

先由方程组(5-36)求出 m_i，再把所得结果代入式(5-29)，就得到了所求样条函数的分段表达式。

5.6.3 边界条件

要求样条函数二阶导数在中间节点连续，且仅能得到方程组(5-36)中 $n-1$ 个方程，故还需增加两个条件，才有完全确定的 $n+1$ 个参数 $m_0, m_1, \cdots, m_n$。通常在区间 $[a, b]$ 的端点 $x = a, x = b$ 各加一个条件，这种加在区间端点的条件即被称为边界条件。这种条件反映了所给物理样条两端所加的约束力。常见的边界条件有下列两种。

(1) 一阶导数已知，即 $\varphi'(a), \varphi'(b)$ 取定值。设 c_0, c_n 为常数，且

$$\varphi'(a) = \frac{1}{2}c_0 \qquad \varphi'(b) = \frac{1}{2}c_n$$

即方程组(5-36)首末两个方程的系数由式(5-37)给出。

(2) 二阶导数已知，即 $\varphi''(a), \varphi''(b)$ 取定值。设 r_0, r_n 为常数，且

$$\varphi''(a) = r_0 \qquad \varphi''_{n-1}(b) = r_n$$

求 $\varphi''_0(a), \varphi''_{n-1}(b)$ 并代入上列两式就有

$$\begin{cases} 2m_0 + m_1 = 3\dfrac{y_1 - y_0}{h_0} - \dfrac{1}{2}r_0 h_0 \\ m_{n-1} + 2m_n = 3\dfrac{y_n - y_{n-1}}{h_{n-1}} + \dfrac{1}{2}r_n h_{n-1} \end{cases}$$

即方程组(5-36)首末两个方程的系数满足条件

$$\begin{cases}\mu_0 = 1 \\ \lambda_n = 1\end{cases} \qquad \begin{cases}c_0 = 3\dfrac{y_1 - y_0}{h_0} - \dfrac{1}{2}r_0 h_0 \\ c_n = 3\dfrac{y_n - y_{n-1}}{h_{n-1}} + \dfrac{1}{2}r_n h_{n-1}\end{cases} \tag{5-38}$$

特别把边界条件

$$\varphi''(a) = 0 \qquad \varphi''(b) = 0 \tag{5-39}$$

称为自然边界条件。由此而得的样条函数叫被称为自然样条。

由二阶导数值作为参数构造三次样条函数的方法请参考其他教材。

5.6.4 计算步骤及收敛性分析

三次样条函数的计算步骤如下：

(1) 根据数据点$(x_0,y_0),(x_1,y_1),\cdots,(x_n,y_n)$，用式(5-32)，式(5-34)确定线性方程组(5-36)中$n-1$个方程的系数及其右端项；

(2) 根据边界条件确定方程组(5-36)首末两个方程的系数及其右端项；

(3) 用追赶法解方程组(5-36)，求出$m_0,m_1,\cdots,m_n$；

(4) 为了求三次样条函数$\varphi(x)$在c点的值，求出i，使得$x_i \leqslant c \leqslant x_{i+1}$，然后按式(5-29)求出$\varphi_i(c)$。它等于$\varphi(c)$。

【例 5.6】 给定插值条件

x_i	0	1	2	3
y_i	0	0	0	0

端点条件为$m_0 = 1, m_3 = 0$，求满足条件的三次样条插值函数的分段表达式。

解：取x_i处的一阶导数$m_i(i=1,2)$作为参数，有$\lambda_1 = \frac{1}{2}, \lambda_2 = \frac{1}{2}, \mu_1 = \mu_2 = \frac{1}{2}, c_1 = 0, c_2 = 0$，将以上各值代入方程组(5-36)中两方程得

$$\begin{cases}\dfrac{1}{2}m_0 + 2m_1 + \dfrac{1}{2}m_2 = 0 \\ \dfrac{1}{2}m_1 + 2m_2 + \dfrac{1}{2}m_3 = 0\end{cases}$$

将$m_0 = 1, m_3 = 0$代入上述方程求解可得

$$m_1 = -\frac{4}{15} \qquad m_2 = \frac{1}{15}$$

将$m_0 = 1, m_1 = -\frac{4}{15}, m_2 = \frac{1}{15}, m_3 = 0$代入式(5-29)得出三次样条函数在各小区间上的表达式为

$$\varphi_0(x) = \frac{1}{15}x(1-x)(15-11x) \qquad x \in [0,1]$$

$$\varphi_1(x) = \frac{1}{15}(x-1)(x-2)(7-3x) \qquad x \in [1,2]$$

$$\varphi_2(x) = \frac{1}{15}(x-3)^2(x-2) \qquad x \in [2,3]$$

可以证明，如果插值函数$f(x)$的四阶导数连续，$|f^{(4)}(x)|<M$，$\varphi(x)$是$f(x)$的三次样条插值函数，且在端点处$\varphi'(x)=f'(x)$或$\varphi''(x)=f''(x)$，则在整个区间$[a,b]=[x_0,x_n]$上

$$|f^{(k)}(x)-\varphi^{(k)}(x)|\leqslant c_k M h^{4-k} \qquad k=0,1,2,3$$

其中，$c_0=\frac{5}{384}$，$c_1=\frac{1}{24}$，$c_3=\frac{\beta+\beta^{-1}}{2}$，$h=\max h_i$，$\beta=h/\min h_i$。这表明，当节点加密时，不仅$\varphi(x)\to f(x)$，而且$\varphi'(x)\to f'(x)$，$\varphi''(x)\to f''(x)$，还在$\beta$保持有界时，$\varphi'''(x)\to f'''(x)$。

习 题

1. 试做出过$(0,1)$，$\left(-\frac{1}{2},0\right)$，$(1,3)$，$\left(\frac{1}{2},2\right)$的拉格朗日插值多项式。

2. 已知$\sin 0.32=0.314\ 567$，$\sin 0.34=0.333\ 487$，$\sin 0.36=0.353\ 274$，用线性插值及抛物插值计算$\sin 0.336\ 7$的值，并估计截断误差。

3. 设$x_0,x_1,\cdots,x_n$为$n+1$个互异的插值节点，$l_i(x)\ (i=0,1,\cdots,n)$为拉格朗日插值基函数。证明：

(1) $\sum\limits_{i=0}^{n} l_i(x)\equiv 1$；

(2) $\sum\limits_{i=0}^{n} l_i(x)x^k=x^k \qquad k=0,1,2,\cdots,n$；

(3) $\sum\limits_{i=0}^{n} l_i(x)(x_i-x)^k=0 \qquad k=0,1,2,\cdots,n$。

4. 设$l_0(x)$是以$x_0,x_1,\cdots,x_n$为插值点的插值基函数

$$l_0(x)=\frac{(x-x_1)(x-x_2)\cdots(x-x_n)}{(x_0-x_1)(x_0-x_2)\cdots(x_0-x_n)}$$

试证明

$$l_0(x)=1+\frac{x-x_0}{x_0-x_1}+\frac{(x-x_0)(x-x_1)}{(x_0-x_1)+(x_0-x_2)}+\cdots+\frac{(x-x_0)(x-x_0)\cdots(x-x_{n-1})}{(x_0-x_1)(x_0-x_2)\cdots(x_0-x_n)}$$

5. 求满足条件

x_i	1	2
y_i	2	3
y'_i	1	-1

的埃尔米特插值多项式。

6. 给出下列函数表，已知函数是$f(x)$一个多项式，试求其次数及x的最高幂的系数。

x_i	0	1	2	3	4	5
y_i	-7	-4	5	26	65	128

7. 若$f(x)=x^7+x^3+1$，求：(1)$f[2^0,2^1,\cdots,2^7]$；(2)$f[2^0,2^1,\cdots,2^8]$。

8. 设$f(x)$在区间$[a,b]$上具有二阶连续导数，且$f(a)=f(b)=0$，求证

$$\max_{a\leqslant x\leqslant b}|f(x)|\leqslant\frac{1}{8}(b-a)^2\max_{a\leqslant x\leqslant b}|f''(x)|$$

9. 给定数据表

x_i	0.25	0.30	0.39	0.45	0.53
y_i	0.500 0	0.547 7	0.624 5	0.670 8	0.728 0

试求三次样条插值函数 $\varphi(x)$，使其满足条件：

(1) $s'(0.25)=1.000, s'(0.53)=0.6868$；

(2) $s''(0.25)=s''(0.53)=0$。

第 6 章　函数最优逼近法

6.1 引　　言

我们已经了解,插值法是用插值多项式来近似函数,并要求它们在某些节点上的函数值,甚至到某阶导数值相一致。因此,利用插值多项式可以复制函数在某些节点上的部分特性,而在其他节点上,插值多项式只能近似地表达函数。其近似程度随节点数目的多少、节点分布的状况及函数的特性而差异很大。如果采用泰勒多项式作为函数的近似表达式,则它仅能在展开点 x_0 的邻域内复制函数的特性。在离 x_0 较远处,误差就会逐渐增大,因而不能保证在整个区间 $[a,b]$ 上满足相同的精度要求。在实际问题中,经常希望在整个区间 $[a,b]$ 上,使近似函数最佳地逼近函数。根据最佳逼近的准则不同,相应地产生了不同的最佳逼近方法。

本章将介绍最佳平方逼近和最佳一致逼近。

6.2 最小拟合多项式

在生产和科研中,常常需要根据一组数据确定变量之间的函数关系,如例 6.1。

【例 6.1】 已知实验数据表

i	0	1	2	3
x_i	2	4	6	8
y_i	2	11	28	40

由图 6-1 可见,相应于数据的点近乎线性分布。因此有理由从直线类中按一定意义寻找一条最好的直线(例如,与四点距离之和最小的直线)做连续模型。如果利用插值,则严格通过四点三次多项式曲线将出现不符合实际情况的明显振荡,而简单的分段线性函数又显得只见表面现象而不见内在本质。

因此可设

$$y = a_0 + a_1 x \tag{6-1}$$

其中,a_0,a_1 为待定的常数。由于 y 不一定是严格的线性函数,故将表中数据代入式(6-1)的右边后,要使算得的 y 值都恰好等于 y_i 显然是不可能的。因此在计算 a_0,a_1 时,应使得所有的计算值和 y_i 之差,即偏差的绝对值或平方和平均起来最小,即使得

$$S_1 = \frac{1}{4}\sum_{i=0}^{3} |a_0 + a_1 x_i - y_i|$$

或者

$$S_2 = \frac{1}{4}\sum_{i=0}^{3}(a_0 + a_1 x_i - y_i)^2$$

最小。使 S_1 最小的 a_0, a_1 不容易计算出来，所以通常要求 S_2 最小。这时得到的表达式(6－1)称为测量数据的最小二乘拟合一次式或者最小平方逼近，也称为经验公式。

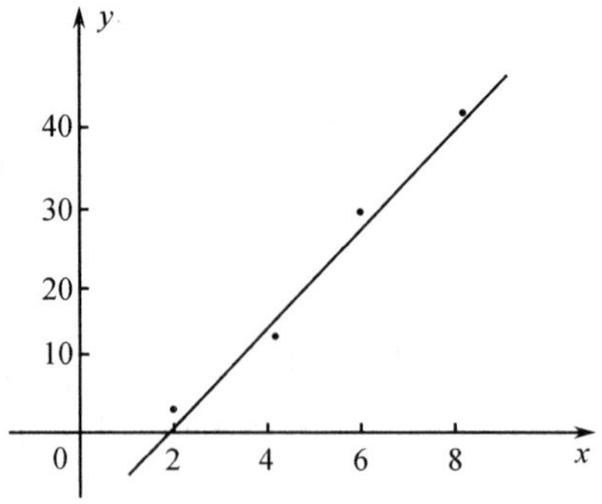

图 6-1　数据点近乎线性分布

一般说来，设变量 x 与 y 的一组数据

$$(x_i, y_i) \quad (i = 1, 2, \cdots, m) \tag{6-2}$$

则适当选取系数 $a_0, a_1, \cdots, a_n (n < m)$ 后，使

$$S = \sum_{i=1}^{n} \frac{1}{m}[P(x_i) - y_i]^2 \tag{6-3}$$

达到最小的多项式

$$P(x) = \sum_{j=0}^{n} a_j x^j = a_0 + a_1 x + \cdots + a_n x^n \tag{6-4}$$

称为数据(6－2)的最小二乘(平方)拟合多项式或最佳平方逼近多项式，也称为变量 x、y 之间的经验公式、数学模型。

由微分学知道，使 S 取得最小值的 a_k 应满足下列条件，即

$$\frac{\partial S}{\partial a_k} = 0 \qquad k = 0, 1, 2, \cdots, n \tag{6-5}$$

因为

$$\begin{aligned}\frac{\partial S}{\partial a_k} &= \frac{2}{m}\sum_{i=1}^{m}[P(x_i) - y_i]\frac{\partial P(x_i)}{\partial a_k} \\ &= \frac{2}{m}\sum_{i=1}^{m}[\sum_{j=0}^{n} a_j x_i^j - y_i] x_i^k \\ &= \frac{2}{m}\{\sum_{j=0}^{n} a_j \sum_{i=1}^{m} x_i^{j+k} - \sum_{i=1}^{m} x_i^k y_i\}\end{aligned}$$

令

$$s_l = \sum_{i=1}^{m} x_i^l \qquad t_l = \sum_{i=1}^{m} x_i^l y_i \tag{6-6}$$

则式(6－5)变为

$$\sum_{j=0}^{n} S_{j+k} a_j = t_k \qquad k = 0, 1, 2, \cdots, n \tag{6-7}$$

这是 $P(x)$ 的系数 $a_0, a_1, \cdots, a_n$ 满足的方程组,称为正规方程组或正则方程组。

如果记 $\boldsymbol{a}=(a_0, a_1, \cdots, a_n)^{\mathrm{T}}$, $\boldsymbol{y}=(y_0, y_1, \cdots, y_m)^{\mathrm{T}}$

$$\boldsymbol{A}=\begin{pmatrix} 1 & x_1 & x_1^2 & \cdots & x_1^n \\ 1 & x_2 & x_2^2 & \cdots & x_1^n \\ \vdots & \vdots & \vdots & & \vdots \\ 1 & x_m & x_m^2 & \cdots & x_m^n \end{pmatrix}$$

则方程组(6－7)可写成矩阵形式为

$$\boldsymbol{A}^{\mathrm{T}}\boldsymbol{A}\boldsymbol{a}=\boldsymbol{A}^{\mathrm{T}}\boldsymbol{y} \tag{6-8}$$

这是含有 $n+1$ 个变量的 $n+1$ 元线性方程组,解它便可得到最小二乘拟合多项式 $P(x)$。

【例 6.2】　设由实验测得的数据为

x_i	−3	−2	−1	0	1	2	3
y_i	4	2	3	0	−1	−2	−5

试求一条二次曲线,对它们进行最小二乘拟合。

解:设所求的二次曲线为

$$y=a_0+a_1x+a_2x^2$$

将上述数据$(x_i, y_i)(i=0,1,\cdots,6)$代入式(6－8)可得正规方程组为

$$\begin{cases} 7a_0+0\cdot a_1+28a_2=1 \\ 0\cdot a_0+28a_1+0\cdot a_2=-39 \\ 28a_0+0\cdot a_1+196a_2=-7 \end{cases}$$

解得

$$a_0=\frac{56}{84}, a_1=-\frac{39}{28}, a_2=-\frac{11}{84}$$

于是所求的拟合曲线为

$$y(x)=\frac{1}{84}(56-117x-11x^2)$$

其拟合的情形如图 6-2 所示。

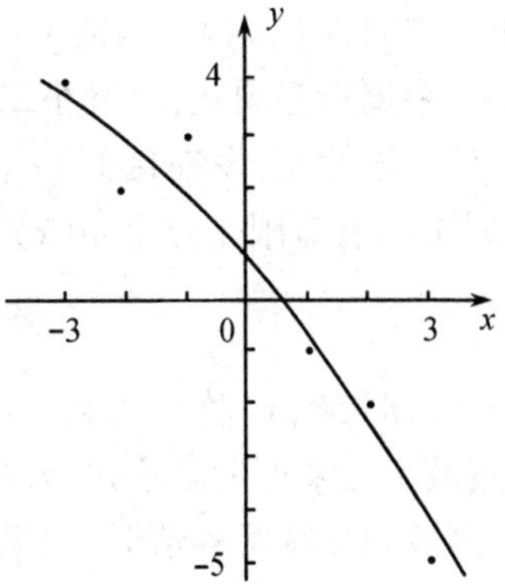

图 6－2　拟合的情形

6.3　函数的最优平方逼近

6.3.1　最优平方逼近

首先推广多项式的概念。n 次多项式是函数 $1, x, x^2, \cdots, x^n$ 的线性组合。设函数组 $\varphi_0(x), \varphi_1(x), \cdots, \varphi_n(x)$ 是$[a,b]$上的连续函数,并且在$[a,b]$上线性无关,则其有限项线性组合

$$P(x) = \sum_{j=0}^{n} a_j \varphi_j(x) \tag{6-9}$$

称为广义多项式。例如,三角多项式

$$a_0 + a_1\cos x + b_1\sin x + a_2\cos 2x + b_2\sin 2x + \cdots + a_n\cos nx + b_n\sin nx$$

的不同指数函数的线性组合($k_0, k_1, \cdots, k_n$ 为两两互不相等的实数)

$$a_0 e^{k_0 x} + a_1 e^{k_1 x} + \cdots + a_n e^{k_n x}$$

都是广义多项式。

现在推广平均的概念。式(6-3)的平均是在求和时将各数乘以相同的系数$\frac{1}{m}$后再相加,即把各个数同等看待。其实,每个数的重要性并不一定相同,根据各个数据的重要性不同,在求偏差平方和的平均值时,应当分别乘以不同的系数后再相加。这种平均称为带权平均。这些系数称为权系数。

现在推广一般的线性最小二乘逼近问题。

(1) 离散型:设在点集 $X = (x_1, x_2, \cdots, x_m)$ 上,已知函数 $y = y(x)$ 的值 $y_1, y_2, \cdots, y_m$ 和一组权系数 $\omega_1, \omega_2, \cdots, \omega_m$($\omega_i > 0, i = 1, 2, \cdots, m$),要求广义多项式 $P(x)$,使得

$$S = \sum_{i=0}^{n} \omega_i [P(x_i) - y_i]^2 \tag{6-10}$$

最小。这时,$P(x)$ 称为函数 $y = y(x)$ 在点集 X 上关于权系数 $\{\omega_i\}$ 的最优平方逼近函数,或最小二乘逼近多项式,或最小二乘拟合多项式。

(2) 连续型:设在区间 $[a, b]$ 上,已知函数 $y = y(x)$ 连续,权函数 $\omega(x) \geqslant 0$,并且在 $[a, b]$ 上只有有限个点上 $\omega(x) = 0$,要求广义多项式 $P(x)$,使得

$$S = \int_a^b \omega(x)[P(x) - y(x)^2]\mathrm{d}x \tag{6-11}$$

最小。这时,$P(x)$ 称为函数 $y = y(x)$ 在区间 $[a, b]$ 上关于权函数 $\omega(x)$ 的最优平方逼近函数,或最小二乘逼近多项式,或最小二乘拟合多项式。

离散和连续两种情形,如果引进内积与范数的概念,则可以统一起来。在离散情形,定义函数 $f(x)$ 与 $g(x)$ 的内积为

$$(f, g) = \sum_{i=1}^{n} \omega_i f(x_i) g(x_i) \tag{6-12}$$

在连续情形,则定义函数 $f(x)$ 与 $g(x)$ 的内积为

$$(f, g) = \int_a^b \omega(x) f(x) g(x)\mathrm{d}x \tag{6-13}$$

容易验证,在这两种情形下,内积均有下述性质,即:

(1) $(f, g) = (g, f)$;

(2) 对任何实数 a,$(af, ag) = a(f, g)$;

(3) $(f + g, h) = (f, h) + (g, h)$;

(4) 当 $f(x) \neq 0$ 时,$(f, f) > 0$。

在这里,$f(x) \neq 0$ 是指 $f(x)$ 在点 $x_1, x_2, \cdots, x_m$ 上不全为零。如果内积 $(f, g) = 0$,则说 f 与 g 正交。

若再定义函数 $f(x)$ 的范数(由内积导入的范数)为

$$\|f\| = (f,f)^{1/2}$$

则可验证它满足范数的三条要求：

(1) 当 $f(x)\neq 0$ 时，$\|f\|>0$；

(2) 对任何实数 a，$\|af\| = |a|\,\|f\|$；

(3) $\|f+g\| \leqslant \|f\| + \|g\|$。

于是，两种情形下的最小二乘逼近问题，都可说成是求广义多项式 $P(x)$，使得

$$S = (P-y, P-y) = \|p-y\|^2$$

最小。求出的广义多项式 $P(x)$ 就可以说是 $f(x)$ 的最优平方逼近函数，或最小二乘拟合多项式。

6.3.2　正规方程组

从微分学知道，使 S 取极小值的 a_k 应满足条件(6－5)，即

$$\frac{\partial S}{\partial a_k}=0 \qquad k=0,1,\cdots,n$$

但是

$$\begin{aligned} S &= (P-y,P-y) = (P,P-y) - (y,P-y) \\ &= (P,P) - 2(P,y) + (y,y) \\ &= \Big(\sum_{j=0}^{n} a_j\varphi_j, \sum_{r=0}^{n} a_r\varphi_r\Big) - 2\Big(\sum_{j=0}^{n} a_j\varphi_j, y\Big) + (y,y) \\ &= \sum_{j=0}^{n} a_j \sum_{r=0}^{n} a_r(\varphi_j,\varphi_r) - 2\sum_{j=0}^{n} a_j(\varphi_j,y) + (y,y) \end{aligned}$$

$$\begin{aligned} \frac{\partial S}{\partial a_k} &= \sum_{r=0}^{n} a_r(\varphi_k,\varphi_r) + \sum_{j=0}^{n} a_j(\varphi_j,\varphi_k) - 2(\varphi_k,y) \\ &= 2\sum_{j=0}^{n}(\varphi_k,\varphi_j)a_j - 2(\varphi_k,y) \end{aligned}$$

这样，正规方程组(6－5)可写为下列形式，即

$$\sum_{j=0}^{n}(\varphi_k,\varphi_j)a_j = (\varphi_k,y) \qquad k=0,1,\cdots,n \tag{6-14}$$

或者

$$\Big(\varphi_k, \sum_{j=0}^{n} a_j\varphi_j - y\Big) = 0$$

$$(\varphi_k, P-y) = 0 \qquad k=0,1,\cdots,n \tag{6-15}$$

式(6－15)说明每个 $\varphi_k(k=0,1,\cdots,n)$ 都与 $P-y$ 正交。

如果将式(6－14)写成矩阵的形式，则可表示为

$$\begin{pmatrix} (\varphi_0,\varphi_0) & (\varphi_0,\varphi_1) & \cdots & (\varphi_0,\varphi_n) \\ (\varphi_1,\varphi_0) & (\varphi_1,\varphi_1) & \cdots & (\varphi_1,\varphi_n) \\ \vdots & \vdots & & \vdots \\ (\varphi_n,\varphi_0) & (\varphi_n,\varphi_1) & \cdots & (\varphi_n,\varphi_n) \end{pmatrix} \begin{pmatrix} a_0 \\ a_1 \\ \vdots \\ a_n \end{pmatrix} = \begin{pmatrix} (\varphi_0,y) \\ (\varphi_1,y) \\ \vdots \\ (\varphi_n,y) \end{pmatrix} \tag{6-16}$$

方程组(6－14)、(6－15)、(6－16)均称为正规方程组。

正规方程组的解是存在的而且是唯一的,且使 $S=\|P-y\|^2$ 最小。

对于任意向量 $\boldsymbol{a}=(a_0,a_1,\cdots,a_n)^{\mathrm{T}}\neq\boldsymbol{0}$,有 $\sum_{j=0}^{n}a_j\varphi_j(x)\neq 0$(否则,$\varphi_0,\varphi_1,\cdots,\varphi_n$ 线性相关),二次型

$$\sum_{i=0}^{n}\sum_{j=0}^{n}(\varphi_i,\varphi_j)a_ia_j=\left(\sum_{i=0}^{n}a_i\varphi_i,\sum_{j=0}^{n}a_j\varphi_j\right)=\left(\sum_{j=0}^{n}a_j\varphi_j,\sum_{j=0}^{n}a_j\varphi_j\right)>0$$

说明此二次型正定,故其系数矩阵,即方程组(6-16)的系数矩阵的行列式大于0,从而方程组(6-16)的解存在并且唯一。现设 $\tilde{P}(x)$ 是任意广义多项式 $\tilde{P}(x)-P(x)=\sum_{j=0}^{n}\delta_i\varphi_i(x)$,则

$$\begin{aligned}\tilde{S}&=(\tilde{P}-y,\tilde{P}-y)=(\tilde{P}-P+P-y,\tilde{P}-P+P-y)\\&=(\tilde{P}-P,\tilde{P}-P)+2(\tilde{P}-P,P-y)+(P-y,P-y)\end{aligned}$$

但由条件(6-15)知

$$(\tilde{P}-P,P-y)=\sum_{j=0}^{n}\delta_j(\varphi_i,P-y)=0$$

故

$$\tilde{S}=(\tilde{P}-P,\tilde{P}-P)+S\geqslant S$$

这说明 $P(x)$ 确实是使 S 取极小值的广义多项式。

正规方程组(6-15)是系数矩阵对称正定的线性代数方程组,可用高斯消去法或平方根法求解。不过当 n 较大时正规方程组往往是病态的,求解误差较大。

现在我们还是用正规方程来求最优平方逼近函数。由于方程组(6-15)便于记忆——φ_k 与 $P-y$ 正交,故我们总是使用正规方程组(6-15)。

【例 6.3】 求 $y=\arctan x$ 在点集 $X=\{x_i=0.2i,i=0,1,2,\cdots,5\}$ 和区间[0,1]上的最优平方逼近一次式。

解:设 $y=\arctan x$ 在点集 X 上的最优平方逼近一次式为 $P(x)=a_0+a_1x$,则按式(6-15)可得

$$\begin{aligned}0=(1,P-y)&=\sum_{i=0}^{5}(a_0+a_1x_i-\arctan x_i)\\&=6a_0+2a_1-2.5785\\0=(x,P-y)&=\sum_{i=0}^{5}x_i(a_0+a_1x_i-\arctan x_i)\\&=3a_0+2.2a_1-1.8411\end{aligned}$$

解得 $a_0\approx 0.0355$,$a_1\approx 0.7884$,故

$$P(x)=0.0355+0.7884x$$

设 $y=\arctan x$ 在区间[0,1]上的最优平方逼近一次式为 $P(x)=a_0+a_1x$,则按式(6-15)可得

$$\begin{aligned}0=(1,\tilde{P}-y)&=\int_0^1(\tilde{a}_0+\tilde{a}_1x-\arctan x)\,\mathrm{d}x\\&=\tilde{a}_0+\frac{1}{2}\tilde{a}_1-\frac{\pi}{4}+\frac{1}{2}\ln 2\end{aligned}$$

$$0=(x,\tilde{P}-y)=\int_0^1(\tilde{a}_0x+\tilde{a}_1x^2-x\arctan x)\,dx$$
$$=\frac{1}{2}\tilde{a}_0+\frac{1}{3}\tilde{a}_1-\frac{\pi}{4}+\frac{1}{2}$$

解得 $\tilde{a}_0\approx0.042\ 9$,$\tilde{a}_1\approx0.793\ 1$,故

$$\tilde{P}=0.042\ 9+0.791\ 8x$$

6.3.3　一般的最优平方逼近

上面介绍的一元函数的最优平方逼近的有关概念与方法可推广到多元函数。例如,已知多元函数

$$y=f(x_1,x_2,\cdots,x_l)$$

的一组测量数据$(x_{1i},x_{2i},\cdots,x_{li},y_i)$$(i=1,2,\cdots,m)$,以及一组权系数$\omega_i>0(i=1,2,\cdots,m)$,要求函数

$$P_n=(x_1,x_2,\cdots,x_l)=\sum_{k=0}^{n}a_k\varphi_k(x_1,x_2,\cdots,x_l)\qquad n<m+1$$

使得

$$S=\sum_{i=0}^{n}\omega_i[y_i-P_n(x_{1i},x_{2i},\cdots,x_{li})]^2$$

尽可能小,这也是最优平方逼近问题。其中,系数 $a_0,a_1,\cdots,a_n$ 同样满足正规方程组(6-14)。

在实际问题里,无论是一元函数或多元函数,在求最优平方逼近函数时,$\varphi_i(x)$往往是未知的。例如,对一元函数,$P(x)$是普通多项式还是三角多项式,或指数函数的线性组合?我们往往是不知道的。因此,最优平方逼近问题,不仅仅是确定系数 a_i 的问题,还有一个确定 $\varphi_i(x)$的问题,解决后一个问题往往更重要、更困难。

【例 6.4】 已知一组实验数据,求它的拟合曲线。

x_i	1	2	3	4	5
y_i	4	4.5	6	8	8.5
ω_i	2	1	3	1	1

解:根据所给数据,在坐标系中标出各点,如图 6-3 所示,通过观察可见,各点在一条直线附近,故可选择线性函数做拟合曲线,即设 $P(x)=a_0+a_1x$,这里 $m=4,n=1,\varphi_0(x)=1,\varphi_1(x)=x$,故

$$(\varphi_0,\varphi_0)=\sum_{i=1}^{4}\varphi_i=8$$

$$(\varphi_0,\varphi_1)=(\varphi_1,\varphi_0)=\sum_{i=1}^{4}\omega_ix_i=22$$

$$(\varphi_1,\varphi_1)=\sum_{i=1}^{4}\omega_ix_i^2=74$$

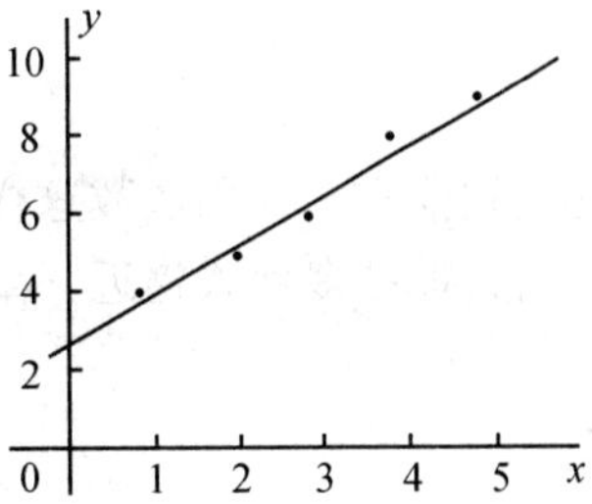

图 6-3

$$(\varphi_0, y_i) = \sum_{i=1}^{4} \omega_i y_i = 47$$

$$(\varphi_1, y_i) = \sum_{i=1}^{4} \omega_i x_i y_i = 145.5$$

由式(6 - 14)得到方程组

$$\begin{cases} 8a_0 + 22a_1 = 47 \\ 22a_0 + 74a_1 = 145.5 \end{cases}$$

解得

$$a_0 = 2.77 \qquad a_1 = 1.13$$

于是所求的拟合曲线为

$$p(x) = 2.77 + 1.13x$$

6.4 最优一致逼近法

6.4.1 一致逼近的概念

设用多项式 $P(x)$ 对 $[a,b]$ 上给定的函数 $f(x)$ 做近似。考虑误差 $|R(x)| = |f(x) - P(x)|$ 在 $[a,b]$ 上的最大值,并记做

$$\delta = \max_{x \in [a,b]} |R(x)| = \max_{x \in [a,b]} |f(x) - P(x)|$$

故 δ 称为 $f(x)$ 与 $P(x)$ 在 $[a,b]$ 上的偏差。如果 δ 小于某一正数 ε,那么用 $P(x)$ 近似代替 $f(x)$ 时,对 $[a,b]$ 上任何一点 x,误差 $|R(x)|$ 都小于 ε。因此不妨说,在 $[a,b]$ 上用 $P(x)$ 近似代替 $f(x)$ 时误差按一致意义小于 ε。

用多项式 $P(x)$ 按一致意义近似(逼近)给定函数 $f(x)$,在数值分析中对于 $f(x)$ 函数值的计算具有十分明显的实际意义。可是我们不仅希望找到满足精度要求的多项式,而且希望多项式的次数越低越好,因为多项式次数越低,要用的计算工作量就越少,例如,对于 $|x| \leqslant 1$ 上的 $f(x) = \arctan x$,希望用一多项式 $P(x)$ 来近似它,并要求误差不超过 0.0007,假如用 $\arctan x$ 在 $x = 0$ 处的泰勒展开式

$$x - \frac{1}{3}x^3 + \frac{1}{5}x^5 - \frac{1}{7}x^7 + \cdots$$

的前若干项之和 $P(x)$ 作为近似函数,那么差不多要用

$$P(x) = x - \frac{1}{3}x^3 + \frac{1}{5}x^5 + \cdots - \frac{1}{1427}x^{1427}$$

才能达到要求。要用次数这样高的多项式近似代替 $\arctan x$,则计算起来显然太麻烦了。能否改用其他的多项式逼近?事实上,可以证明

$$y(x) = a_1 x + a_3 x^3 + a_5 x^5$$

其中

$$a_1 = 0.995\,354 \qquad a_3 = -0.288\,679 \qquad a_5 = 0.079\,331$$

就能使

$$|\arctan x - y(x)| \leqslant 7 \times 10^{-4},\ |x| < 1$$

一般地,设函数 $y=f(x)$ 在区间 $[a,b]$ 上连续,若适当选取 n 次多项式

$$P(x) = c_0 + c_1 x + \cdots + c_n x^n$$

的系数 $c_0, c_1, \cdots, c_n$,使偏差

$$\delta = \max_{x \in [a,b]} |f(x) - P(x)|$$

最小,则称 $P(x)$ 为函数 $y=f(x)$ 在区间 $[a,b]$ 上的 n 次最优一致逼近多项式。

若在 x_0 点使 $|P(x_0) - f(x_0)| = \delta = \max\limits_{a \leqslant x \leqslant b} |P(x) - f(x)|$,则称 x_0 是 $P(x)$ 的偏差点;若 $P(x_0) - f(x_0) = \delta$,则称 x_0 是正偏差点;若 $P(x_0) - f(x_0) = -\delta$,则称 x_0 是负偏差点;若 $f(x)$ 在区间 $[a,b]$ 上连续,则至少存在一个 x_0 使 $|P(x_0) - f(x_0)| = \delta$ 成立,即 $P(x)$ 的偏差点总是存在的。

通过比较复杂的推倒可证明切比雪夫定理:n 次多项式 $P(x)$ 成为 $y=f(x)$ 在区间 $[a,b]$ 上的最优一致逼近多项式的重要条件是,误差 $R(x) = f(x) - P(x)$ 在区间 $[a,b]$ 以正、负交替的符号依次取值 $\delta = \max\limits_{a \leqslant x \leqslant b} |R(x)|$ 的点(称为偏差点)的个数不少于 $n+2$。

根据这个结论,可以用来求函数的最优一致逼近多项式,但是求法很麻烦。下面介绍另外两种求法。这两种求法将用到切比雪夫多项式,为此首先讨论切比雪夫多项式的性质。

6.4.2　切比雪夫多项式的基本性质

我们把

$$T_n(x) = \cos(n \arccos x) \qquad -1 \leqslant x \leqslant 1$$

称为第一类切比雪夫多项式。这一表达式看起来像超越函数,实际上是一个 n 次多项式。

显然,$T_0(x) = 1$,$T_1(x) = x$,利用余弦的和积公式

$$\cos(n+1)\theta + \cos(n-1)\theta = 2\cos n\theta \cos\theta$$

与 $T_n(x)$ 的定义,可以推得下列递推公式

$$T_{n+1}(x) - 2x\, T_n(x) + T_{n-1}(x) = 0$$

由此也可以知道,$T_n(x)$ 的确是 x 的 n 次多项式。关于切比雪夫多项式,我们除了介绍上述递推公式外,还介绍以下性质。

(1) n 为偶数时,$T_n(x)$ 是偶函数;n 为奇数时,$T_n(x)$ 是奇函数。因为

$$T_n(-x) = \cos\mathrm{arc}[n\cos(-x)] = \cos(n\pi - n\arccos x) = (-1)^n T_n(x)$$

(2) n 次多项式 $T_n(x)$ 的最高次项的系数为 2^{n-1}。因为 $T_0(x) = 1$,$T_1(x) = x$,$T_{n+1}(x) - 2x\, T_n(x) + T_{n-1}(x) = 0$ 由数学归纳法可证明。

(3) 切比雪夫多项式 $T_n(x)$ 在区间 $[-1,1]$ 上带权 $\dfrac{1}{\sqrt{1-x^2}}$ 正交,即

$$(T_k, T_j) = \int_{-1}^{1} \frac{1}{\sqrt{1-x^2}} T_k(x) T_j(x)\,\mathrm{d}x$$

$$\overset{令x=\cos\theta}{=} \int_0^{\pi} \cos k\theta \cos j\theta \,\mathrm{d}\theta = \begin{cases} 0 & k \neq j \\ \pi & k = j = 0 \\ \pi/2 & k = j \neq 0 \end{cases}$$

(4) $T_n(x)$ 在区间 $[-1,1]$ 上有 n 个零点和 $n+1$ 个极值点,且这些零点和极值点是相

间分布的。

由于 $T_n(x)=\cos(n\arccos x)$，令 $\cos x=\theta$，故 $T_n(x)=\cos n\theta$，当 $x\in[-1,1]$ 时，则 $\theta\in[0,\pi]$，显然在区间 $[0,\pi]$ 上有 n 个点

$$\theta_k=(2k-1)\frac{\pi}{2n}\qquad k=1,2,\cdots,n$$

使 $\cos n\theta$ 为零，又有 $n+1$ 个点

$$\theta'_k=2k\frac{\pi}{2n}=k\frac{\pi}{n}\qquad k=1,2,\cdots,n$$

使 $\cos n\theta$ 顺次取 $+1$ 和 -1。因此，n 个点

$$x_k=\cos\theta_k=\cos(2k-1)\frac{\pi}{2n}\qquad k=1,2,\cdots,n$$

是 $T_n(x)$ 的零点，且由于 $T_n(x)$ 是 n 次多项式，故每一个 x_k 都是单零点。又 $n+1$ 个点

$$x'_k=\cos\theta'_k=\cos k\frac{\pi}{n}\qquad k=1,2,\cdots,n$$

使 $T_n(x)$ 顺次为 $+1$ 和 -1。由于 $\cos n\theta$ 的最大值与最小值分别为 $+1$、-1，因此把这些 x'_k 叫做 $T_n(x)$ 在 $[-1,1]$ 上的极值点，将 x_k、x'_k 按大小排列，则有

$$-1=x'_n<x_n<x'_{n-1}<x_{n-1}<\cdots<x'_1<x_1<x'_0=1$$

(5) 设 $P_n(x)$ 是首系数为 1 的 n 次多项式，则

$$\max_{-1\leqslant x\leqslant 1}|P_n(x)|\geqslant\max_{-1\leqslant x\leqslant 1}|2^{1-n}T_n(x)|=2^{1-n}$$

证明：由于 $T_n(x)$ 的首项系数是 2^{n-1}，所以 $\bar{T}_n(x)=2^{1-n}T_n(x)$ 是一个首项系数为 1 的 n 次多项式。又由上述性质(4)知道，$\bar{T}_n(x)$ 在点 $x'_k(k=0,1,2,\cdots,n)$ 顺次达到它在 $[-1,1]$ 的极值，即

$$\bar{T}_n(x'_k)=(-1)^k/2^{n-1}$$

假设存在最高次项系数为 1 的 n 次多项式 $\bar{P}_n(x)$ 使得

$$\max_{-1\leqslant x\leqslant 1}|\bar{P}_n(x)|<2^{1-n}$$

令 $E(x)=2^{1-n}T_n(x)-\bar{P}_n(x)$，则在 $T_n(x)$ 的 $n+1$ 个极值点处

$$E(x'_0)=2^{1-n}-\bar{P}_n(x'_0)>0$$

$$E(x'_1)=-2^{1-n}-\bar{P}_n(x'_1)<0$$

$$E(x'_2)=2^{1-n}-\bar{P}_n(x'_2)>0$$

$$\cdots$$

根据连续函数的零点存在定理，方程 $E(x)=0$ 应当有 n 个根。但 $2^{1-n}T_n(x)-\bar{P}_n(x)$ 都是最高项为 x^n 的 n 次多项式，故两者的差 $E(x)$ 至多是 $n-1$ 次多项式，$E(x)=0$ 不可能有 n 个根。这个矛盾说明假设不成立。

性质(5)称为切比雪夫多项式的极性。这是一个很重要的性质。切比雪夫多项式得到广泛应用，正是因为它有极性。

例如，由此性质可以看出，表达式

$$\max_{-1\leqslant x\leqslant 1}|(x-x_0)(x-x_1)\cdots(x-x_n)|$$

仅当 $x_0,x_1,\cdots,x_n$ 取为 $T_{n+1}(x)$ 的零点时达到最小值 2^{-n}。由于 $f(x)$ 的插值多项式 $P_n(x)$ 的

误差为

$$f(x)-P_n(x)=\frac{f^{(n+1)}(\xi)}{(n+1)!}(x-x_0)(x-x_1)\cdots(x-x_n)$$

故当 $\max\limits_{-1\leqslant x\leqslant 1}|f^{(n+1)}(x)|\leqslant M$ 时，在区间[-1,1]上

$$|f(x)-P_n(x)|=\frac{M}{(n+1)!}\max_{-1\leqslant x\leqslant 1}|(x-x_0)(x-x_1)\cdots(x-x_n)|$$

可见，在区间[-1,1]上的插值多项式，当插值节点取为 $T_{n+1}(x)$ 的零点时，误差限最小，这时插值多项式称为切比雪夫插值多项式，它也取做[-1,1]上 $f(x)$ 的近似最优一致逼近多项式。

6.4.3　最优一致逼近多项式的求法

1. 截断切比雪夫级数法

设函数 $y=f(x)$ 在区间[-1,1]上连续，则当正交函数系取为切比雪夫多项式时，广义傅里叶级数 $\sum\limits_{n=0}^{\infty}C_nT_n(x)$ 称为切比雪夫级数。其系数计算公式为

$$c_0=\frac{1}{\pi}\int_{-1}^{1}\frac{f(x)}{\sqrt{1-x^2}}\mathrm{d}x=\frac{1}{\pi}\int_0^{\pi}f(\cos\theta)\mathrm{d}\theta$$

$$c_n=\frac{1}{\pi}\int_{-1}^{1}\frac{T_n(x)f(x)}{\sqrt{1-x^2}}\mathrm{d}x=\frac{2}{\pi}\int_0^{\pi}f(\cos\theta)\cos n\theta\mathrm{d}\theta$$

可见，$f(x)$ 的切比雪夫级数，其实是 $f(\cos\theta)$ 的傅里叶级数。于是根据傅里叶级数理论，只要 $f'(x)$ 在区间[-1,1]上分段连续，则切比雪夫级数必收敛于 $f(x)$，从而

$$f(x)=\sum_{n=0}^{\infty}c_nT_n(x)$$

此时，令 $S_n(x)=\sum\limits_{k=0}^{n}c_kT_k(x)$，则

$$f(x)-S_n(x)=\sum_{k=n+1}^{\infty}c_kT_k(x)$$

由于切比雪夫级数收敛较快，故

$$f(x)-S_n(x)\approx C_{n+1}T_{n+1}(x)$$

由于 $T_{n+1}(x)$ 有 $n+2$ 个最值点，上式表明 $R(x)=f(x)-S_n(x)$ 近似有 $n+2$ 个偏差点，因此根据切比雪夫定理，$S_n(x)$ 是 $f(x)$ 的近似最优一致逼近 n 次多项式。

【例 6.5】　利用截断切比雪夫级数求 $y=\arctan x$ 在区间[0,1]上的近似最优一致逼近一次式。

解：由于函数的定义区间是[0,1]，故用变换将其转化为定义在区间[-1,1]上的函数，为此令 $x=\frac{1}{2}(t+1)$，则 $y=\arctan\frac{1}{2}(t+1)$，$-1\leqslant t\leqslant 1$。按系数计算公式

$$c_0=\frac{1}{\pi}\int_0^{\pi}\arctan\frac{1}{2}(\cos\theta+1)\mathrm{d}\theta\approx 0.4271$$

$$c_1=\frac{2}{\pi}\int_0^{\pi}\arctan\frac{\cos\theta+1}{2}\cos\theta\mathrm{d}\theta\approx 0.3947$$

故

$$y = \text{arcatn}x \approx c_0 + c_1 T_1(t) = c_0 + c_1 t = c_0 + c_1(2x-1) \approx 0.0326 + 0.7894x$$

2. 缩短幂级数法

求函数的切比雪夫级数需要计算积分,这比较麻烦。在许多情况下,高次泰勒多项式

$$P_n(x) = f(0) + f'(0)x + \frac{1}{2!}f''(0)x^2 + \cdots + \frac{1}{n!}f^{(n)}(0)x^n$$

也能很好一致逼近$f(x)$,即当n很大时,偏差

$$\max_{-1\leqslant x\leqslant 1} |f(x) - P_n(x)|$$

也能非常小。然而,$P_n(x)$的次数较高时,会增加计算工作量和系数的存储量。为降低$P_n(x)$的次数,应从$P_n(x)$中减去包含最高次项,或者去掉包含$P_n(x)$的最高次项的多项式$\bar{P}_n(x)$,得到多项式$P_{n-1}(x) = P_n(x) - \bar{P}_n(x)$的次数会降低。不过,此时

$$\max_{-1\leqslant x\leqslant 1} |f(x) - P_{n-1}(x)| = \max_{-1\leqslant x\leqslant 1} |f(x) - P_n(x) + \bar{P}_n(x)|$$
$$\leqslant \max_{-1\leqslant x\leqslant 1} |f(x) - P_n(x)| + \max_{-1\leqslant x\leqslant 1} |\bar{P}_n(x)|$$

说明偏差可能增加

$$\max_{-1\leqslant x\leqslant 1} |\bar{P}_n(x)|$$

由此可见,为了降低多项式$P_n(x)$的次数,而又使增加的偏差尽可能小,根据切比雪夫多项式的极性,从$P_n(x)$中减去的多项式$\bar{P}_n(x)$应是

$$\bar{P}_n(x) = a_n 2^{1-n} T_n(x)$$

其中,a_n是$P_n(x)$的最高次项系数。去掉后得到的多项式$P_{n-1}(x)$称为$P_n(x)$的缩短多项式。由缩短多项式又可得到进一步的缩短多项式。如此进行下去,便可得到所需的近似最优一致多项式

【例 6.6】 从 $\sin x$ 的 5 次泰勒多项式

$$P_5(x) = x - \frac{x^3}{3!} + \frac{x^5}{5!}$$

出发,利用切比雪夫多项式降低次数,求 $\sin x$ 的一次近似式,并求在区间$[-1,1]$上的偏差。

解: 由切比雪夫多项式的递推公式和切比雪夫多项式的表达式可知

$$x^5 = [10T_1(x) + 5T_3(x) + T_5(x)]/16$$

所以

$$P_5(x) = x - \frac{x^3}{3!} + \frac{1}{5!} \times \frac{1}{16}[10T_1(x) + 5T_3(x) + T_5(x)]$$

去掉含$T_5(x)$的项,得到三次近似式

$$P_3(x) = x - \frac{x^3}{3!} + \frac{1}{5!} \times \frac{1}{16}[10T_1(x) + 5T_3(x)]$$

又因为$x^3 = [3T_1(x) + T_3(x)]/4$,所以

$$P_3(x) = x - \frac{1}{3!} \times \frac{1}{4}[3T_1(x) + T_3(x)] + \frac{1}{5!} \times \frac{1}{16}[10T_1(x) + 5T_3(x)]$$

去掉含$T_3(x)$的项,可得到一次近似式为

$$P_1(x) = x - \frac{1}{3!} \times \frac{3}{4}T_1(x) + \frac{1}{5!} \times \frac{10}{16}T_1(x) = x - \frac{1}{8}x + \frac{1}{192}x = \frac{169}{192}x \approx 0.8802x$$

误差 $R(x) = \sin x - 0.8802x$，$R'(x) = \cos x - 0.8802 = 0$ 的根为 ± 0.4945，$R(\pm 1) = \pm 0.0387$，$R(\pm 0.4945) = \pm 0.0393$，故偏差为 ± 0.0393。

习　题

1. 给定数据

i	0	1	2	3	4
x_i	-2	-1	0	1	2
y_i	-0.1	0.1	0.4	0.9	1.6

试分别用二次和三次多项式以最小二乘拟合表中数据，并比较优劣。

2. 利用最小二乘原则，求一个形如 $y = a + bx^2$ 的经验公式，使它与下列数据拟合。

x_i	19	25	31	38	44
y_i	19.1	32.3	49.0	73.7	97.8

3. 求函数 $f(x) = \sin 2x$ 在区间 $[-1,1]$ 上的三次最佳平方逼近多项式。

4. 求函数 $f(x) = x^3$ 在区间 $[0,1]$ 上的二次最佳平方逼近多项式。

5. 求 a、b、c 的值，使 $\int_0^{\pi} (\sin x - a - bx - cx^2)^2 \mathrm{d}x$ 达到最小。

6. 求 $f(x) = \sqrt{x}$ 在区间 $[0,1]$ 上的一次最佳平方逼近多项式。

第7章　数值积分与数值微分

7.1　引　　言

7.1.1　数值积分的基本思想

假设$f(x)$为定义在有限区间$[a,b]$上的可积函数,我们要计算定积分

$$\int_a^b f(x)\,\mathrm{d}x$$

如果$F(x)$是$f(x)$的一个原函数,那么可以直接利用牛顿－莱布尼兹公式

$$\int_a^b f(x)\,\mathrm{d}x = F(b) - F(a)$$

计算。但是,在实际问题中,这样做往往有困难:有些被积函数$f(x)$的原函数不能用初等函数表示成有限的形式,如$\sin x^2$,$\cos x^2$,$(\sin x)/x$等;有些被积函数,尽管它们的原函数可以用初等函数表示成有限的形式,但是表达式却很复杂。对于这些问题,使用这个公式来计算定积分是不方便的,甚至有些被积函数$f(x)$没有具体的解析表达式,仅知道$f(x)$在某些离散点处的值,这就更无法应用这个公式了。因此,有必要研究计算定积分的数值方法。

现在,我们来考虑更一般的情形。若$f(x)$在区间$[a,b]$连续,则由积分中值定理可知,在积分区间$[a,b]$内存在一点ξ,使

$$\int_a^b f(x)\,\mathrm{d}x = (b-a)f(\xi)$$

成立。就是说,底为$b-a$,而高为$f(\xi)$的矩形面积恰好等于所求的曲边梯形的面积。问题在于点ξ的具体位置一般是不知道的,因而难以准确地算出$f(\xi)$的值。我们将$f(\xi)$称为区间$[a,b]$的平均高度。这样,只要对平均高度$f(\xi)$提供一种算法,相应地便获得一种数值积分方法。

如果我们用两端点高度$f(a)$与$f(b)$取算术平均值作为平均高度的近似值,这样导出的求积公式

$$T=\frac{b-a}{2}[f(a)+f(b)] \tag{7-1}$$

便是我们熟悉的梯形公式。而如果改用中点$c=\dfrac{a+b}{2}$的高度$f(c)$近似取代平均高度$f(\xi)$,则又可导出所谓矩形公式

$$R=(b-a)f\left(\frac{a+b}{2}\right) \tag{7-2}$$

一般地,我们可以在区间$[a,b]$上适当选取某些节点x_k,然后用$f(x_k)$加权平均值得到平均高度$f(\xi)$的近似值,构造出如下的求积公式,即

$$\int_a^b f(x)\,dx = \sum_{k=0}^{n} A_k f(x_k) \tag{7-3}$$

式中，x_k 称为求积节点，A_k 称为求积系数，A_k 仅与节点 x_k 的选取有关，而不依赖于被积函数 $f(x)$ 的具体表达式。

这类数值积分方法通常被称做机械求积。其特点是将积分求值问题归结为函数值的计算。这就避开了牛顿 – 莱布尼兹公式需要寻求原函数的困难。

7.1.2　代数精度的概念

数值求积方法是近似方法。为保证精度，我们自然希望求积公式能对尽可能多的函数准确成立，这就提出了所谓代数精度的概念。

定义 7.1　如果某个求积公式对于次数小于等于 m 的多项式均能准确成立，但对于 $m+1$ 次多项式就不一定准确，则称该求积公式具有 m 次代数精度。

不难验证，梯形公式和矩形公式均有一次代数精度。

一般地，欲使求积公式(7 – 3)具有 m 次代数精度，只要令它对 $f(x)=1, x, \cdots, x^m$ 都能准确成立即可。这就要求

$$\begin{cases} \sum_{k=0}^{n} A_k = b - a \\ \sum_{k=0}^{n} A_k x_k = \frac{1}{2}(b^2 - a^2) \\ \cdots\cdots \\ \sum_{k=0}^{n} A_k x_k^m = \frac{1}{m+1}(b^{m+1} - a^{m+1}) \end{cases} \tag{7-4}$$

【例 7.1】　确定以下两个求积公式的代数精度

(1) $\int_{-1}^{1} f(x)\,dx \approx \frac{1}{2}[f(-1) + 2f(0) + f(1)]$

(2) $\int_{-1}^{1} f(x)\,dx \approx \left[f\left(-\frac{1}{\sqrt{3}}\right) + f\left(\frac{1}{\sqrt{3}}\right)\right]$

解：记

$$I(f) = \int_{-1}^{1} f(x)\,dx$$

$$I_1(f) = \frac{1}{2}[f(-1) + 2f(0) + f(1)]$$

$$I_2(f) = \left[f\left(-\frac{1}{\sqrt{3}}\right) + f\left(\frac{1}{\sqrt{3}}\right)\right],$$

(1) $I(1) = \int_{-1}^{1} dx = 2 \qquad I_1(1) = \frac{1}{2}[1 + 2 + 1] = 2$

$I(x) = \int_{-1}^{1} x\,dx = 0 \qquad I_1(x) = \frac{1}{2}[-1 + 0 + 1] = 0$

$I(x^2) = \int_{-1}^{1} x^2\,dx = \frac{2}{3} \qquad I_1(x^2) = \frac{1}{2}[1 + 0 + 1] = 1$

因为 $I(x^2) \neq I_1(x^2)$，故求积公式(1)具有一次代数精度。

(2) $I(1) = I_2(1) = 1 + 1 = 2$

$$I(x) = I_2(x) = -\frac{1}{\sqrt{3}} + \frac{1}{\sqrt{3}} = 0$$

$$I(x^2) = I_2(x^2) = \frac{1}{3} + \frac{1}{3} = \frac{2}{3}$$

$$I(x^3) = \int_{-1}^{1} x^3 \mathrm{d}x = 0$$

$$I_2(x^3) = -\frac{1}{3\sqrt{3}} + \frac{1}{3\sqrt{3}} = 0$$

$$I(x^4) = \int_{-1}^{1} x^4 \mathrm{d}x = \frac{2}{5}$$

$$I_2(x^4) = \frac{1}{9} + \frac{1}{9} = \frac{2}{9}$$

因为 $I(x^4) \neq I_2(x^4)$，所以求积公式(2)具有三次代数精度。

7.1.3　插值型积分公式

通常我们用简单的、便于积分且又逼近于被积函数 $f(x)$ 的函数 $\varphi(x)$ 代替 $f(x)$ 来构造求积公式。由于多项式不但计算方便，而且容易积分，因此常取 $\varphi(x)$ 为一个多项式。

设给定一组节点

$$a \leqslant x_1 < x_2 < \cdots < x_{n+1} = b$$

且已知函数 $f(x)$ 在这些节点上的值，做插值函数 $P_n(x)$。由于代数多项式 $P_n(x)$ 的原函数是容易求出的，故取

$$I_n(f) = \int_a^b P_n(x) \mathrm{d}x$$

作为积分 $\int_a^b f(x) \mathrm{d}x$ 的近似值。这样构造出的求积公式

$$I(f) = I_n(f) + R_n(f) = \sum_{k=0}^{n} A_k f(x_k) + R_n(f) \tag{7-5}$$

称做插值型的求积公式。式中，求积系数 A_k 可通过插值基函数 $l_k(x)$ 积分得出，即

$$A_k = \int_a^b l_k(x) \mathrm{d}x \tag{7-6}$$

由拉格朗日插值余项表达式可知，对于插值型求积公式(7－5)，其余项

$$R_n(f) = I(f) - I_n(f) = \int_a^b \frac{f^{(n+1)}(\xi)}{(n+1)!} \omega_{n+1}(x) \mathrm{d}x \tag{7-7}$$

式中，ξ 与变量 x 有关，$\omega_{n+1}(x) = (x - x_0)(x - x_1)\cdots(x - x_n)$。

如果求积公式(7－5)是插值型的，按式(7－7)，对于次数不小于 n 的多项式 $f(x)$，其余项表达式为零，因而求积公式至少具有 n 次代数精度。

反之，如果求积公式(7－5)至少具有 n 次代数精度，则它必是插值型的。

7.2　牛顿－柯特斯型数值积分公式

7.2.1　牛顿－柯特斯型求积公式

设$[a,b]$为有限区间，并且节点

$$a=x_1<x_2<\cdots<x_{n+1}=b$$

为等距节点，即步长$h=x_{i+1}-x_i=\dfrac{b-a}{n}$，$i=1,\cdots,n$，相应的式(7－5)便称为($n$阶)牛顿－柯特斯(Newton-Cotes)型求积公式。A_i称为Cotes系数($i=1,2,\cdots,n+1$)。此时，令

$$x=a+th$$

则

$$\mathrm{d}x=h\mathrm{d}t$$

$$x-x_i=h(t-i+1)\quad i=1,2,\cdots,n+1$$

$$\omega_{n+1}(x)=(x-x_i)(x-x_2)\cdots(x-x_n)(x-x_{n+1})=h^{n+1}t(t-1)\cdots(t-n)$$

$$\omega'_{n+1}(x_i)=(x_i-x_1)\cdots(x_i-x_{i-1})(x_i-x_{i-1})\cdots(x_i-x_{n+1})$$

则求积系数可通过下式计算，即

$$\begin{aligned}A_i&=\int_a^b\frac{\omega_{n+1}(x)}{(x-x_i)\omega_{n+1}(x_i)}\mathrm{d}x\\&=(-1)^{n+1-i}\frac{h}{(i-1)!(n+1-i)!}\int_0^n t(t-1)\cdots(t-(i-2))(t-i)\cdots(t-n)\mathrm{d}t\\&\qquad i=1,2,\cdots,n+1\end{aligned}\tag{7－8}$$

7.2.2　梯形公式和辛普生公式

考虑两个简单的Newton-Cotes型求积公式。当$n=1$时，取两个节点$x_1=a,x_2=b$。由式(7－8)有

$$A_1=(-1)(b-a)\int_0^1(t-1)\mathrm{d}t=\frac{b-a}{2}$$

$$A_2=(b-a)\int_0^1 t\mathrm{d}t=\frac{b-a}{2}$$

因此

$$I_1(f)=\frac{b-a}{2}(f(a)+f(b))\tag{7－9}$$

通常称式(7－9)为梯形公式。

当$n=2$时，取三个节点，即

$$x_1=a,x_2=\frac{b-a}{2},x_3=b$$

由式(7－8)得

$$A_1=\frac{h}{2}\int_0^2(t-1)(t-2)\mathrm{d}t=\frac{h}{3}$$

$$A_2 = -h\int_0^2 (t-2)\,dt = \frac{4}{3}h$$

$$A_3 = \frac{h}{2}\int_0^2 t(t-1)\,dt = \frac{h}{3}$$

因此

$$I_2(f) = \frac{h}{3}\left(f(a) + 4f\left(\frac{a+b}{2}\right) + f(b)\right) \tag{7-10}$$

其中，$h = (b-a)/2$。

式(7－10)的几何意义：$I_2(f)$恰好是经过三点$(a, f(a))$，$\left(\frac{a+b}{2}, f\left(\frac{a+b}{2}\right)\right)$，$(b, f(b))$的抛物线$y = L_2(x)$ $(a \leqslant x \leqslant b, y \geqslant 0)$所围成的曲边梯形面积。通常称$I_2(f)$为抛物线公式或辛普生(Simpson)公式。

【例7.2】 应用梯形公式和辛普生(Simpson)公式计算积分

$$I(f) = \int_0^1 \frac{1}{x+1}\,dx$$

解：应用梯形公式得

$$I_1(f) = \frac{1}{2}(f(0) + f(1)) = \frac{1}{2}(1 + 0.5) = 0.75$$

应用辛普生公式得

$$\begin{aligned} I_2(f) &= \frac{0.5}{3}(f(0) + 4f(0.5) + f(1)) \\ &= \frac{0.5}{3}(1 + 4 \times 0.666\,666\,67 + 0.5) \\ &= 0.694\,444\,44 \end{aligned}$$

直接计算积分得

$$I(f) = \int_0^1 \frac{1}{1+x}\,dx = \ln 2 = 0.693\,147\,18$$

由上面的例子可以看到，辛普生公式比梯形公式精确。

7.2.3　误差分析

应用Newton-Cotes型求积公式(7－5)计算定积分$I(f) = \int_a^b f(x)\,dx$时，一方面由于去掉余项$R_n(x)$，因而产生了离散误差$R_n(f)$；另一方面，由于计算机的字长是有限的，因此函数值可能带有误差，并且计算$I_n(f)$还会有舍入误差。

关于离散误差有下面的定理。

定理7.1　设n为偶数，$f(x)$在$[a,b]$上有$n+2$阶连续导数，则Newton-Cotes型求积公式(7－6)的离散误差为

$$R_n(f) = \frac{h^{n+3}f^{(n+2)}(\eta)}{(n+2)!}\int_0^n t^2(t-1)\cdots(t-n)\,dt \qquad \eta \in (a,b) \tag{7-11}$$

若n为奇数，且$f(x)$在$[a,b]$上有$n+1$阶连续导数，则

$$R_n(f) = \frac{h^{n+2}f^{(n+1)}(\xi)}{(n+2)!}\int_0^n t^2(t-1)\cdots(t-n)\,dt \qquad \xi \in (a,b) \tag{7-12}$$

特别，当 $n=1$ 时，梯形公式的离散误差为

$$R_1(f) = -\frac{(b-a)^3}{12}f''(\xi) \tag{7-13}$$

当 $n=2$ 时，辛普生公式的离散误差为

$$R_2(f) = -\frac{h^5}{90}f^{(4)}(\eta) \qquad h = \frac{b-a}{2} \tag{7-14}$$

7.3　复化求积公式

应用高阶的 Newton-Cotes 型求积公式计算积分 $\int_a^b f(x)\mathrm{d}x$ 会出现数值不稳定，低阶公式（如梯形和辛普生公式）又往往因积分区间步长过大使得离散误差大，且积分区间愈小，离散误差就愈小。因此，为了提高求积公式的精确度，可以把积分区间分成若干个子区间，在每个子区间上使用低阶公式，然后将结果加起来。这种公式称为复化求积公式。

7.3.1　复化梯形求积公式

用点

$$a = x_1 < x_2 < \cdots < x_{n+1} = b$$

将积分区间 $[a,b]$ 分成 n 个相等的子区间 $[x_i, x_{i+1}]$，$i=1,2,\cdots,n$。其中

$$x_{i+1} - x_i = \frac{b-a}{n} = h \qquad i=1,2,\cdots,n$$

即

$$x_i = a + (i-1)h \qquad i=1,2,\cdots,n+1$$

在每个子区间 $[x_i, x_{i+1}]$ 上使用梯形公式得

$$\int_{x_i}^{x_{i+1}} f(x)\mathrm{d}x = \frac{h}{2}[f(x_i) + f(x_{i+1})] - \frac{h^3}{12}f''(\xi_i) \qquad x_i < \xi_i < x_{i+1}$$

于是

$$\int_a^b f(x)\mathrm{d}x = \sum_{i=1}^{n}\int_{x_i}^{x_{i+1}} f(x)\mathrm{d}x = \frac{h}{2}\sum_{i=1}^{n}[f(x_i) + f(x_{i+1})] - \frac{h^3}{12}\sum_{i=1}^{n}f''(\xi_i)$$

假设 $f''(x)$ 在 $[a,b]$ 上连续，则在 (a,b) 中必存在一点 ξ，使得

$$\frac{1}{n}\sum_{i=1}^{n}f''(\xi_i) = f''(\xi)$$

从而有

$$\int_a^b f(x)\mathrm{d}x = \frac{h}{2}\left[f(a) + f(b) + 2\sum_{i=1}^{n}f(a+ih)\right] - \frac{nh^3}{12}f''(\xi)$$

于是得到复化梯形公式

$$T_n(f) = \frac{h}{2}\left[f(a) + f(b) + 2\sum_{i=1}^{n-1}f(a+ih)\right] \qquad h = \frac{b-a}{n} \tag{7-15}$$

且

$$I(f) = \int_a^b f(x)\mathrm{d}x = T_n(f) + R_n(f)$$

其中

$$R_n(f) = -\frac{nh^3}{12}f''(\xi) = -\frac{h^2(b-a)}{12}f''(\xi) \qquad a<\xi<b \qquad (7-16)$$

7.3.2 复化辛普生公式

用 $n+1(n=2m)$ 个点

$$a=x_0<x_1<\cdots<x_{2m}=b$$

将积分区间 $[a,b]$ 分成 m 个相等的子区间 $[x_{2i-2},x_{2i}]$, $i=1,2,\cdots,m$。设子区间 $[x_{2i-2},x_{2i}]$ 的中点为 x_{2i-1},且

$$x_{2i}-x_{2i-2}=\frac{b-a}{m}=2h \qquad i=1,2,\cdots,m$$

在每个子区间 $[x_{2i-2},x_{2i}]$ 上使用辛普生公式得

$$\int_{x_{2i-2}}^{x_{2i}} f(x)\mathrm{d}x = \frac{h}{3}[f(x_{2i-2})+4f(x_{2i-1})+f(x_{2i})] - \frac{h^5}{90}f^{(4)}(\xi_i)$$

其中, $x_{2i-2}<\xi_i<x_{2i}$。于是,若 $f^{(4)}$ 在 $[a,b]$ 上连续,则

$$\begin{aligned}\int_a^b f(x)\mathrm{d}x &= \sum_{i=1}^{m}\int_{x_{2i-2}}^{x_{2i}} f(x)\mathrm{d}x \\ &= \frac{h}{3}\sum_{i=1}^{m}[f(x_{2i-2})+4f(x_{2i-1})+f(x_{2i})] - \frac{h^5}{90}\sum_{i=1}^{m}f^{(4)}(\xi_i) \\ &= \frac{h}{3}\left[f(a)+f(b)+4\sum_{i=1}^{m}f(a+(2i-1)h)+2\sum_{i=1}^{m-1}f(a+2ih)\right]- \\ &\quad \frac{mh^5}{90}f^{(4)}(\xi) \qquad a<\xi<b \end{aligned} \qquad (7-17)$$

这样,便得到复化辛普生公式

$$S_m(f) = \frac{h}{3}\left[f(a)+f(b)+4\sum_{i=1}^{m}f(a+(2i-1)h)+2\sum_{i=1}^{m-1}f(a+2ih)\right]$$

$$h=\frac{b-a}{2m}=\frac{b-a}{n} \qquad (7-18)$$

其离散误差为

$$R_m(f) = -\frac{mh^5}{90}f^{(4)}(\xi) = -\frac{h^4(b-a)}{180}f^{(4)}(\xi) \qquad a<\xi<b \qquad (7-19)$$

【例 7.3】 应用复化梯形公式计算积分

$$I=\int_0^1 6\mathrm{e}^{-x^2}\mathrm{d}x$$

时要求误差不超过 10^{-6},试确定所需的步长 h 和节点个数。

解:令 $f(x)=6\mathrm{e}^{-x^2}$,则

$$f'(x) = -12x\mathrm{e}^{-x^2}$$

$$f''(x) = 12x\mathrm{e}^{-x^2}(2x^2-1)$$

$$f'''(x)=24xe^{-x^2}(3-2x^2)\neq 0 \qquad x\in(0,1)$$

$f''(x)$在$[0,1]$上为单调函数,因此

$$\max_{x\in[0,1]}|f''(x)|=\max\{|f''(0)|,|f''(1)|\}=|f''(0)|=12$$

由于复化梯形公式的离散误差为

$$R_n(f)=-\frac{h^2(b-a)}{12}|f''(\xi)| \qquad 0<\xi<1$$

因此

$$|R_n(f)|\leqslant\frac{h^2(b-a)}{12}\max_{x\in[0,1]}|f''(\xi)|$$

要使$|R_n(f)|\leqslant 10^{-6}$,则只要

$$\frac{h^2(b-a)}{12}\max_{x\in[0,1]}|f''(x)|\leqslant 10^{-6}$$

即

$$\frac{12h^2(1-0)}{12}=h^2\leqslant 10^{-6}$$

因此$h\leqslant 10^{-3}$,故可取步长$h=10^{-3}$。由于

$$h=\frac{b-a}{n}=\frac{1}{n}$$

因此得$n=10^3$,故可取节点数为1001。

【例7.4】 试用复化辛普生公式计算积分

$$I(f)=\int_1^2 3\ln x\mathrm{d}x$$

要求误差不超过10^{-5},并把计算结果与准确值比较。

解:令$f(x)=3\ln x$,则

$$f^{(4)}(x)=-\frac{18}{x^4}$$

且

$$\max_{x\in[1,2]}|f^{(4)}(x)|=18$$

由于复化辛普生公式的离散误差为

$$R_m(f)=-\frac{h^4(b-a)}{180}f^{(4)}(\xi)=-\frac{(b-a)^5}{2880m^4}f^{(4)}(\xi) \quad 1<\xi<2$$

因此

$$|R_m(f)|\leqslant\frac{(b-a)^5}{2880m^4}\max_{x\in[1,2]}|f^{(4)}(x)|$$

要使$R_m(f)\leqslant 10^{-5}$,则只要

$$\frac{(b-a)^5}{2880m^4}\max_{x\in[1,2]}|f^{(4)}(x)|<10^{-5}$$

即

$$\frac{18}{2880m^4}=\frac{1}{160m^4}\leqslant 10^{-5}$$

因此，$m \geqslant 5$。取 $m=5, h=\dfrac{b-a}{2m}=0.1$ 于是

$$
\begin{aligned}
I(f) &\approx S_5(f) \\
&= 3 \times \frac{0.1}{3}[\ln 1+\ln 2+2(\ln 1.2+\ln 1.4+\ln 1.6+\ln 1.8)+4(\ln 1.1+ \\
&\quad \ln 1.3+\ln 1.5+\ln 1.7+\ln 1.9)] \\
&= 1.15888021
\end{aligned}
$$

$$
\begin{aligned}
|I(f)-S_5(f)| &= \left|3(x\ln x-x)\right|_1^2-S_5(f)| \\
&= |1.15888308-S_5(f)| < 2.87\times 10^{-6}
\end{aligned}
$$

7.4 龙贝格求积公式

7.4.1 区间逐次分半法

应用复化求积公式计算定积分 $\int_a^b f(x)\,\mathrm{d}x$ 时，为了保证计算结果的精确度，往往需要事先根据公式的离散误差界来确定积分区间 $[a,b]$ 分成多少个子区间，即步长取多大。这样做通常是有困难的。这一节，我们将介绍一种积分计算过程，它通过一定程序，让计算机自动选取步长，并算出满足精确度要求的积分近似值。更具体地说，我们可以将积分区间逐次分半，就是每次总是将前一次分成的子区间再分半，使用复化求积公式计算后随时比较相邻两次结果。若二者之差小于所允许的误差界，则将最后计算结果作为积分的近似值。这种方法称为区间逐次分半法，也称事后误差估计法。

将积分区间 $[a,b]$ 分成 n 个相等的子区间，应用复化梯形公式(7－15)，其离散误差为

$$R_n(f)=I(f)-T_n(f)=-\frac{(b-a)^3}{12n^2}f''(\xi_n) \tag{7-20}$$

若将上述子区间分半，即将积分区间 $[a,b]$ 分成 $2n$ 个子区间，则

$$R_{2n}(f)=I(f)-T_{2n}(f)=-\frac{(b-a)^2}{12(2n)^2}f''(\xi_{2n})$$

在 $f''(x)$ 变化不大的情形下，有 $f''(\xi_n)\approx f''(\xi_{2n})$，于是

$$I(f)-T_{2n}(f)=-\frac{1}{4}\frac{(b-a)^3}{12n^3}f''(\xi_n)\approx\frac{1}{4}(I(f)-T_n(f)) \tag{7-21}$$

即

$$I(f)-T_{2n}(f)\approx\frac{1}{3}(T_{2n}(f)-T_n(f)) \tag{7-22}$$

因此，可根据条件

$$|T_{2n}(f)-T_n(f)|<\varepsilon$$

来判断积分近似值 $T_{2n}(f)$ 是否满足精确度要求。对积分近似值的绝对值比较大的情形，可以根据

$$\frac{|T_{2n}(f)-T_n(f)|}{|T_{2n}(f)|}$$

是否小于所允许的误差界 δ 来判断 $T_{2n}(f)$ 是否满足精确度要求。

将积分区间$[a,b]$逐次分半，每次使用复化梯形公式，得到的积分近似值称为梯形值。为此从梯形公式出发，研究将积分区间$[a,b]$逐次分半时，分半前后两个梯形公式之间的递推关系。为方便起见，以下把$T_n(f)$简记为T_n。

首先，对区间$[a,b]$不做分割，应用梯形公式得

$$T_1=(b-a)\left[\frac{1}{2}f(a)+\frac{1}{2}f(b)\right]$$

将区间$[a,b]$二等份，每个小区间的长度为$\frac{b-a}{2}$，由梯形公式得

$$\begin{aligned}T_2&=\frac{b-a}{2}\left[\frac{1}{2}f(a)+f\left(\frac{a+b}{2}\right)+\frac{1}{2}f(b)\right]\\&=\frac{1}{2}T_1+\frac{b-a}{2}f\left(a+\frac{b-a}{2}\right)\end{aligned}$$

再将区间$[a,b]$四等分，每个小区间的长度为$\frac{b-a}{4}$，由梯形公式得

$$\begin{aligned}T_4&=\frac{b-a}{4}\left[\frac{1}{2}f(a)+\sum_{i=1}^{3}f(a+\frac{b-a}{4}i)+\frac{1}{2}f(b)\right]\\&=\frac{1}{2}T_2+\frac{b-a}{4}\left[f\left(a+\frac{b-a}{4}\times 1\right)+f\left(a+\frac{b-a}{4}\times 3\right)\right]\end{aligned}$$

类似地可算出$T_8,T_{16},\cdots$。一般地，将区间$[a,b]$分为2^k等分，每个小区间的长度为$\frac{b-a}{2^{k-1}}$，不难由归纳法推得

$$T_{2^k}=\frac{1}{2}T_{2^{k-1}}+\frac{b-a}{2^k}\sum_{i=1}^{2^{k-1}}f\left(a+\frac{b-a}{2^k}(2i-1)\right)\tag{7-23}$$

式(7-23)就是梯形公式当区间逐次分半时的递推关系，也称为变步长梯形公式。它与定步长复化梯形公式没有本质的区别。由于在计算过程中将积分区间逐次分半，因此变步长梯形公式中的步长不像定步长梯形公式那样固定不变，而是随积分区间逐次分半而逐次缩小一半。由式(7-23)可以看出，计算T_{2^k}时，分半前的值$T_{2^{k-1}}$仍然有用，只需计算新增加的分点处的函数值，从而节省了计算量。

类似地，将积分区间逐次分半，每次应用复化辛普生公式，则可导出变步长辛普生公式及辛普生公式的事后误差估计式为

$$I(f)-S_{2n}(f)\approx\frac{1}{4^2-1}(S_{2n}(f)-S_n(f))\tag{7-24}$$

7.4.2　龙贝格积分法

在上一小节中，采用积分区间逐次分半法，做出一个梯形值序列

$$T_1,T_2,T_{2^2},\cdots,T_{2^k}\cdots$$

我们将用简易的方法从序列$\{T_{2^k}\}$构造一个新的序列。它可更快地收敛于积分$I(f)$。由式(7-22)可见，T_{2n}作为积分的近似值时，误差大致等于$\frac{1}{3}(T_{2n}(f)-T_n(f))$。因此如果用这个误差值作为$T_{2n}$的一种补偿，则可以期望所得到的

$$\bar{T}=T_{2n}(f)+\frac{1}{3}(T_{2n}(f)-T_n(f))=\frac{4}{3}T_{2n}-\frac{1}{3}T_n\tag{7-25}$$

可能是更好的结果。按式(7－25)组合得到的近似值 $\bar{T}$,其实质究竟是什么？经过直接计算可知

$$S_n = \frac{4}{3}T_{2n} - \frac{1}{3}T_n = \frac{4}{4-1}T_{2n} - \frac{1}{4}T_n \tag{7-26}$$

这说明,用梯形公式二分前后的两个积分值 T_n 和 T_{2n},按式(7－25)做线性组合,结果可得到精度较高的辛普生公式。

同样,由式(7－24)得到由前后两次的辛普生公式组合得到的精度更高的柯特斯公式,即

$$C_n = \frac{16}{15}S_{2n} - \frac{1}{15}S_n = \frac{4^2}{4^2-1}S_{2n} - \frac{1}{4^2-1}S_n \tag{7-27}$$

若将前后两次的柯特斯公式组合,则可得

$$R_n = \frac{64}{63}C_{2n} - \frac{1}{63}C_n = \frac{4^3}{4^3-1}C_{2n} - \frac{1}{4^3-1}C_n \tag{7-28}$$

式(7－28)就称为龙贝格(Romberg)求积公式。用它作为积分的近似值,其求积精度就更高了。

按照上述规律,换可以构造组合系数为$\frac{4^m}{4^m-1}$与$\frac{1}{4^m-1}$的新的求积公式。但当 $m>4$ 时,第一个系数接近于1,而第二个系数很小,因此构造出来的新公式与前一个公式的计算结果差别不大,反而增加了计算工作量。所以在实际应用时,常用到龙贝格公式为止。

由于龙贝格公式具有系数有规律、不需要存储求积系数、占用存储单元少及精度较高等优点,所以很适合在计算机上应用。其步骤为:

(1) 计算$f(a)$,$f(b)$和 $T_1=(b-a)\left[\frac{1}{2}f(a)+\frac{1}{2}f(b)\right]$;

(2) 将区间$[a,b]$分半,算出$f\left(\frac{a+b}{2}\right)$,$T_2=\frac{1}{2}T_1+\frac{b-a}{2}f\left(a+\frac{b-a}{2}\right)$和 $S_1=\frac{4}{3}T_2-\frac{1}{3}T_1$;

(3) 再将区间分半,算出 $f\left(a+\frac{b-a}{4}\right)$和 $f\left(a+\frac{b-a}{4}\times 3\right)$,由此算出 $T_4=\frac{T_2}{2}+\frac{b-a}{4}\left[f\left(a+\frac{b-a}{4}\right)+f\left(a+\frac{b-a}{4}\times 3\right)\right]$及 $S_2=\frac{4}{3}T_4-\frac{1}{3}T_2$,进而算出 $C_1=\frac{16}{15}S_2-\frac{1}{15}S_1$;

(4) 继续将区间分半,算出 T_8,S_4,C_2,由此算出 $R_1=\frac{64}{63}C_2-\frac{1}{64}C_1$;

(5) 不断将区间分半,重复上述过程,计算 $T_{16},S_8,C_4,R_2,\cdots$。如此反复可得到 $R_1,R_2,R_4,\cdots$,一直到计算到的两个 R_i 的误差不超过给定的误差为止。

为清楚起见,上述过程可用表 7-1 给出。

表 7-1　龙贝格公式应用步骤表

k	区间等分数 $n=2^k$	梯形公式 T_{2^k}	辛普生公式 $S_{2^{k-1}}$	柯特斯公式 $C_{2^{k-2}}$	龙贝格公式 $R_{2^{k-3}}$
0	1	T_1			
1	2	T_2	S_1		
2	4	T_4	S_2	C_1	

续表

k	区间等分数 $n=2^k$	梯形公式 T_{2^k}	辛普生公式 $S_{2^{k-1}}$	柯特斯公式 $C_{2^{k-2}}$	龙贝格公式 $R_{2^{k-3}}$
3	8	T_8	S_4	C_2	R_1
4	16	T_{16}	S_8	C_4	R_2
5	32	T_{32}	S_{16}	C_8	R_4
…	…	…	…	…	…

【例 7.5】 用龙贝格方法计算积分

$$I=\int_0^1\sqrt{1+x^2}\,dx$$

解:按上述步骤计算如下

(1) $f(x)=\sqrt{1+x^2}, a=0,\ b=1, f(0)=1, f(1)=1.414\ 213\ 562$

$$T_1=\frac{1}{2}[f(0)+f(1)]=1.207\ 106\ 781$$

(2) $f\left(\frac{b+a}{2}\right)=f\left(\frac{1}{2}\right)=1.118\ 033\ 989$

$$T_2=\frac{1}{2}\left[T_1+f\left(\frac{1}{2}\right)\right]=1.162\ 570\ 385$$

$$S_1=\frac{4}{3}T_2-\frac{1}{3}T_1=1.147\ 724\ 92$$

(3) $T_4=\frac{T_2}{2}+\frac{1}{4}\left[f\left(\frac{1}{4}\right)+f\left(\frac{3}{4}\right)\right]=1.151\ 479\ 294$

$$S_2=\frac{4}{3}T_4-\frac{1}{3}T_2=1.147\ 782\ 264$$

$$C_1=\frac{16}{15}S_2-\frac{1}{15}S_1=1.147\ 786\ 087$$

(4) $T_8=1.148\ 714\ 467$

$$S_4=\frac{4}{3}T_8-\frac{1}{3}T_4=1.147\ 792\ 857$$

$$C_2=\frac{16}{15}S_4-\frac{1}{15}S_2=1.147\ 793\ 564$$

$$R_1=\frac{64}{63}C_2-\frac{1}{63}C_1=1.147\ 793\ 682$$

由此可见,经过三次计算求得的 R_1 的值与精确值 1.147 793 575 的误差仅为 0.000 000 107,比辛普生公式计算得更加精确。

7.5　高斯求积公式

上面介绍的数值求积公式都是限定用等分点作为求积节点,用插值多项式 $L_n(x)$ 近似代替 $f(x)$ 后,来选取相应的求积系数。由插值法知

$$f(x)=L_n(x)+R_n(x)$$

其中

$$R_n(x)=\frac{f^{(n+1)}(\varepsilon)}{(n+1)!}\omega(x)$$

因此,如果$f(x)$为不超过n次的多项式,则$f^{(n+1)}(x)=0$。这说明插值型求积公式的代数精度不低于n次。下面将研究能否适当选取节点$x_0,x_1,\cdots,x_n$的位置,使求积公式

$$\int_a^b f(x)\mathrm{d}x\approx\sum_{k=1}^n A_k f(x_k)$$

的代数精度尽可能高?回答是肯定的,让我们先从梯形公式直观地看一下。图7-1(a)表示取$x_0=a,x_1=b$作为求积节点,用梯形$AabB$面积作为积分近似值的几何图形。图7-1(b)表示适当选取x_0,x_1的位置,用梯形$AabB$面积作为积分近似值的几何图形。将两者比较可看出,适当选取x_0,x_1的位置,可以提高求积的精度。

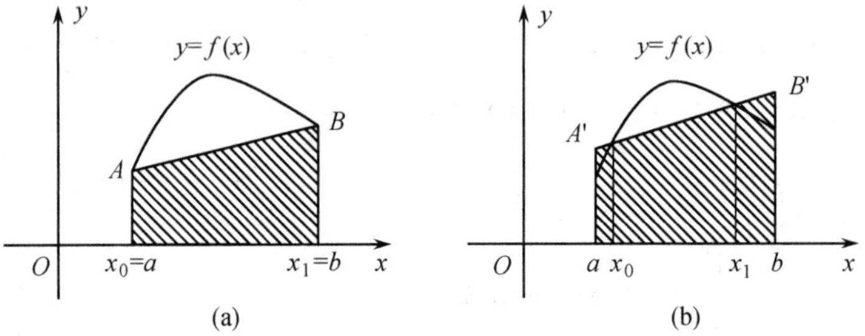

图 7-1

考虑积分区间为[-1,1]的求积公式

$$\int_{-1}^1 f(x)\mathrm{d}x\approx\sum_{k=1}^n A_k f(x_k)\tag{7-29}$$

可以证明如下定理。

定理 7.2　如果节点$x_0,x_1,\cdots,x_n$是$n+1$次多项式

$$\omega_{n+1}(x)=(x-x_0)(x-x_1)(x-x_2)\cdots(x-x_n)$$

的零点,并且$\omega_{n+1}(x)$与任意一个次数不超过n的多项式$q(x)$正交,即

$$\int_{-1}^1\omega_{n+1}(x)q(x)\mathrm{d}x=0\tag{7-30}$$

则求积公式(7-29)对一切次数不超过$2n+1$的多项式都准确成立。此时,求积系数为

$$A_k=\int_{-1}^1\frac{\omega_{n+1}(x)}{(x-x_k)\omega'_{n+1}(x_k)}\mathrm{d}x\tag{7-31}$$

我们还可以证明,求积公式(7-29)对$2n+2$次多项式不准确成立。因此,当求积节点满足式(7-30)的多项式$\omega_{n+1}(x)$的零点时,由求积系数A_k(由式(7-31)决定)确定的求积公式(7-29)就具有$2n+1$次代数精度。这种具有最高代数精度的求积公式称为高斯(Gauss)型求积公式。但是定理并未给出节点x_k的具体取法。下面我们将具体给出节点x_k及求积系数A_k的选取方法。

由特殊函数知,勒让德(Legendre)多项式

$$p_n(x)=\frac{1}{2^n n!}\frac{d^n}{\mathrm{d}x^n}[(x^2-1)^n]$$

在[-1,1]上是正交的,即

$$\int_{-1}^{1} p_n(x)p_{n+1}(x)\mathrm{d}x = 0$$

而 $p_{n+1}(x)$ 的首项系数为 $\frac{[2(n+1)]!}{2^{n+1}[(n+1)!]^2}$,所以取

$$\omega_{n+1}(x) = \frac{2^{n+1}[(n+1)!]^2}{[2(n+1)]!}p_{n+1}(x) = \frac{(n+1)!}{[2(n+1)]!}\frac{d^{n+1}!}{\mathrm{d}x^{n+1}}[(x^2-1)^{n+1}]$$

(7-32)

这时,$p_{n+1}(x)$ 的 $n+1$ 个零点就是求积公式(7-38)的节点 $x_0,x_1,\cdots,x_n$。求积系数为

$$A_k = \int_{-1}^{1}\frac{\omega_{n+1}(x)}{(x-x_x)\omega'_{n+1}(x_k)}\mathrm{d}x = \int_{-1}^{1}\frac{p_{n+1}(x)}{(x-x_x)p'_{n+1}(x_k)}\mathrm{d}x$$

经计算得

$$A_k = \frac{2}{(1-x_k)^2[p'_{n+1}(x_k)]^2} \qquad (7-33)$$

这样一来,首先由式(7-32)求得 $n+1$ 个节点,然后由式(7-33)求出相应的求积系数 A_k,就可构造出具有最高代数精度的求积公式。

可以推得高斯求积公式的截断误差为

$$R[f] = \frac{2^{2n+3}}{2n+3}\frac{[(n+1)!]^4}{[(2n+2)!]^3}f^{(2n+2)}(\eta) \qquad \eta\in(-1,1) \qquad (7-34)$$

作为例子,下面将给出几个低阶高斯求积公式及其余项。

(1) 当 $n=1$ 时

$$p_1(x) = \frac{1}{2}\frac{\mathrm{d}}{\mathrm{d}x}(x^2-1) = x \qquad p'_1(x) = 1$$

所以求积节点 $x_0=0$,由式(7-33)求得 $A_0=2$,这时求积公式为

$$\int_{-1}^{1} f(x)\mathrm{d}x \approx 2f(0) \qquad (7-35)$$

其截断误差为

$$R(f) = \frac{1}{3}f''(\eta)$$

(2) 当 $n=2$ 时

$$p_2(x) = \frac{1}{8}\frac{\mathrm{d}^2}{\mathrm{d}x^2}(x^2-1) = \frac{1}{2}(3x^2-1) \qquad p'_2(x) = 2x$$

由此求得

$$x_0 = -\frac{1}{\sqrt{3}} \qquad x_1 = \frac{1}{\sqrt{3}}$$

由式(7-33)求得

$$A_0 = A_1 = \frac{2}{\left(1-\frac{1}{3}\right)\left(\pm\frac{3}{\sqrt{3}}\right)^2} = 1$$

这时求积公式为

$$\int_{-1}^{1} f(x)\,\mathrm{d}x \approx f\left(-\frac{1}{\sqrt{3}}\right)+f\left(\frac{1}{\sqrt{3}}\right) \tag{7-36}$$

其截断误差为

$$R[f]=\frac{1}{135}f^{(4)}(\eta) \qquad \eta\in(-1,1)$$

对上述公式的推导,也可用待定系数法来确定系数 A_k。例如,对 $n=2$ 的情况,取节点

$$x_0=-\frac{1}{\sqrt{3}} \qquad x_1=\frac{1}{\sqrt{3}}$$

构造求积公式

$$\int_{-1}^{1} f(x)\,\mathrm{d}x \approx A_0 f\left(-\frac{1}{\sqrt{3}}\right)+A_1 f\left(\frac{1}{\sqrt{3}}\right)$$

令它对 $f(x)=1,x$ 都准确成立,有

$$\begin{cases} A_0+A_1=2 \\ A_0\left(-\frac{1}{\sqrt{3}}\right)+A_1\left(\frac{1}{\sqrt{3}}\right)=0 \end{cases}$$

由此解得 $A_0=A_1=1$,从而得到求积公式(7-36)。

对 $n\geqslant 2$ 时的节点,求积系数及截断误差可类似求得,使用时可查表 7-2 所给数据。

表 7-2

n	节点 $x_k^{(n)}$	系数 $A_k^{(n)}$	截断误差 $R_k(f)$
2	0 ±0.774 596 7	0.888 888 9 0.555 555 6	$\frac{1}{15\,750}f^{(6)}(\eta)$
3	±0.339 981 0 ±0.861 136 3	0.652 145 2 0.347 854 8	$\frac{1}{34\,872\,875}f^{(8)}(\eta)$
4	0 ±0.538 469 3	0.568 888 9 0.478 628 7	$\frac{1}{1\,237\,732\,650}f^{(10)}(\eta)$

在上面的讨论中,我们考虑的积分区间为[-1,1],但在实际计算时的区间为[a,b],故需做变换

$$x=\frac{a+b}{2}+\frac{b-a}{2}t$$

则区间[a,b]变为[-1,1],且积分变为

$$\int_a^b f(x)\,\mathrm{d}x=\frac{b-a}{2}\int_{-1}^{1}\varphi(t)\,\mathrm{d}t$$

其中

$$\varphi(t)=f\left(\frac{a+b}{2}+\frac{b-a}{2}t\right)$$

【例 7.6】 利用两点高斯公式求积分

$$\int_0^1 \sqrt{1+x^2}\,\mathrm{d}x$$

的近似值。

解:这里 $a=0, b=1$。做变换

$$x=\frac{1}{2}+\frac{1}{2}t=\frac{1+t}{2}$$

于是

$$I=\int_0^1\sqrt{1+x^2}\,\mathrm{d}x=\frac{1}{2}\int_{-1}^1\sqrt{1+\frac{1}{4}(1+t)^2}\,\mathrm{d}t$$

由式(7－36)得

$$\begin{aligned}I&=\frac{1}{2}\int_{-1}^1\sqrt{1+\frac{1}{4}(1+t)^2}\,\mathrm{d}t\\&\approx\frac{1}{2}\left[\sqrt{1+\frac{1}{4}\left(1-\frac{1}{\sqrt{3}}\right)^2}+\sqrt{1+\frac{1}{4}\left(1+\frac{1}{\sqrt{3}}\right)^2}\right]\\&=1.147\,833\,092\end{aligned}$$

比较可以看出,用两点高斯公式求得的结果与准确值的误差为 0.000 039 517,比梯形公式更准确。

7.6　数值微分

当函数 $y=f(x)$ 以表格形式给出,即

x	x_0	x_1	x_2	…	x_n
$f(x)$	$f(x_0)$	$f(x_1)$	$f(x_2)$	…	$f(x_n)$

但 $f(x)$ 的解析表达式并不知道时,我们要求 $f(x)$ 在节点 x_i 处的导数值 $f'(x_i)$,就必须研究数值微分问题。这里我们介绍插值型求导公式。

运用插值原理,可以建立插值多项式 $P_n(x)$ 作为 $f(x)$ 的近似值,即 $f(x)\approx P_n(x)$。此时,取 $P'_n(x)$ 的值作为 $f'(x)$ 的近似值,从而得到数值公式

$$f'(x)\approx P'_n(x)\tag{7-37}$$

求(7－39)被称为插值型求导公式。

应当指出,即使 $f(x)$ 与 $P_n(x)$ 的值相差不多,但导数的近似值 $P'_n(x)$ 与导数的真值 $f'(x)$ 可能差别很大,因此在使用求导公式(7－37)时,要特别注意误差分析。

当用 $P_n(x)$ 近似 $f(x)$ 时,所产生的截断误差为

$$f(x)-P_n(x)=\frac{f^{(n+1)}(\xi)}{(n+1)!}\omega_{n+1}(x)$$

其中

$$\omega_{n+1}(x)=\prod_{i=0}^{n}(x-x_i)$$

所以导数公式(7－37)的误差为

$$f'(x)-P'_n(x)=\frac{f^{(n+1)}(\xi)}{(n+1)!}\omega'_{n+1}(x)+\frac{\omega_{n+1}(x)}{(n+1)!}\frac{\mathrm{d}}{\mathrm{d}x}f^{(n+1)}(\xi)$$

在这个误差公式中,由于 ξ 是 x 的未知函数,无法对它的第二项

$$\frac{\omega_{n+1}(x)}{(n+1)!}\frac{\mathrm{d}}{\mathrm{d}x}f^{(n+1)}(\xi)$$

做出精确的估计。因此,对任意给定的点 x,误差 $f'(x)-P'_n(x)$ 是无法估计的。但是,如果限定求某个节点 x_i 处的导数值,那么余项表示式中的第二项因 $\omega_{n+1}(x_i)=0$ 而变为零。这时余项公式为

$$f'(x_i)-P'_n(x_i)=\frac{f^{(n+1)}(\xi)}{(n+1)!}\omega'_{n+1}(x_i) \tag{7-38}$$

下面仅考察节点处的导数值。为简化讨论,假定所给的节点是等距的。

7.6.1　两点公式

设已给出两个节点 x_0、x_1 上的函数值分别为 $f(x_0)$、$f(x_1)$,做线性插值函数

$$P_1(x)=\frac{x-x_1}{x_0-x_1}f(x_0)+\frac{x-x_0}{x_1-x_0}f(x_1)$$

将上式两边对 x 求导,并记 $x_1-x_0=h$,有

$$P'_1(x)=\frac{1}{h}[-f(x_0)+f(x_1)]$$

于是有下列求导公式,即

$$\begin{cases}P'_1(x_0)=\dfrac{1}{h}[f(x_1)-f(x_0)]\\[2mm] P'_1(x_1)=\dfrac{1}{h}[f(x_1)-f(x_0)]\end{cases} \tag{7-39}$$

由余项公式(7－39)知,带余项的两点公式为

$$f'(x_0)=\frac{1}{h}[f(x_1)-f(x_0)]-\frac{h}{2}f''(\xi)$$

$$f'(x_1)=\frac{1}{h}[f(x_1)-f(x_0)]+\frac{h}{2}f''(\xi)$$

7.6.2　三点公式

设已给出三个节点 x_0、$x_1=x_0+h$、$x_2=x_0+2h$ 上的函数值分别为 $f(x_0)$、$f(x_1)$、$f(x_2)$,做二次插值函数

$$P_2(x)=\frac{(x-x_1)(x-x_2)}{(x_0-x_1)(x_0-x_2)}f(x_0)+\frac{(x-x_0)(x-x_2)}{(x_1-x_0)(x_1-x_2)}f(x_1)+\frac{(x-x_0)(x-x_1)}{(x_2-x_0)(x_2-x_1)}f(x_2)$$

令 $x=x_0+th$,则上式可表示为

$$P_2(x_0+th)=\frac{1}{2}(t-1)(t-2)f(x_0)-t(t-2)f(x_1)+\frac{1}{2}t(t-1)f(x_2)$$

将上式两边对 t 求导,得

$$P'_2(x_0+th)=\frac{1}{2h}[(2t-3)f(x_0)-(4t-4)f(x_1)+(2t-1)f(x_2)] \tag{7-40}$$

对式(7－40)分别取 $t=0,1,2$,便得三点求导公式,即

$$\begin{cases} P'_2(x_0) = \dfrac{1}{2h}[-3f(x_0) + 4f(x_1) - f(x_2)] \\ P'_2(x_1) = \dfrac{1}{2h}[-f(x_0) + f(x_2)] \\ P'_2(x_2) = \dfrac{1}{2h}[f(x_0) + 4f(x_1) + 3f(x_2)] \end{cases} \tag{7-41}$$

用插值多项式 $P_n(x)$ 作为 $f(x)$ 的近函数,还可以建立高阶数值微分公式

$$f^{(k)}(x) \approx P_n^{(k)}(x) \qquad k=0,\ 1,\ 2,\ \cdots$$

例如,将式(7-40)对 t 再求一次导数,则得

$$P''_2(x_0+th) = \frac{1}{h^2}[f(x_0) - 2f(x_1) + f(x_2)]$$

$$P''_2(x_1) = \frac{1}{h^2}[f(x_0) - 2f(x_1) + f(x_2)]$$

7.6.3　五点公式

设已给出五个节点 $x_i = x_0 + ih(i=0,1,2,3,4)$ 上的函数值 $f(x_0)$、$f(x_1)$、$f(x_2)$、$f(x_3)$、$f(x_4)$。用与上面同样的方法,不难导出下面使用的五点公式。

用 m_i 表示一阶导数 $f'(x_i)$ 的近似值,则有

$$m_0 = \frac{1}{12h}[-25f(x_0) + 48f(x_1) - 36f(x_2) + 16f(x_3) - 3f(x_4)]$$

$$m_1 = \frac{1}{12h}[-3f(x_0) - 10f(x_1) + 18f(x_2) - 6f(x_3) + f(x_4)]$$

$$m_2 = \frac{1}{12h}[f(x_0) - 8f(x_1) + 8f(x_2) - f(x_4)]$$

$$m_3 = \frac{1}{12h}[-f(x_0) + 6f(x_1) - 18f(x_2) + 10f(x_3) + 3f(x_4)]$$

$$m_4 = \frac{1}{12h}[3f(x_0) - 16f(x_1) + 36f(x_2) - 48f(x_3) + 25f(x_4)]$$

用 M_i 表示二阶导数 $f''(x_i)$ 的近似值,则有

$$M_0 = \frac{1}{12h^2}[35f(x_0) - 104f(x_1) + 114f(x_2) - 56f(x_3) + 11f(x_4)]$$

$$M_1 = \frac{1}{12h^2}[11f(x_0) - 20f(x_1) + 6f(x_2) + 4f(x_3) - f(x_4)]$$

$$M_2 = \frac{1}{12h^2}[-f(x_0) + 16f(x_1) - 30f(x_2) + 16f(x_3) - f(x_4)]$$

$$M_3 = \frac{1}{12h^2}[-f(x_0) + 4f(x_1) + 6f(x_2) - 20f(x_3) + 11f(x_4)]$$

$$M_4 = \frac{1}{12h^2}[11f(x_0) - 56f(x_1) + 114f(x_2) - 104f(x_3) + 35f(x_4)]$$

五个相邻节点的选法,一般是在所考察的节点两侧各取两个相邻的节点,如果一侧的节点数不是两个(即一侧只有一个节点或没有节点)时,则用另一侧的节点补充。

当函数是以数据表格形式给出时,按五点公式求节点处的导数值常常可以获得比较满意的结果。

【例 7.7】　利用 $f(x)=\sqrt{x}$ 的一张数据表,按五点公式求节点处的导数值。

解:为了便于看出五点公式计算结果的准确性,同时将按公式

$$f'(x)=\frac{1}{2\sqrt{x}}\text{及}f''(x)=-\frac{1}{4}\frac{1}{\sqrt[3]{x^2}}$$

计算的结果一并列出,即

x_i	$f(x_i)$	m_i	$f'(x_i)$	$M_i\times10^3$	$f''(x_i)\times10^3$
100	10.000 000	0.050 000	0.050 000	-0.247 58	-0.250 00
101	10.049 875	0.049 751	0.049 752	-0.245 91	-0.246 30
102	10.099 504	0.049 507	0.049 507	-0.241 91	-0.242 68
103	10.148 891	0.049 267	0.049 266	-0.239 58	-0.239 16
104	10.198 039	0.049 029	0.049 029	-0.236 91	-0.235 72
105	10.246 950	0.048 795	0.048 795	-0.236 66	-0.232 36

习 题

1. 求下列求积公式的代数精度

$$\int_0^1 f(x)\,dx=\frac{1}{3}\left[2f\left(\frac{1}{4}\right)-f\left(\frac{1}{2}\right)+2f\left(\frac{3}{4}\right)\right]$$

2. 确定下列求积公式中的待定参数,使其代数精度尽量高,并指出所构造出的求积公式所具有的代数精度。

(1) $\int_{-h}^{h} f(x)\,dx\approx A_{-1}f(-h)+A_0f(0)+A_1f(h)$

(2) $\int_{-h}^{h} f(x)\,dx\approx\frac{h}{2}[f(0)+f(h)]+ah^2[f'(0)-f'(h)]$

3. 求三个不同的节点 x_1,x_2,x_3,使得求积公式

$$\int_{-1}^{1} f(x)\,dx=c[f(x_1)+f(x_2)+f(x_3)]$$

有三次代数精度。

4. 用辛普森公式计算积分

$$\int_0^1\frac{dx}{1+x^3}\quad(\text{取 } n=8)$$

5. 利用三点及五点高斯求积公式计算积分

$$\int_1^3\frac{dx}{x}$$

6. 用龙贝格法求积分

$$\int_0^1\frac{4}{1+x^2}dx$$

第 8 章　矩阵的特征值与特征向量的计算

8.1　引　　言

求矩阵的特征值和特征向量是代数计算中的重要课题。自然科学和工程设计的很多问题,如电磁振荡、桥梁的振动及机械的振动等,常常归结为求矩阵的特征值和特征向量。

方阵 $\boldsymbol{A}$ 的特征值是指这样的 λ,它使

$$\boldsymbol{A}\boldsymbol{x}=\lambda\boldsymbol{x} \tag{8-1}$$

即

$$(\boldsymbol{A}-\lambda\boldsymbol{I})\boldsymbol{x}=\boldsymbol{0} \tag{8-2}$$

若具有非零解 $\boldsymbol{x}$,则其对应的非零解就是相对应的特征向量。因此,λ 的 n 次代数方程

$$\det(\boldsymbol{A}-\lambda\boldsymbol{I})=\boldsymbol{0} \tag{8-3}$$

的每一个根就是一个特征值。从表面上看,问题似乎很简单,只要把式(8-3)展开为

$$a_0\lambda^n+a_1\lambda^{n-1}+\cdots+a_n=0 \tag{8-4}$$

再去求它的根,进而求解方程组(8-2)的解就行了。这对于 n 为很小的整数是可以的,但当 n 稍大时,计算量就会很大,并且由于计算有误差,展开式(8-4)未必就是精确的特征方程,更不要说求解式(8-2)的困难程度了。

本章介绍幂法、反幂法、雅可比方法、豪斯荷尔德方法及 QR 方法。

8.2　幂法、反幂法

8.2.1　幂法

幂法是求实矩阵按模(绝对值)最大的特征值及其对应的特征向量的一种迭代方法。设 n 阶实方阵 $\boldsymbol{A}$ 有 n 个线性无关的特征向量 $\boldsymbol{x}_1,\boldsymbol{x}_2,\cdots,\boldsymbol{x}_n$,其特征值 λ_i 已按模的大小排列为

$$|\lambda_1|>|\lambda_2|\geqslant\cdots\geqslant|\lambda_n| \tag{8-5}$$

其中,$\boldsymbol{A}\boldsymbol{x}_i=\lambda\boldsymbol{x}_i,i=1,2,\cdots,n$。现在要求出 λ_1 和相应的特征向量 $\boldsymbol{x}_1$。

任取一 n 维向量 $\boldsymbol{u}_0$,从 $\boldsymbol{u}_0$ 出发,按照如下的递推公式

$$\boldsymbol{u}_k=\boldsymbol{A}\boldsymbol{u}_{k-1}\quad k=1,2,\cdots \tag{8-6}$$

可产生一个向量序列$\{\boldsymbol{u}_k\}$,分析这一序列的收敛情况,即可从中找出计算 $\boldsymbol{\lambda}_1$ 和相应的特征向量的方法。

因 n 维向量组 $\boldsymbol{x}_1,\boldsymbol{x}_2,\cdots,\boldsymbol{x}_n$ 线性无关,故对于向量 $\boldsymbol{u}_0$ 必存在唯一且不全为零的数组 $\alpha_1,\alpha_2,\cdots,\alpha_n$,使

$$\boldsymbol{u}_0=\alpha_1\boldsymbol{x}_1+\alpha_2\boldsymbol{x}_2+\cdots+\alpha_n\boldsymbol{x}_n$$

由式(8－6)可得

$$\begin{aligned}\boldsymbol{u}_k &= \boldsymbol{A}\boldsymbol{u}_{k-1} = \boldsymbol{A}^2\boldsymbol{u}_{k-2} = \cdots = \boldsymbol{A}^k\boldsymbol{u}_0 \\ &= \alpha_1\boldsymbol{A}^k\boldsymbol{x}_1 + \alpha_2\boldsymbol{A}^k\boldsymbol{x}_2 + \cdots + \alpha_n\boldsymbol{A}^k\boldsymbol{x}_n \\ &= \alpha_1\lambda_1^k\boldsymbol{x}_1 + \alpha_2\lambda_2^k\boldsymbol{x}_2 + \cdots + \alpha_n\lambda_n^k\boldsymbol{x}_n \\ &= \lambda_1^k\left[\alpha_1\boldsymbol{x}_1 + \alpha_2\left(\frac{\lambda_2}{\lambda_1}\right)^k\boldsymbol{x}_2 + \cdots + \alpha_n\left(\frac{\lambda_n}{\lambda_1}\right)^k\boldsymbol{x}_n\right]\end{aligned} \tag{8-7}$$

设 $\alpha_1 \neq 0$,由于有式(8－5)成立,故从式(8－7)可看出,当 k 充分大时,有

$$\boldsymbol{u}_k \approx \lambda_1^k\alpha_1\boldsymbol{x}_1$$

因为矩阵的特征向量与任何一个非零数相乘之后仍然是该矩阵的属于同一个特征值的特征向量,所以 k 充分大时,由迭代公式(8－6)产生的 $\boldsymbol{u}_k$ 可近似地作为矩阵 $\boldsymbol{A}$ 的属于 λ_1 的特征向量。迭代公式(8－6)实质上是

$$\boldsymbol{u}_k = \boldsymbol{A}^k\boldsymbol{\mu}_0$$

故称这种迭代法为幂法。如果所选取的 $\boldsymbol{u}_0$ 使得 $\alpha_1 = 0$,那么由于计算过程有舍入误差的影响,必然会在迭代的某一步产生这样的 $\tilde{\boldsymbol{u}}_k$,它在 $\boldsymbol{x}_1$ 方向上的分量不为零。这时,相当于以 $\tilde{\boldsymbol{u}}_k$ 为初始向量重新开始迭代。

在实际计算时,为了避免迭代向量 $\boldsymbol{u}_k$ 的模过大(当 $|\lambda_1|>1$)或过小(当 $|\lambda_1|<1$),通常每迭代一次都对 $\boldsymbol{u}_k$ 进行归一化,使其范数如($\|\cdot\|_2$ 或 $\|\cdot\|_\infty$)等于1。因此,实际使用的迭代公式是

$$\begin{cases}\boldsymbol{y}_{k-1} = \dfrac{\boldsymbol{u}_{k-1}}{\|\boldsymbol{u}_{k-1}\|} \\ \boldsymbol{u}_k = \boldsymbol{A}\boldsymbol{y}_{k-1}\end{cases} \qquad k = 1,2,\cdots \tag{8-8}$$

由迭代公式(8－8)可知

$$\boldsymbol{u}_k = \frac{\boldsymbol{A}\boldsymbol{u}_{k-1}}{\|\boldsymbol{u}_{k-1}\|} = \frac{\boldsymbol{A}^2\boldsymbol{u}_{k-2}}{\|\boldsymbol{A}\boldsymbol{u}_{k-2}\|} = \cdots = \frac{\boldsymbol{A}^k\boldsymbol{u}_0}{\|\boldsymbol{A}^{k-1}\boldsymbol{u}_0\|}$$

因而

$$\begin{aligned}\boldsymbol{y}_k &= \frac{\boldsymbol{u}_k}{\|\boldsymbol{u}_k\|} = \frac{\boldsymbol{A}^k\boldsymbol{u}_0}{\|\boldsymbol{A}^k\boldsymbol{u}_0\|} \\ &= \left(\frac{\lambda_1}{|\lambda_1|}\right)^k \frac{\alpha_1\boldsymbol{x}_1 + \alpha_2\left(\dfrac{\lambda_2}{\lambda_1}\right)^k\boldsymbol{x}^2 + \cdots + \alpha_n\left(\dfrac{\lambda_n}{\lambda_1}\right)^k\boldsymbol{x}_n}{\left\|\alpha_1\boldsymbol{x}_1 + \alpha_2\left(\dfrac{\lambda_2}{\lambda_1}\right)^k\boldsymbol{x}^2 + \cdots + \alpha_n\left(\dfrac{\lambda_n}{\lambda_1}\right)^k\boldsymbol{x}_n\right\|}\end{aligned} \tag{8-9}$$

由于式(8－5)成立,故 $k\to\infty$ 时,若 $\lambda_1>0$,就有 $\boldsymbol{y}_k \to \dfrac{\alpha_1\boldsymbol{x}_1}{\|\alpha_1\boldsymbol{x}_1\|}$,即 $\boldsymbol{y}_k$ 有确定的极限;若 $\lambda_1<0$,则 $\boldsymbol{y}_k$ 各个分量的模有确定的极限,而 $\boldsymbol{y}_k$ 各个分量的正、负号每迭代一次就改变一次。无论是哪一种情形都说明,当 k 充分大时,由式(8－8)得到的 $\boldsymbol{y}_{k-1}$ 可以近似地作为 $\boldsymbol{A}$ 的属于 λ_1 的特征向量。

关于 λ_1 的计算,有两种方法可供选择。第一种方法,在式(8－8)中使用范数 $\|\cdot\|_2$,并且令

$$\beta_k = \boldsymbol{y}_{k-1}^{\mathrm{T}}\boldsymbol{u}_k \tag{8-10}$$

那么，由于 $\boldsymbol{u}_k=\boldsymbol{A}\boldsymbol{y}_{k-1}$，并根据式(8－9)可得

$$\lim_{k\to\infty}\beta_k=\frac{\alpha_1\boldsymbol{x}_1^{\mathrm{T}}}{\|\alpha_1\boldsymbol{x}_1\|_2}\boldsymbol{A}\frac{\alpha_1\boldsymbol{x}_1}{\|\alpha_1\boldsymbol{x}_1\|_2}=\frac{\alpha_1^2\boldsymbol{x}_1^{\mathrm{T}}\boldsymbol{x}_1}{\|\alpha_1\boldsymbol{x}_1\|_2^2}\lambda_1=\lambda_1$$

把式(8－8)和式(8－9)结合在一起，得到一种幂法迭代格式。

任取非零向量 $\boldsymbol{u}_0\in\boldsymbol{R}^n$，则

$$\begin{cases}\eta_{k-1}=\sqrt{\boldsymbol{u}_{k-1}^{\mathrm{T}}\boldsymbol{u}_{k-1}}\\ \boldsymbol{y}_{k-1}=\dfrac{\boldsymbol{u}_{k-1}}{\boldsymbol{\eta}_{k-1}}\\ \boldsymbol{u}_k=\boldsymbol{A}\boldsymbol{y}_{k-1}\\ \beta_k=\boldsymbol{y}_{k-1}^{\mathrm{T}}\boldsymbol{u}_k\end{cases}\tag{8－11}$$

当 $|\beta_k-\beta_{k-1}|<\varepsilon$(允许误差)时，迭代终止，以当前的 β_k 作为 λ_1 的近似值，以 $\boldsymbol{y}_{k-1}$ 作为 $\boldsymbol{A}$ 的属于 λ_1 的特征向量。

第二种方法是在式(8－8)中使用范数 $\|\cdot\|_\infty$，并且令

$$\beta_k=\frac{\boldsymbol{e}_r^{\mathrm{T}}\boldsymbol{u}_k}{\boldsymbol{e}_r^{\mathrm{T}}\boldsymbol{y}_{k-1}}\tag{8－12}$$

这里假定 $\boldsymbol{u}_{k-1}$ 的第 r 个分量为模最大的分量，则当 k 足够大后，r 保持定值，$\boldsymbol{e}_r$ 是 n 维基本单位向量，它的第 r 个分量为 1，其余分量为零。由于 $\boldsymbol{u}_k=\boldsymbol{A}\boldsymbol{y}_{k-1}$，并根据式(8－9)可得

$$\lim_{k\to\infty}\beta_k=\frac{\boldsymbol{e}_r^{\mathrm{T}}\boldsymbol{A}\boldsymbol{x}_1}{\boldsymbol{e}_r^{\mathrm{T}}\boldsymbol{x}_1}=\lambda_1$$

把式(8－8)和式(8－12)结合在一起，即得到第二种幂法迭代格式。

任取非零向量 $\boldsymbol{u}_0=(h_1^{(0)},\cdots,h_n^{(0)})^{\mathrm{T}}$，则

$$\begin{cases}|h_r^{(k-1)}|=\max\limits_{1<j\leqslant n}|h_j^{(k-1)}|\\ \boldsymbol{y}_{k-1}=\boldsymbol{u}_{k-1}/|h_r^{(k-1)}|\\ \boldsymbol{u}_k=\boldsymbol{A}\boldsymbol{y}_{k-1}=(h_1^{(k)},\cdots,h_n^{(h)})^{\mathrm{T}}\\ \beta_k=\mathrm{sign}(h_r^{(k-1)})h_r^{(k)}\end{cases}\tag{8－13}$$

终止迭代的控制也用 $|\beta_k-\beta_{k-1}|<\varepsilon$，当前的 β_k 和 $\boldsymbol{y}_{k-1}$ 即分别作为 λ_1 和相应的特征向量。在迭代公式(8－13)中，$|h_r^{(k-1)}|=\|\boldsymbol{u}_{k-1}\|_\infty$，$\mathrm{sign}(h_r^{(k-1)})=\boldsymbol{e}_r^{\mathrm{T}}\boldsymbol{y}_{k-1}$，$h_r^{(k)}=\boldsymbol{e}_r^{\mathrm{T}}\boldsymbol{u}_k$。

两种迭代格式(8－11)和(8－13)相比较，格式(8－11)编制程序容易，迭代一次所需的时间较少，格式(8－13)每迭代一次都要判断 $\boldsymbol{u}_{k-1}$ 的第几个分量的模最大，因而所需时间较多，但它在计算过程中舍入误差的影响比格式(8－11)小。

设矩阵 $\boldsymbol{A}$ 的特征值 $\lambda_i(i=1,2,\cdots,n)$ 满足条件

$$\lambda_1=\lambda_2=\cdots=\lambda_m\qquad|\lambda_1|>|\lambda_{m+1}|\geqslant\cdots\geqslant|\lambda_n|\tag{8－14}$$

但 $\boldsymbol{A}$ 仍有 n 个线性无关的特征向量。这时，由式(8－9)可看出，只要 $\alpha_1,\alpha_2,\cdots,\alpha_m$ 不全为零，则 $\lambda_1>0$ 时，有

$$\lim_{k\to\infty}\boldsymbol{y}_k=\frac{\alpha_1\boldsymbol{x}_1+\alpha_2\boldsymbol{x}_2+\cdots+\alpha_m\boldsymbol{x}_m}{\|\alpha_1\boldsymbol{x}_1+\alpha_2\boldsymbol{x}_2+\cdots+\alpha_m\boldsymbol{x}_m\|}$$

当 $\lambda_1<0$,并且 k 足够大时,有

$$y_k \approx \left(\frac{\lambda_1}{|\lambda_1|}\right)^k \frac{\alpha_1 x_1+\alpha_2 x_2+\cdots+\alpha_m x_m}{\|\alpha_1 x_1+\alpha_2 x_2+\cdots+\alpha_m x_m\|}$$

由于向量 $\alpha_1 x_1+\alpha_2 x_2+\cdots+\alpha_m x_m$ 仍是 A 的属于 λ_1 的特征向量,故使用幂法迭代格式(8－11)和(8－13),当 k 足够大时,y_k 都可以近似地作为 A 的属于 λ_1 的特征向量,而两种迭代格式中的 β_k 都收敛于 λ_1。

【例 8.1】　求矩阵

$$A=\begin{pmatrix} 6 & -12 & 6 \\ -21 & -3 & 24 \\ -12 & -12 & 51 \end{pmatrix}$$

按模最大的特征值 λ_1 和属于 λ_1 的特征向量,要求 $|\beta_k-\beta_{k-1}|<0.001$。

解:采用幂法迭代公式(8－13)进行计算,计算结果见表 8-1。表中的数字只写到小数点后第 4 位。

表 8-1　采用幂法迭代公式的计算结果

k	u_k^T			y_k^T			β_k
0	1.	0.	0.	1.	0.	0.	
1	6.	－21.	－12.	0.2857	－1	－0.5714	6.
2	10.2857	－16.7143	－20.5714	0.5000	－0.8125	－1	16.7143
3	6.7500	－32.0625	－47.2500	0.1429	－0.6786	－1	47.5700
4	3.0000	－24.9643	－44.5714	0.0673	－0.5601	－1	44.5714
5	1.1250	－23.7332	－45.0865	0.0250	－5264	－1	45.0865
6	0.4664	－22.9448	－44.9827	0.0104	－0.5101	－1	44.9827
7	0.832	－22.6875	－45.0034	0.0041	－0.5041	－1	45.0034
8	0.0740	－22.5731	－44.9993	0.0016	－0.5016	－1	44.9993
9	0.0294	－22.5296	－45.0001				45.0001

因为 $|\beta_9-\beta_8|<0.001$,故 A 的模为最大的特征值 $\lambda_1\approx 45.0001$,相应的特征向量为

$$x_1\approx(0.0016,\ -0.5016,\ -1)^T$$

精确结果是 $\lambda_1=45$,$x_1=(0,0.5,-1)^T$。

对幂法,这里只限于讨论特征值满足式(8－5)和式(8－14)的两种情况。如果在幂法式(8－11)和式(8－13)的迭代过程中,当 k 逐渐增大时,y_k 总是波动不定,则说明 A 的特征值不满足式(8－5)和式(8－14)。这时最好改用其他方法计算 A 的特征值和特征向量。

幂法的收敛速度与比值 $\left|\frac{\lambda_2}{\lambda_1}\right|$ 或 $\left|\frac{\lambda_{m+1}}{\lambda_1}\right|$ 有关。比值越小,收敛速度越快。此外,当矩阵 A 没有 n 个线性无关的特征向量时,则幂法仍然可以使用,但收敛速度特别慢,应改用其他方法。

8.2.2　反幂法

设实矩阵 A 非奇异,且具有 n 个线性无关的特征向量 $x_1,x_2,\cdots,x_n$,其特征值满足

$$|\lambda_1| \geqslant |\lambda_2| > \cdots \geqslant |\lambda_{n-1}| > |\lambda_n| \qquad (8-15)$$

其中，$Ax_i = \lambda_i x_i, i=1,2,\cdots,n$，现在要计算 A 的按模最小的特征值 λ_n 及相应的特征向量。

因为 A 非奇异，故 $\lambda_i \neq 0, i=1,2,\cdots,n$。由

$$Ax_i = \lambda x_i$$

得

$$A^{-1}x_i = \frac{1}{\lambda_i}x_i \qquad i=1,2,\cdots,n$$

所以，$\frac{1}{\lambda_n}$是矩阵 A^{-1} 的按模最大的特征值，x_n 是 A^{-1} 属于$\frac{1}{\lambda_n}$的特征向量。于是，对矩阵 A^{-1} 使用幂法(8－11)或(8－13)就可以求出$\frac{1}{\lambda_n}$(从而求出 λ_n)及相应的特征向量。使用幂法迭代公式(8－11)，得出如下反幂法迭代格式为

任取非零向量 $u_0 \in R^n$

$$\begin{cases} \eta_{k-1} = \sqrt{u_{k-1}^{\mathrm{T}} u_{k-1}} \\ y_{k-1} = \dfrac{u_{k-1}}{\eta_{k-1}} \\ Au_k = y_{k-1} \\ \beta_k = y_{k-1}^{\mathrm{T}} u_k \qquad k=1,2,\cdots \end{cases} \qquad (8-16)$$

每迭代一次都要求解一次线性方程组 $Au_k = y_{k-1}$。当 k 足够大时，$\lambda_n \approx \frac{1}{\beta_n}$，$y_{k-1}$ 可近似作为矩阵 A 的属于 λ_n 的特征向量。比值$\left|\frac{\lambda_n}{\lambda_{k-1}}\right|$越小，收敛速度越快。

【**例 8.2**】　用反幂法求矩阵

$$A = \begin{pmatrix} 6 & -12 & 6 \\ -21 & -3 & 24 \\ -12 & -12 & 51 \end{pmatrix}$$

的按模最小的特征值和相应的特征向量，要求 $|\beta_k - \beta_{k-1}| < 10^{-3}$。

解：采用反幂法迭代公式(8－16)，计算结果见表 8-2 表中数字只写列小数点后第 4 位。

表 8-2　采用反幂法迭代公式的计算结果

k	u_k^{T}			y_k^{T}			β_k
0	1.	1.	1.	0.5774	0.5774	0.5774	
1	−0.0321	−0.0706	−0.0128	−0.4082	−0.8981	−0.1633	−0.0667
2	0.0680	0.0844	0.0085	0.6278	0.7784	0.0781	−0.1049
3	−0.0664	−0.1049	−0.0399	−0.5105	−0.8065	−0.2981	−0.1264
4	0.0582	0.0856	0.0280	0.5424	0.7985	0.2610	−0.1071
5	−0.0595	−0.0900	−0.0301	−0.5314	−0.8035	−0.2684	−0.1120
6	0.0594	0.0888	0.0296	0.5359	0.8009	0.2671	−0.1109
7	−0.0594	−0.0892	−0.0297				−0.1112

β_7 已满足精度要求。所以，A 的按模最小的特征值为 $\lambda_3 \approx \dfrac{1}{\beta_7} \approx -8.9920$，相应的特征向量为 $x_3 \approx (0.535\,9, 0.800\,9, 0.267\,1)^{\mathrm{T}}$。

8.3 雅可比方法

8.3.1 基本思想

雅可比方法是用于求实对称矩阵的全部特征和特征向量的一种方法。其基本思想是：通过一系列正交相似交换，把 A 化为对角阵 $\Lambda = \mathrm{diag}(\lambda_1, \lambda_2, \cdots, \lambda_n)$。也就是说，设 $A_0 = A$，令

$$A_k = R_k A_{k-1} R_k^{\mathrm{T}}$$

R_k 为正交矩阵，$k = 1, 2, \cdots$，使 A_k 逐步变为对角阵 Λ。此时，因为 R_i 为正交矩阵，即满足条件 $R_i^{\mathrm{T}} = R_i^{-1}$，则可证明 $P_k = R_1^{\mathrm{T}} R_2^{\mathrm{T}} \cdots R_k^{\mathrm{T}}$ 也是正交矩阵，即

$$\begin{aligned} P_k^{\mathrm{T}} &= (R_1^{\mathrm{T}} R_2^{\mathrm{T}} \cdots R_k^{\mathrm{T}})^{\mathrm{T}} = R_k \cdots R_2 R_1 \\ &= (R_k^{\mathrm{T}})^{-1} \cdots (R_1^{\mathrm{T}})^{-1} = (R_1^{\mathrm{T}} \cdots R_2^{\mathrm{T}})^{-1} = P_k^{-1} \end{aligned}$$

由此可见

$$A_k = R_k R_{k-1} \cdots R_1 A R_1^{\mathrm{T}} \cdots R_{k-1}^{\mathrm{T}} R_k^{\mathrm{T}} = P_k^{\mathrm{T}} A P_k$$

所以，一旦 A_m 化成对角阵 A，则必有

$$P_m^{\mathrm{T}} A P_m = \Lambda \qquad A P_m = P_m \Lambda$$

记 P_m 的列向量为 $\xi_1, \xi_2, \cdots, \xi_n$，则上面的第二式表明

$$A\xi_i = \lambda_i \xi_i \qquad i = 1, 2, \cdots, n$$

即 Λ 的对角元素就是 A 的特征值，而变换矩阵的乘积 $R_1^{\mathrm{T}} R_2^{\mathrm{T}} \cdots R_m^{\mathrm{T}} = P_m$ 的列向量就是 A 的特征向量。

8.3.2 旋转矩阵及性质

设有 n 阶实对称矩阵 A，它的一对非主对角线元素 $\alpha_{pq} = \alpha_{qp}$ 不为零，取 n 阶正交矩阵

$$U_{pq} = \begin{pmatrix} 1 & & & & & & \\ & \ddots & & & & & \\ & & \cos\theta & & \sin\theta & & \\ & & & \ddots & & & \\ & & -\sin\theta & & \cos\theta & & \\ & & & & & \ddots & \\ & & & & & & 1 \end{pmatrix} \begin{matrix} \\ \\ (p) \\ \\ (q) \\ \\ \\ \end{matrix} \tag{8-17}$$

它是把单位矩阵 I 的第 p、q 行的对角元素改为 $\cos\theta$，将第 p 行、第 q 列的元素改为 $\sin\theta$，第 q 行、第 p 列的元素改为 $-\sin\theta$，U_{pq} 是 n 维空间中的旋转变换矩阵。易见 $y = U_{pq} x$ 时，$y_i = x_i (i \neq p, q)$，而

$$y_p = x_p \cos\theta + x_q \sin\theta \qquad y_q = -x_p \sin\theta + x_q \cos\theta$$

这表明,线性变换 $\boldsymbol{y}=\boldsymbol{U}_{pq}\boldsymbol{x}$ 保持 $\boldsymbol{x}$ 的除 p、q 外其他分量不变,而将 p、q 平面的分量旋转 θ 角,故称式(8-17)定义的 $\boldsymbol{U}_{pq}$ 为平面旋转变换矩阵。用 $\boldsymbol{U}_{pq}$ 对 $\boldsymbol{A}$ 做正交相似变换,得到矩阵 $\boldsymbol{A}_1$,即

$$\boldsymbol{A}_1=\boldsymbol{U}_{pq}^{\mathrm{T}}\boldsymbol{A}\boldsymbol{U}_{pq}=(a_{ij}^{(1)})_{n\times n}$$

显然,$\boldsymbol{A}_1$ 是实对称矩阵,$\boldsymbol{A}_1$ 与 $\boldsymbol{A}$ 有相同的特征值。通过直接计算知

$$\begin{cases} a_{pp}^{(1)} = a_{pp}\cos^2\theta + a_{qq}\sin^2\theta + 2a_{pq}\sin\theta\cos\theta \\ a_{qq}^{(1)} = a_{pp}\sin^2\theta + a_{qq}\cos^2\theta - 2a_{pq}\cos\theta\sin\theta \\ \left.\begin{array}{l} a_{pi}^{(1)} = a_{ip}^{(1)} = a_{pi}\cos\theta + a_{qi}\sin\theta \\ a_{qi}^{(1)} = a_{iq}^{(1)} = -a_{pi}\sin\theta + a_{qi}\cos\theta \end{array}\right\} i\neq p,q \\ a_{ij}^{(1)} = a_{ji}^{(1)} = a_{ij} \qquad i,j\neq p,q \\ a_{pq}^{(1)} = a_{pq}^{(1)} = \dfrac{1}{2}(a_{qq}-a_{pp})\sin2\theta + a_{pq}\cos2\theta \end{cases} \tag{8-18}$$

可见,变换的结果,矩阵 $\boldsymbol{A}_1$ 的第 p 行、第 q 列的元素发生了变换,其余元素不变。特殊地,当选取满足

$$\cot 2\theta = \frac{a_{pp}-a_{qq}}{2a_{pq}} \tag{8-19}$$

时,可以得到 $a_{pq}^{(11)}=a_{qp}^{(1)}=0$。也就是说,用平面旋转变换矩阵 $\boldsymbol{U}_{pq}$ 对 $\boldsymbol{A}$ 进行正交相似变换,可以将 $\boldsymbol{A}$ 的两个非主对角线元素 a_{pq} 和 a_{qp} 化为零。

求实对称矩阵 $\boldsymbol{A}$ 的特征值和特征向量是一个迭代过程,其迭代步骤如下:

(1) 在 $\boldsymbol{A}$ 的非主对角线元素中,找出按模最大的元素 a_{pq};

(2) 由等式(8-19)计算 $\cot 2\theta$,并由此求出 $\sin\theta,\cos\theta$ 及相应的平面旋转矩阵 $\boldsymbol{U}_{pq}$;

(3) 按公式(8-18)计算 $\boldsymbol{A}_1$ 的元素 $a_{ij}^{(1)}$;

(4) 若 $\max\limits_{i<j}|a_{ij}^{(1)}|<\varepsilon$(允许误差),则停止计算,所求特征值 $\lambda_i\approx a_{ij}^{(1)}, i=1,2,\cdots,n$,否则,令 $\boldsymbol{A}=\boldsymbol{A}_1$,重复执行(1)、(2)、(3)、(4)。

当条件 $\max\limits_{i<j}|a_{ij}^{(1)}|<\varepsilon$ 满足时,$\boldsymbol{A}_1$ 的所有非主对角线元素在所给精度要求下近似等于零,$\boldsymbol{A}_1$ 几乎是一个对角矩阵。因此,可取 $\boldsymbol{A}_1$ 的主对角线元素作为 $\boldsymbol{A}$ 的特征值的近似值,即

$$\lambda_1\approx a_{ij}^{(1)} \qquad \boldsymbol{i}=1,2,\cdots,n$$

设经过几次迭代,上述条件得到满足,又记第 k 次迭代所得的平面旋转矩阵为 $\boldsymbol{U}_{pkqk}$,那么经过 n 次迭代所得矩阵 $\boldsymbol{A}_1$ 为

$$\boldsymbol{A}_1=\boldsymbol{U}_{pnqn}^{\mathrm{T}}\cdots\boldsymbol{U}_{p2q2}^{\mathrm{T}}\boldsymbol{U}_{p1q1}^{\mathrm{T}}\boldsymbol{A}\boldsymbol{U}_{p1q1}^{\mathrm{T}}\cdots\boldsymbol{U}_{pnqn}^{\mathrm{T}}$$

记 $\boldsymbol{U}=\boldsymbol{U}_{p1q1}^{\mathrm{T}}\cdots\boldsymbol{U}_{pnqn}^{\mathrm{T}}$,则 $\boldsymbol{U}$ 是正交矩阵,并且有

$$\boldsymbol{A}_1=\boldsymbol{U}^{\mathrm{T}}\boldsymbol{A}\boldsymbol{U}$$

因为 $\boldsymbol{A}_1$ 被看做是对角矩阵,所以矩阵 $\boldsymbol{U}$ 的第 i 列就是 $\boldsymbol{A}$ 的属于特征值 $\lambda_i=a_{ii}^{(1)}$ 的近似特征向量。

【例 8.3】 设 $\boldsymbol{A}=\begin{pmatrix}1 & \sqrt{2} & 2\\ \sqrt{2} & 3 & \sqrt{2}\\ 2 & \sqrt{2} & 1\end{pmatrix}$,求 $\boldsymbol{A}$ 的全部特征值和特征向量。

解:$\boldsymbol{A}$ 的非对角最大元素为 $a_{13}=a_{31}=2$,选 $(p,q)=(1,3)$,将 $a_{11}=1,a_{33}=1$ 代入式(8-19),由 $\cot 2\theta=0$,解得 $\theta=\frac{\pi}{4}$,且

$$\boldsymbol{U}_{13}=\begin{pmatrix}\frac{1}{\sqrt{2}} & \sqrt{2} & 2\\ 0 & 1 & 0\\ 2 & \sqrt{2} & 1\end{pmatrix}$$

利用式(8-18)计算 $\boldsymbol{A}_1$,则

$$\begin{aligned}\boldsymbol{A}_1&=\boldsymbol{U}_{13}\boldsymbol{A}\boldsymbol{U}_{13}^{\mathrm{T}}\\&=\begin{pmatrix}\frac{1}{\sqrt{2}} & 0 & \frac{1}{\sqrt{2}}\\ 0 & 1 & 0\\ -\frac{1}{\sqrt{2}} & 0 & \frac{1}{\sqrt{2}}\end{pmatrix}\begin{pmatrix}1 & \sqrt{2} & 2\\ \sqrt{2} & 3 & \sqrt{2}\\ 2 & \sqrt{2} & 1\end{pmatrix}\begin{pmatrix}\frac{1}{\sqrt{2}} & 0 & -\frac{1}{\sqrt{2}}\\ 0 & 1 & 0\\ \frac{1}{\sqrt{2}} & 0 & \frac{1}{\sqrt{2}}\end{pmatrix}\\&=\begin{pmatrix}3 & 2 & 0\\ 2 & 3 & 0\\ 0 & 0 & -1\end{pmatrix}\end{aligned}$$

$\boldsymbol{A}_1$ 非对角最大元素为 $a_{12}^{(1)}=a_{21}^{(1)}=2$,因 $a_{11}^{(1)}=a_{12}^{(1)}=3$,代入式(8-19),再次有 $-\theta_1=\frac{\pi}{4}$,且

$$\boldsymbol{U}_{12}=\begin{pmatrix}\frac{1}{\sqrt{2}} & \frac{1}{\sqrt{2}} & 0\\ -\frac{1}{\sqrt{2}} & \frac{1}{\sqrt{2}} & 0\\ 0 & 0 & 1\end{pmatrix}$$

$$\boldsymbol{U}_{12}\boldsymbol{A}_1\boldsymbol{U}_{12}^{\mathrm{T}}=\begin{pmatrix}5 & 0 & 0\\ 0 & 1 & 0\\ 0 & 0 & -1\end{pmatrix}$$

$$\boldsymbol{U}=\boldsymbol{U}_{13}^{\mathrm{T}}\boldsymbol{U}_{12}^{\mathrm{T}}=\begin{pmatrix}\frac{1}{2} & -\frac{1}{2} & -\frac{1}{\sqrt{2}}\\ \frac{1}{\sqrt{2}} & \frac{1}{\sqrt{2}} & 0\\ \frac{1}{2} & -\frac{1}{2} & \frac{1}{\sqrt{2}}\end{pmatrix}$$

所以 $\boldsymbol{A}$ 的特征值为 5,1,-1,$\boldsymbol{U}$ 的列向量为对应的特征向量。

上述雅可比方法又称经典雅可比方法。它每一次迭代都是把按模最大的非主对角线元素 a_{pq} 作为消元对象。经典雅可比法的优点是方法总收敛,且矩阵阶数不太高时,收敛速度还很快,求得的结果精度一般很高,特别是求得的特征向量正交性很好,这是其他方法所不如的。经典雅可比法的缺点是不能有效地利用矩阵的各种特殊形状以节省工作量,这是因为在迭代过程中,一般会破坏原矩阵的特殊形状;还有一些缺点,如绝对值较小的特征值精

度差一些,由于每迭代一次都要在非主对角线元素中寻找模数最大的元素,因此比较费时间。改进雅可比法的方法比较多,下面简单介绍两种。

1. 循环雅可比法

为了减少搜索时间,可以不选主元素,直接把非对角元素按列(或行)的次序 a_{12}, $a_{13}, \cdots, a_{1n}, a_{23}, a_{24}, \cdots, a_{2n}, \cdots, a_{n-1,n}$ 扫描,依次化为零。由于对某个元素化为零后,前一次化为零的元素又可能成为非零元素,所以要重复多次扫描,直到达到要求为止。这种按一定次序循环往复化零的方法叫做循环雅可比方法。

2. 过关雅可比方法

这个方法是首先确定一个阈值或界限值。在扫描过程中,如果 $a_{pq}^{(k)}$ 大于此值,做一次旋转变换,将其化为零,否则对这个元素 $a_{pq}^{(k)}$ 就让它过关。这样循环下去,到所有非对角元素都小于界限值,然后再把界限值减少,重复上述计算,直到界限值充分小为止。这种方法称为过关雅可比方法。

如果把过关雅可比方法和循环雅可比方法结合起来,即在头几次循环中使用过关雅可比方法,则经过几次循环,当矩阵中非对角元素的绝对值的大小已相差不大时,再使用几次循环雅可比方法,这样效果更好。

8.4 豪斯荷尔德方法

本节继续讨论实对称方阵 $\boldsymbol{A}$ 特征值的求法。首先介绍镜像反射矩阵,其次利用镜像反射矩阵把 $\boldsymbol{A}$ 化为三对角阵,最后讨论三对角对称方阵特征值的分布规律,用对分法求特征值。求出方阵 $\boldsymbol{A}$ 的特征值的近似值后,再用逆幂法求出特征值的更为精确的近似值和相应的特征向量。

8.4.1 镜像反射矩阵

设 n 维向量 $\boldsymbol{u}$ 的谱范数等于 1,即 $\boldsymbol{u}^{\mathrm{T}}\boldsymbol{u}=1$,则矩阵

$$\boldsymbol{K} = \boldsymbol{I} - 2\boldsymbol{u}\boldsymbol{u}^{\mathrm{T}} \tag{8-20}$$

称为镜像反射矩阵,或称为豪斯荷尔德(Householder)矩阵,以下简称为 $\boldsymbol{H}$ 矩阵。它有下面基本性质:

(1) $\boldsymbol{H}^{\mathrm{T}}=\boldsymbol{I}-2(\boldsymbol{u}\boldsymbol{u}^{\mathrm{T}})^{\mathrm{T}}=\boldsymbol{H}$,即 $\boldsymbol{H}$ 为对称矩阵;

(2) $\boldsymbol{H}^{\mathrm{T}}\boldsymbol{H}=(\boldsymbol{I}-2\boldsymbol{u}\boldsymbol{u}^{\mathrm{T}})(\boldsymbol{I}-2\boldsymbol{u}\boldsymbol{u}^{\mathrm{T}})=\boldsymbol{I}$,即 $\boldsymbol{H}$ 为正交矩阵;

(3) 为便于讨论,请看 $n=3$ 的情形,如图 8-1 所示。

$\boldsymbol{u}$ 为 $\boldsymbol{R}^3$ 中的单位向量,S 是与 $\boldsymbol{u}$ 垂直的平面,对任意的 $\boldsymbol{v}\in\boldsymbol{R}^3$,$\boldsymbol{v}$ 可分解为

$$\boldsymbol{v}=\boldsymbol{v}_1+\boldsymbol{v}_2$$

其中,$\boldsymbol{v}_1\in S$,$\boldsymbol{v}_2\perp S$,不难验证

$$\boldsymbol{H}\boldsymbol{v}_2=-\boldsymbol{v}_2 \qquad \boldsymbol{H}\boldsymbol{v}_1=\boldsymbol{v}_1$$

故有

$$\boldsymbol{H}\boldsymbol{v}=\boldsymbol{v}_1-\boldsymbol{v}_2$$

即向量 $\boldsymbol{v}$ 经豪斯荷尔德变换后的像 $\boldsymbol{H}\boldsymbol{v}$ 是 $\boldsymbol{v}$ 关于 S 对称的向量。在几何学中称 $\boldsymbol{H}$ 为镜像反

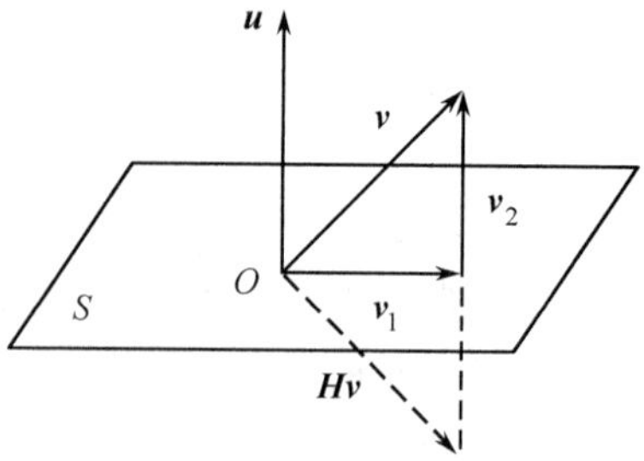

图 8-1　$n=3$ 的情形

射变换。$n\neq 3$,也可做类似解释。

镜像反射矩阵中的向量 $\boldsymbol{u}$ 满足条件 $\|\boldsymbol{u}\|_2=1$ 如果不满足这一条件,就要把它单位化,取 $\boldsymbol{u}/\|\boldsymbol{u}\|_2$ 来构造镜像反射矩阵,这就需要开平方运算。利用下面的结论构造镜像反射矩阵可以避免开平方运算。

引理 1　如果向量 $\boldsymbol{u}\neq\boldsymbol{0}$,则称

$$\boldsymbol{H}=\boldsymbol{I}-2\boldsymbol{u}\boldsymbol{u}^{\mathrm{T}}/\|\boldsymbol{u}\|_2^2 \tag{8-21}$$

是镜像反射矩阵。

引理 2　设 $\boldsymbol{b}\neq\boldsymbol{v}$, $\|\boldsymbol{b}\|_2=\|\boldsymbol{v}\|_2$,则存在镜像反射矩阵 $\boldsymbol{H}$,使

$$\boldsymbol{H}\cdot\boldsymbol{b}=\boldsymbol{v}$$

引理 1 结论显然,下面证明引理 2。

证明:取 $\boldsymbol{u}=\boldsymbol{b}-\boldsymbol{v}$,做镜像反射矩阵

$$\boldsymbol{H}=\boldsymbol{I}-2\frac{(\boldsymbol{b}-\boldsymbol{v})(\boldsymbol{b}-\boldsymbol{v})^{\mathrm{T}}}{\|\boldsymbol{b}-\boldsymbol{v}\|_2^2} \tag{8-22}$$

则

$$\boldsymbol{H}\boldsymbol{b}=\boldsymbol{b}-\frac{2(\boldsymbol{b}-\boldsymbol{v})^{\mathrm{T}}\boldsymbol{b}}{\boldsymbol{b}^{\mathrm{T}}\boldsymbol{b}-\boldsymbol{b}^{\mathrm{T}}\boldsymbol{v}-\boldsymbol{v}^{\mathrm{T}}\boldsymbol{b}+\boldsymbol{v}^{\mathrm{T}}\boldsymbol{v}}(\boldsymbol{b}-\boldsymbol{v})$$

由 $\boldsymbol{b}^{\mathrm{T}}\boldsymbol{v}=\boldsymbol{v}^{\mathrm{T}}\boldsymbol{b}$ 和假设 $\boldsymbol{b}^{\mathrm{T}}\boldsymbol{b}=\boldsymbol{v}^{\mathrm{T}}\boldsymbol{v}$ 可知,上式右端分子分母相等,于是

$$\boldsymbol{H}\boldsymbol{b}=\boldsymbol{v}$$

引理 3　设已知向量 $\boldsymbol{b}$ 的后 $n-r-1$ 个分量不全为零,则恒可求一镜像反射矩阵 $\boldsymbol{H}$,使向量 $\boldsymbol{H}\boldsymbol{b}$ 的前 $r(r+1<n)$ 个分量和向量 $\boldsymbol{b}$ 的前 r 个分量分别相等,而 $\boldsymbol{H}\boldsymbol{b}$ 的后 $n-r-1$ 个分量都等于零。

证明:设 $\boldsymbol{b}=(b_1,b_2,\cdots,b_n)^{\mathrm{T}}$,取

$$\alpha=\pm(b_{r+1}^2+b_{r+2}^2+\cdots+b_n^2)^{\frac{1}{2}} \tag{8-23}$$

$$\boldsymbol{v}=[b_1,\cdots,b_r,\alpha,0,\cdots,0]^{\mathrm{T}} \tag{8-24}$$

则 $\|\boldsymbol{b}\|_2=\|\boldsymbol{v}\|_2$,由引理 2,按式(8-22)求出的矩阵 $\boldsymbol{H}$ 满足引理 3 要求。

因为 $\boldsymbol{b}-\boldsymbol{v}$ 的第 $r+1$ 个分量为 $b_{r+1}-\alpha$,故按式(8-23)求 α 时,选择 α 与 b_{r+1} 异号,以免发生两相近数相减的情况,从而保证计算的精确度。这样选择符号,还可使 $\|\boldsymbol{b}-\boldsymbol{v}\|_2^2$ 的值比较大,按式(8-22)求 $\boldsymbol{H}$ 时,舍入误差的影响较小。

因为 $\boldsymbol{b}-\boldsymbol{v}$ 的前 r 个分量都等于零,把它写成分块的形状,即

$$\boldsymbol{u}=\boldsymbol{b}-\boldsymbol{v}=(\boldsymbol{0}^{\mathrm{T}},\boldsymbol{p}^{\mathrm{T}})^{\mathrm{T}} \tag{8-25}$$

因此由式(8 – 22)求出 $\boldsymbol{H}$ 的形状为

$$\boldsymbol{H} = \boldsymbol{I} - \frac{2}{\|\boldsymbol{u}\|_2^2} \cdot \begin{pmatrix} \boldsymbol{0} \\ \boldsymbol{p} \end{pmatrix} (\boldsymbol{0}^{\mathrm{T}}, \boldsymbol{p}^{\mathrm{T}}) = \begin{pmatrix} \boldsymbol{I}_r & \boldsymbol{0} \\ \boldsymbol{0} & \boldsymbol{I}_{n-r} - 2 \cdot \boldsymbol{p}\boldsymbol{p}^{\mathrm{T}} / \|\boldsymbol{p}\|_2^2 \end{pmatrix} \tag{8-26}$$

8.4.2　实对称矩阵的三对角化

定理 8.1　设 $\boldsymbol{A}$ 为 n 阶实对称方阵，则存在镜像反射矩阵

$$\boldsymbol{H}_i = \boldsymbol{I} - c_i \boldsymbol{u}_i \boldsymbol{u}_i^{\mathrm{T}} \qquad \boldsymbol{u}_i = 2/\|\boldsymbol{u}_i\|_2^2 \qquad i = 1,2,\cdots,n-2 \tag{8-27}$$

使得由递推公式

$$\boldsymbol{A}_1 = \boldsymbol{A} \qquad \boldsymbol{A}_{i+1} = \boldsymbol{H}_i \boldsymbol{A} \boldsymbol{H}_i \qquad i = 1,2,\cdots,n-2 \tag{8-28}$$

而得的矩阵 $\boldsymbol{A}_{n-1}$ 是三对角对称方阵。

证明：由形如(8 – 25)的向量做成形如(8 – 26)的镜像反射矩阵 $\boldsymbol{H}$ 有下列特点：$\boldsymbol{HA}$ 的前 r 行和 $\boldsymbol{A}$ 的前 r 行相同。$\boldsymbol{HAH}$ 的前 r 列和 $\boldsymbol{HA}$ 的前 r 列相同。若向量 $\boldsymbol{d}$ 的后 $n-r$ 个分量等于零，则 $\boldsymbol{Hd}$ 等于 $\boldsymbol{d}$。当 $\boldsymbol{A}$ 为对称方阵时，$\boldsymbol{HAH}$ 也是对称方阵。所以根据引理 3，逐步完成三对角方阵如下。

首先求形如(8 – 25)而 $r=1$ 的向量 $\boldsymbol{u}_1$，按式(8 – 26)组成镜向反射矩阵 $\boldsymbol{H}_1$，使 $\boldsymbol{H}_1\boldsymbol{A}_1$ 第一列的第三 3 至第 n 个元素都等于零；其次求 $\boldsymbol{A}_2 = \boldsymbol{H}_1\boldsymbol{A}\boldsymbol{H}_1$，它为对称方阵，且 $\boldsymbol{A}_2$ 的第 1 行和第 1 列满足三对角方阵的要求，这就完成了第一步。

再求形如(8 – 25)而 $r=2$ 的向量 $\boldsymbol{u}_2$，按式(8 – 26)组成的镜像反射矩阵 $\boldsymbol{H}_2$，使 $\boldsymbol{H}_2\boldsymbol{A}_2$ 的第 2 列满足三对角方阵的要求。根据 $\boldsymbol{H}_2$ 的上述特点，$\boldsymbol{H}_2\boldsymbol{A}_2\boldsymbol{H}_2$ 的前两行和前两列满足三对角方阵的要求。

如此继续下去，经过 $n-2$ 步，即得所需的结果。

求方阵 $\boldsymbol{A}_i$ 时，可以不做矩阵乘法。例如，求 $\boldsymbol{A}_2$ 时，先将它的表达式化为

$$\begin{aligned}
\boldsymbol{A}_2 &= (\boldsymbol{I} - c_1\boldsymbol{u}_1\boldsymbol{u}_1^{\mathrm{T}})\boldsymbol{A}_1(\boldsymbol{I} - c_1\boldsymbol{u}_1\boldsymbol{u}_1^{\mathrm{T}}) \\
&= \boldsymbol{A}_1 - c_1\boldsymbol{u}_1\boldsymbol{u}_1^{\mathrm{T}}\boldsymbol{A}_1 - c_1\boldsymbol{A}_1\boldsymbol{u}_1\boldsymbol{u}_1^{\mathrm{T}} + c_1^2\boldsymbol{u}_1(\boldsymbol{u}_1^{\mathrm{T}}\boldsymbol{A}_1\boldsymbol{u}_1)\boldsymbol{u}_1^{\mathrm{T}} \\
&= \boldsymbol{A}_1 - \boldsymbol{u}_1(c_1\boldsymbol{A}_1\boldsymbol{u}_1)^{\mathrm{T}} - (c_1\boldsymbol{A}_1\boldsymbol{u}_1)\boldsymbol{u}_1^{\mathrm{T}} + \boldsymbol{u}_1\left[\frac{1}{2}c_1\boldsymbol{u}_1^{\mathrm{T}}(c_1\boldsymbol{A}_1\boldsymbol{u}_1)\right]\boldsymbol{u}_1^{\mathrm{T}} \\
&\quad + \left[\frac{1}{2}c_1\boldsymbol{u}_1^{\mathrm{T}}(c_1\boldsymbol{A}_1\boldsymbol{u}_1)\right]\boldsymbol{u}_1\boldsymbol{u}_1^{\mathrm{T}}
\end{aligned} \tag{8-29}$$

然后，依次计算向量 $\boldsymbol{q}_1$，数 m_1 和向量 $\boldsymbol{h}_1$ 为

$$\boldsymbol{q}_1 = c_1\boldsymbol{A}\boldsymbol{u}_1 \qquad m_1 = \frac{1}{2}c_1\boldsymbol{u}_1^{\mathrm{T}}\boldsymbol{q}_1 \qquad \boldsymbol{h}_1 = \boldsymbol{q}_1 - m_1\boldsymbol{u}_1 \tag{8-30}$$

于是式(8 – 29)可写为

$$\boldsymbol{A}_2 = \boldsymbol{A}_1 - (\boldsymbol{u}_1\boldsymbol{h}_1^{\mathrm{T}} + \boldsymbol{h}_1\boldsymbol{u}_1^{\mathrm{T}}) \tag{8-31}$$

8.4.3　对称三对角矩阵的特征值的计算

已给对称三对角方阵

$$
C = \begin{pmatrix} c_1 & b_1 & & & & \\ b_1 & c_2 & b_2 & & & \\ & b_2 & c_3 & b_3 & & \\ & & \ddots & \ddots & \ddots & \\ & & & b_{n-2} & c_{n-1} & b_{n-1} \\ & & & & b_{n-1} & c_n \end{pmatrix} \tag{8-32}
$$

用 $p_i(\lambda)$ 表示方阵 $\boldsymbol{C}-\lambda\boldsymbol{I}$ 的 i 阶主子行列式,即

$$
\begin{cases} p_1(\lambda) = c_1 - \lambda \\ p_2(\lambda) = (c_1 - \lambda)(c_2 - \lambda) - b_1^2 \\ \vdots \\ p_n(\lambda) = \det(\boldsymbol{C} - \lambda \boldsymbol{I}) \end{cases} \tag{8-33}
$$

若再规定,$b_0=0$,$p_0(\lambda)=1$,则这些多项式之间存在下列递推关系,即

$$
p_i(\lambda) = (c_i - \lambda)p_{i-1}(\lambda) - b_{i-1}^2 p_{i-1}(\lambda) \qquad i = 2,3,\cdots,n \tag{8-34}
$$

如果方阵 $\boldsymbol{C}$ 的次对角线元素 $b_1,b_2,\cdots,b_{n-1}$ 中有一个等于零,如 $b_k=0(1\leqslant k\leqslant n-1)$,则矩阵 $\boldsymbol{C}$ 形如

$$
\begin{pmatrix} \boldsymbol{C}_1 & \\ & \boldsymbol{C}_2 \end{pmatrix}
$$

其中,$\boldsymbol{C}_1$ 和 $\boldsymbol{C}_2$ 分别是 k 阶和 $n-k$ 阶方阵,并且 $\boldsymbol{C}$ 的特征值的集合等于方阵 $\boldsymbol{C}_1$ 和 $\boldsymbol{C}_2$ 特征值的集合的并集。故不妨假设方阵 $\boldsymbol{C}$ 的次对角线元素 $b_1,b_2,\cdots,b_{n-1}$ 都不等于零。

多项式 $p_n(\lambda)$ 的根的个数,与特征多项式序列 $\{p_0(\lambda),p_1(\lambda),\cdots,p_n(\lambda)\}$,在某一点的连号数有关。如果 $p_i(\lambda)(1\leqslant i\leqslant n)$ 在某一点 λ_0 处等于零,则用 $p_{i-1}(\lambda_0)$ 的符号作为 $p_i(\lambda_0)$ 的符号。当相邻的 $p_i(\lambda_0)$ 和 $p_{i-1}(\lambda_0)$ 的符号相同时,就说 $p_{i-1}(\lambda_0)$ 和 $p_i(\lambda_0)$ 有一个连号。用 $\varphi(\lambda_0)$ 表示多项式序列 $\{p_0(\lambda),p_1(\lambda),\cdots,p_n(\lambda)\}$ 在 $\lambda=\lambda_0$ 的连号个数。$p_n(\lambda)$ 的根的个数与连号数 $\varphi(\lambda_0)$ 有下列关系

定理 8.2　$\varphi(\lambda_0)$ 正好是 $p_n(\lambda)$ 的不小于 λ_0 的根的个数。

定理 8.2 的证明从略。这个定理告诉我们,当计算出序列 $\{p_0(\lambda),p_1(\lambda),\cdots,p_n(\lambda)\}$ 在 $\lambda=\lambda_0$ 的连号数时,就可以知道 $p_n(\lambda)$ 位于 $[\lambda_0,+\infty)$ 内的零点个数,即恰好是 $\varphi(\lambda_0)$。由此我们还可以判别 $p_n(\lambda)$ 位于某区间内的零点个数。为了给出 $p_n(\lambda)$ 根的存在区间,下面我们给出圆盘定理。

定理 8.3　设 $\boldsymbol{A}$ 是 n 阶方阵,且

$$
d_i = |a_{i1}| + |a_{i2}| + \cdots + |a_{i,i-1}| + |a_{i,i+1}| + \cdots + |a_{in}|
$$

满足条件

$$
|z - a_{ii}| \leqslant d_i
$$

复数 z 的集合 G_i 称为第 i 个圆盘。n 个圆盘的并集记做

$$
G = G_1\ YG_1\ Y\cdots\ TG_n
$$

则方阵 $\boldsymbol{A}$ 的特征值都属于 G。

证明: 当 $z\notin G$ 时,方阵 $\boldsymbol{A}-z\boldsymbol{I}$ 严格对角占优,所以方阵 $\boldsymbol{A}-z\boldsymbol{I}$ 非奇异。由此可见,只要

$z \notin G$，则 z 不是方阵 $\boldsymbol{A}$ 的特征值。换句话说，方阵 $\boldsymbol{A}$ 的一切特征值属于 n 个圆盘的 G_i 的并集。

实对称三角方阵 $\boldsymbol{C}$ 的特征值都是实数，根据圆盘定理，设 λ_i 是 $\boldsymbol{C}$ 的特征值，且 $\lambda_i \in G_i$，则

$$c_i - |b_i| - |b_{i-1}| \leqslant \lambda_i \leqslant c_i + |b_i| + |b_{i-1}|$$

其中

$$b_0 = b_n = 0$$

设

$$m = \min_{1 \leqslant i \leqslant n} (c_i - |b_i| - |b_{i-1}|)$$

$$M = \max_{1 \leqslant i \leqslant n} (c_i + |b_i| + |b_{i-1}|)$$

则对任一特征值 λ_i 有

$$m \leqslant \lambda_i \leqslant M \qquad i = 1, 2, \cdots, n$$

上式给出了特征值的上、下界。在此基础上，取区间 $[m, M]$ 的中点 m_1，求连号数 $\varphi(m_1)$，就能判断区间 $[m, m_1]$ 和 $[m_1, M]$ 所含特征值的个数。所以，使用第 2 章中的对分法，可以求出三对角对称方阵 $\boldsymbol{C}$ 的特征值的近似值。

综上所述，对称三对角方阵的特征值的计算步骤为：

(1) 先写出 $\boldsymbol{C}$ 的特征多项式序列 $p_0(\lambda), p_1(\lambda), \cdots, p_n(\lambda)$；

(2) 由圆盘定理求出 $\boldsymbol{C}$ 的特征值的上、下界 m、M；

(3) 将区间 $[m, M]$ 二等分，取中点 $m_1 = \dfrac{m+M}{2}$，计算 $\varphi(m_1)$，即

$$p_0(m_1), p_1(m_1), \cdots, p_n(m_1)$$

的连号数，若 $\varphi(m_1) = k$，则由定理 8.2 可知矩阵 $\boldsymbol{C}$ 在 $[m_1, M]$ 内有 k 个特征值，在 $[m, m_1]$ 内有 $n-k$ 个特征值。若继续二分区间 $[m, m_1]$、$[m_1, M]$，则可得到在小区间内特征值的个数。继续下去，总可将 $[m, M]$ 划分成若干个小区间，使得在每个小区间上至多含有 $\boldsymbol{C}$ 的一个特征值，即将根进行了隔离。

(4) 继续用对分法或其他方法，如用逆幂法可将特征值精确化，从而求出 $\boldsymbol{C}$ 的全部特征值。

这种求对称三对角对称矩阵特征值的方法称为对分法。

【例 8.4】 用对分法将三对角对称方阵

$$\boldsymbol{C} = \begin{pmatrix} 1 & 2 & & \\ 2 & 1 & 2 & \\ & 2 & 1 & 2 \\ & & 2 & 1 \end{pmatrix}$$

的特征值进行隔离，并求出其最大特征值，使它至少有两位有效数字。

解：(1) $\boldsymbol{C}$ 的多项式序列为

$$p_0(\lambda) = 1$$

$$p_1(\lambda) = 1 - \lambda$$

$$p_2(\lambda) = (1-\lambda) \cdot p_1(\lambda) - 4p_0(\lambda)$$

$$p_3(\lambda) = (1-\lambda)\cdot p_2(\lambda) - 4p_1(\lambda)$$
$$p_4(\lambda) = (1-\lambda)\cdot p_3(\lambda) - 4p_2(\lambda)$$

(2) 用圆盘定理求特征值的上、下界

$$M = \max_{1\leqslant i\leqslant 4}(c_i + |b_i| + |b_{i-1}|) = \max(3,5,5,3) = 5$$
$$m = \min_{1\leqslant i\leqslant 4}(c_i - |b_i| - |b_{i-1}|) = \min(-1,-3,-3,-1) = -3$$

所以 $-3\leqslant\lambda\leqslant 5$。

(3) 用对分法将特征值隔离,计算结果见表 8-3。

表 8-3　用对分法将特征值隔离

i	0	1	2	3	4	连号数	说明
$p_i(5)$	1	-4	12	-32	80	0	
$p_i(-3)$	1	4	12	32	80	4	
$p_i(1)$	1	+0	-4	-0	16	2	2 个根 $\in(-3,1)$
$p_i(-1)$	1	2	+0	-8	-16	3	2 个根 $\in(1,5)$
$p_i(3)$	1	-2	-0	8	-16	1	-1 是 $(-3,1)$ 中点

由表 8-3 可知,$[-3,1)$,$(-1,1)$,$(1,3)$,$(3,5)$ 各有 $\boldsymbol{C}$ 的一个特征值,即将根进行了分离。为了求 $\boldsymbol{C}$ 的最大特征值,即设为 λ_4,可继续对 $(3,5]$ 用对分法计算,并列表 8-4。

表 8-4　对 (3,5] 用对分法计算

i	0	1	2	3	4	连号数	说明
$p_i(4)$	1	-3	5	-3	-11	1	$\lambda_4\in(4,5)$
$p_i(4.5)$	1	-3.5	8.25	-14.875	19.062	0	$\lambda_4\in(4,4.5)$
$p_i(4.25)$	1	-3.25	6.5625	-8.328	0.8164	0	$\lambda_4\in(4,4.25)$
$p_i(4.225)$	1	-3.22	6.3684	-7.6262	-0.9171	1	$\lambda_4\in(4.225,4.25)$

由表 8-4 可以看出,最大特征值位于区间 $(4.225,4.25)$ 内。

如果用对分法求实对称矩阵 $\boldsymbol{A}$ 特征值和特征向量,则可先用镜像反射矩阵将 $\boldsymbol{A}$ 化为对称三对角阵 $\boldsymbol{C}$,利用对分法求 $\boldsymbol{C}$ 的特征值。当特征值的近似值求出后,可利用反幂法求相应的特征向量。

8.5　求矩阵特征值的 *QR* 方法

QR 算法是求一般方阵全部特征值和特征向量的一种迭代方法。为简明起见,本节介绍 ***QR*** 算法的基本思想,并仅从实方阵进行讨论,所讨论的全部内容对复方阵也成立。

8.5.1　矩阵的 *QR* 分解

若矩阵 $\boldsymbol{A}$ 分解为一个正交矩阵 $\boldsymbol{Q}$ 与一个上三角矩阵 $\boldsymbol{R}$ 的乘积,则称矩阵 $\boldsymbol{A}$ 有 ***QR*** 分解。

定理 8.4　任何一个实非奇异矩阵 $\boldsymbol{A}$，都可以分解成正交矩阵 $\boldsymbol{Q}$ 与一个上三角矩阵 $\boldsymbol{R}$ 的乘积，即

$$\boldsymbol{A}=\boldsymbol{QR}$$

证明：将矩阵 $\boldsymbol{A}$ 写成分块形式

$$\boldsymbol{A}=(\boldsymbol{a}_1,\boldsymbol{a}_2,\cdots,\boldsymbol{a}_n)$$

其中，$\boldsymbol{a}_i$ 为 $\boldsymbol{A}$ 的第 i 列。因为 $\boldsymbol{A}$ 非奇异，所以 $\boldsymbol{a}_1,\boldsymbol{a}_2,\cdots,\boldsymbol{a}_n$ 线性无关。将它们按施米特正交化方法正交，得到 n 个正交的列向量 $\boldsymbol{d}_1,\boldsymbol{d}_2,\cdots,\boldsymbol{d}_n$，由正交化过程知它们为

$$\begin{aligned}
\boldsymbol{d}_1&=b_{11}\boldsymbol{a}_1\\
\boldsymbol{d}_2&=b_{12}\boldsymbol{a}_1+b_{22}\boldsymbol{a}_2\\
&\vdots\\
\boldsymbol{d}_n&=b_{1n}\boldsymbol{a}_1+b_{2n}\boldsymbol{a}_2+\cdots+b_{nn}\boldsymbol{a}_n
\end{aligned}$$

其中，$b_{ij}(i=1,2,\cdots,n,j=1,2,\cdots,i)$ 都是常数，且由正交化过程知 $b_{ii}\neq0(i=1,2,\cdots,n)$。上述表示式用矩阵可表示为

$$(\boldsymbol{d}_1,\boldsymbol{d}_2,\cdots,\boldsymbol{d}_n)=(\boldsymbol{a}_1,\boldsymbol{a}_2,\cdots,\boldsymbol{a}_n)\boldsymbol{B}=\boldsymbol{AB}$$

其中

$$\boldsymbol{B}=\begin{pmatrix}b_{11} & b_{12} & \cdots & b_{1n}\\ & b_{22} & \cdots & b_{2n}\\ & & \ddots & \vdots\\ & & & b_{nn}\end{pmatrix}$$

为上三角矩阵，因为 $b_{ii}\neq0(i=1,2,\cdots,n)$，所以 $\boldsymbol{B}$ 可逆，且 $\boldsymbol{B}^{-1}$ 是上三角矩阵。

又因为 $\boldsymbol{d}_1,\boldsymbol{d}_2,\cdots,\boldsymbol{d}_n$ 为标准正交列向量，所以 $\boldsymbol{Q}=(\boldsymbol{d}_1,\boldsymbol{d}_2,\cdots,\boldsymbol{d}_n)$ 是正交矩阵，于是若记 $\boldsymbol{R}=\boldsymbol{B}^{-1}$，则有 $\boldsymbol{A}=\boldsymbol{QR}$。

如何将非奇异矩阵 $\boldsymbol{A}$ 进行 $\boldsymbol{QR}$ 分解，则有各种方法。下面将介绍用镜像反射矩阵将 $\boldsymbol{A}$ 进行 $\boldsymbol{QR}$ 分解的方法。

（1）设

$$\boldsymbol{A}=\begin{pmatrix}a_{11} & a_{12} & \cdots & a_{1n}\\ a_{21} & a_{22} & \cdots & a_{2n}\\ \vdots & \vdots & & \vdots\\ a_{n1} & a_{n2} & \cdots & a_{nn}\end{pmatrix}=(\boldsymbol{a}_1,\boldsymbol{a}_2,\cdots,\boldsymbol{a}_n)$$

其中，$\boldsymbol{a}_1=(a_{11},a_{21},\cdots,a_{n1})^{\mathrm{T}}\neq\boldsymbol{0}$，且 $\boldsymbol{a}_1\neq(\pm\|a_1\|_2,0,\cdots,0)^{\mathrm{T}}$，否则不需做变化。计算

$$\begin{cases}\delta_1=\operatorname{sign}(a_{11})\cdot\left(\sum\limits_{i=1}^{n}a_{i1}^2\right)^{\frac{1}{2}}\\ \boldsymbol{u}_1=\boldsymbol{a}_1+\delta_1\boldsymbol{e}_1\\ \pi_1=\dfrac{1}{2}\cdot\|\boldsymbol{u}_1\|_2^2\end{cases}$$

构造镜像反射矩阵

$$\boldsymbol{H}_1=\boldsymbol{I}-\pi_1^{-1}\boldsymbol{u}_1\boldsymbol{u}_1^{\mathrm{T}}$$

于是

$$A_1=H_1A=\begin{pmatrix}\rho_{11} & \rho_{12} & \cdots & \rho_{1n}\\ 0 & a_{22}^{(1)} & \cdots & a_{2n}^{(1)}\\ \vdots & \vdots & & \\ 0 & a_{n2}^{(1)} & \cdots & a_{nn}^{(1)}\end{pmatrix}=(a_1^{(1)},a_2^{(1)},\cdots,a_n^{(1)})$$

（2）构造镜像反射矩阵 H_2，使得

$$H_2a_1^{(1)}=(\rho_{11},0,\cdots,0)^{\mathrm T}$$
$$H_2a_2^{(1)}=(\rho_{12},\rho_{22},0,\cdots,0)^{\mathrm T}$$

为此将 $a_2^{(1)}$ 改写为

$$a_2^{(1)}=(\rho_{12},0,\cdots,0)^{\mathrm T}+(0,a_{22}^{(1)},\cdots,a_{n2}{}^{(1)})^{\mathrm T}=b_1+b_2$$

所以

$$H_2a_2^{(1)}=H_2(b_1+d_2)=(\rho_{12},0,\cdots,0)^{\mathrm T}+(0,\rho_{22},0,\cdots,0)^{\mathrm T}$$

由此可以看到，为了使 H_2 作用于 b_1 所得的向量的第一个分量仍为 ρ_{12}，则 u_2 的第一个分量应为 0；其次，为了使

$$H_2b_2=(0,\rho_{22},0,\cdots,0)^{\mathrm T}$$

故可取

$$u_2=b_2+\delta_2e_2=(0,a_{22}^{(1)}+\delta_2,a_{32}^{(1)},\cdots,a_{n2}^{(1)})^{\mathrm T}$$

这样，计算

$$\begin{cases}\delta_2=\mathrm{sign}(a_{22}^{(1)})\cdot\left(\sum\limits_{i=2}^{n}a_{i2}\right)^{\frac12}\\ u_2=(0,a_{22}^{(1)}+\delta_2,a_{32}^{(1)},\cdots,a_{n2}^{(1)})^{\mathrm T}\\ \pi_2=\dfrac12\cdot\|u_2\|_2^2\end{cases}$$

构造镜像反射矩阵

$$H_2=I-\pi_2^{-1}u_2u_2^{\mathrm T}$$

于是

$$A_2=H_1A_1=\begin{pmatrix}\rho_{11} & \rho_{12} & \rho_{13} & \cdots & \rho_{1n}\\ 0 & \rho_{22}^{(1)} & \rho_{23}^{(2)} & \cdots & \rho_{2n}^{(1)}\\ 0 & 0 & a_{33}^{(2)} & \cdots & a_{3n}^{(2)}\\ \vdots & \vdots & \vdots & & \vdots\\ 0 & 0 & a_{n3}^{(2)} & \cdots & a_{nn}^{(2)}\end{pmatrix}$$

仿此不断做下去，经过 $n-1$ 次约化，就将 A 化为上三角矩阵，即

$$H_{n-1}\cdots H_2H_1A=\begin{pmatrix}\rho_{11} & \rho_{12} & \cdots & \rho_{1n}\\ 0 & \rho_{22} & \cdots & \rho_{2n}\\ \vdots & \vdots & & \vdots\\ 0 & 0 & \cdots & \rho_{nn}\end{pmatrix}=R$$

因为 $\boldsymbol{H}_i(i=1,2,\cdots,n)$ 均为正交矩阵,所以记 $\boldsymbol{H}_{n-1}\cdots\boldsymbol{H}_2\boldsymbol{H}_1=\boldsymbol{Q}^{-1}$,则 $\boldsymbol{Q}^{-1}$ 也是正交矩阵,$(\boldsymbol{Q}^{-1})^{-1}=\boldsymbol{Q}$ 也是正交矩阵,于是有

$$\boldsymbol{A}=\boldsymbol{QR}$$

【例 8.5】 用镜像反射矩阵做下列矩阵的 $\boldsymbol{QR}$ 分解。

$$\boldsymbol{A}=\begin{pmatrix} 3 & -\dfrac{-14}{13} & -\dfrac{19}{13} \\ 4 & 0 & \dfrac{5}{13} \\ 12 & -\dfrac{3}{13} & -\dfrac{11}{13} \end{pmatrix}$$

解:第一步

$\boldsymbol{a}_1=(3,4,12)^{\mathrm{T}}$,$\|\boldsymbol{a}_1\|_2=13$,$a_{11}=3>0$,则取 $\boldsymbol{u}_1=\boldsymbol{a}_1+13\boldsymbol{e}_1=(16,4,12)^{\mathrm{T}}$,再由 $\boldsymbol{u}_1$ 得出镜像反射矩阵 $\boldsymbol{H}_1$ 为

$$\boldsymbol{H}_1=\begin{pmatrix} -\dfrac{3}{13} & -\dfrac{4}{13} & -\dfrac{12}{13} \\ -\dfrac{4}{13} & \dfrac{12}{13} & -\dfrac{3}{13} \\ -\dfrac{12}{13} & -\dfrac{3}{13} & \dfrac{4}{13} \end{pmatrix}$$

$$\boldsymbol{A}_2=\boldsymbol{H}_1\boldsymbol{A}=\begin{pmatrix} -13 & \dfrac{6}{13} & 1 \\ 0 & \dfrac{5}{13} & 1 \\ 0 & \dfrac{12}{13} & 1 \end{pmatrix}$$

第二步

$\boldsymbol{b}_1=\left(\dfrac{6}{13},0,0\right)^{\mathrm{T}}$,$\boldsymbol{b}_2=\left(0,\dfrac{5}{13},\dfrac{12}{13}\right)^{\mathrm{T}}$,$\|\boldsymbol{b}_2\|_2=1$,$a_{22}^{(1)}=\dfrac{5}{13}>0$,$\boldsymbol{u}_2=\boldsymbol{b}_2+\delta_2\boldsymbol{e}_2$,由此构造镜像反射矩阵

$$\boldsymbol{H}_2=\begin{pmatrix} 1 & 0 & 0 \\ 0 & -\dfrac{5}{13} & -\dfrac{12}{13} \\ 0 & -\dfrac{12}{13} & \dfrac{5}{13} \end{pmatrix}$$

$$\boldsymbol{A}_3=\boldsymbol{H}_2\boldsymbol{A}_1=\begin{pmatrix} -13 & \dfrac{6}{13} & 1 \\ 0 & -1 & -\dfrac{17}{13} \\ 0 & 0 & -\dfrac{7}{13} \end{pmatrix}$$

记 $\boldsymbol{Q}=\boldsymbol{H}_1\boldsymbol{H}_2$,$\boldsymbol{R}=\boldsymbol{A}_3$,则 $\boldsymbol{A}=\boldsymbol{QR}$,其中

$$Q=\begin{pmatrix} -\frac{39}{169} & \frac{164}{169} & -\frac{12}{169} \\ -\frac{52}{169} & -\frac{24}{169} & -\frac{159}{169} \\ -\frac{156}{169} & -\frac{33}{169} & \frac{56}{169} \end{pmatrix}$$

8.5.2　*QR* 方法

若 $\boldsymbol{A}$ 非奇异，则由上段讨论可以看到，$\boldsymbol{A}$ 可以做 $\boldsymbol{QR}$ 分解，即 $\boldsymbol{A}=\boldsymbol{QR}$。其中，$\boldsymbol{Q}$ 是一个正交矩阵，$\boldsymbol{R}$ 是一个上三角矩阵。若 $\boldsymbol{A}$ 为奇异矩阵，则零是 $\boldsymbol{A}$ 的特征值。此时，若能选取一个实数 p(p 不是 $\boldsymbol{A}$ 的特征值)，那么 $\boldsymbol{A}-p\boldsymbol{I}$ 是非奇异的。只要求出 $\boldsymbol{A}-p\boldsymbol{I}$ 的特征值和特征向量，则 $\boldsymbol{A}$ 的特征值和特征向量就可求出来。因此，下面总假定 $\boldsymbol{A}$ 是非奇异的。

求矩阵 $\boldsymbol{A}$ 的特征值的 $\boldsymbol{QR}$ 方法的基本步骤为：

先对矩阵 $\boldsymbol{A}_1=\boldsymbol{A}$ 做 $\boldsymbol{QR}$ 分解得

$$\boldsymbol{A}_1=\boldsymbol{Q}_1\boldsymbol{R}_1$$

交换矩阵 $\boldsymbol{Q}_1,\boldsymbol{R}_1$ 的顺序得

$$\boldsymbol{A}_2=\boldsymbol{R}_1\boldsymbol{Q}_1$$

再将 $\boldsymbol{A}_2$ 做 $\boldsymbol{QR}$ 分解得

$$\boldsymbol{A}_3=\boldsymbol{Q}_2\boldsymbol{R}_2$$

如此反复做下去，得迭代公式

$$\begin{cases}\boldsymbol{A}_1=\boldsymbol{A} \\ \boldsymbol{A}_k=\boldsymbol{Q}_k\boldsymbol{R}_k \qquad k=1,2,\cdots \\ \boldsymbol{A}_{k+1}=\boldsymbol{R}_k\boldsymbol{Q}_k\end{cases}$$

于是得到一矩阵序列

$$\boldsymbol{A}_1,\boldsymbol{A}_2,\cdots,\boldsymbol{A}_k,\cdots$$

由此可得，$\boldsymbol{R}_k=\boldsymbol{Q}_k^{-1}\boldsymbol{A}_k$，所以 $\boldsymbol{A}_{k+1}=\boldsymbol{Q}_k^{-1}\boldsymbol{A}_k\boldsymbol{Q}_k$。这说明矩阵序列 $\{\boldsymbol{A}_k\}$ 中任何两个相邻矩阵是相似的，从而每个矩阵都与原矩阵 $\boldsymbol{A}$ 相似。

可以证明，在一定条件下，$\boldsymbol{A}_k$ 基本收敛于上三角矩阵，其对角元素就是 $\boldsymbol{A}$ 的特征值。

习　　题

1. 用幂法求下列方阵按模最大的特征值和对应的特征向量

$$(1)\begin{pmatrix} 133 & 6 & 135 \\ 44 & 5 & 46 \\ -88 & -6 & -90 \end{pmatrix} \qquad (2)\begin{pmatrix} 3 & -4 & 3 \\ -4 & 6 & 3 \\ 3 & 3 & 1 \end{pmatrix}$$

当特征值有三位小数稳定时迭代停止。

2. 利用反幂法求矩阵

$$\boldsymbol{A}=\begin{pmatrix} 6 & 2 & 1 \\ 2 & 3 & 1 \\ 1 & 1 & 1 \end{pmatrix}$$

的接近 6 的特征值及其对应的特征向量。

3. 用雅可比法计算

$$A=\begin{pmatrix}1 & 1 & 1/2\\ 1 & 1 & 1/4\\ 1/2 & 1/4 & 2\end{pmatrix}$$

的全部特征值。

4. 利用对分法计算对称三对角矩阵的全部特征值。

$$A=\begin{pmatrix}1 & 2 & 0\\ 2 & -1 & 1\\ 0 & 1 & 3\end{pmatrix}$$

5. 用镜像反射矩阵将矩阵化为对称三对角方阵。

$$A=\begin{pmatrix}1 & 3 & 4\\ 3 & 1 & 2\\ 4 & 2 & 1\end{pmatrix}$$

6. 将下列矩阵

$$A=\begin{pmatrix}-3 & -1 & & \\ -1 & -3 & -1 & \\ & -1 & -3 & -1\\ & & -1 & -3\end{pmatrix}$$

的特征值进行隔离，要求列表计算，使每个小区间至多含有 A 的一个特征值，且区间的长度不超过 1。

7. 如果 A 是对角元素都为正的对称矩阵，且 A 为严格对角占优矩阵，试证明 A 是正定矩阵。

8. 给定方程组 $Ax=b$：(1) 用圆盘定理证明：当 A 为严格对角占优时，用简单迭代法解方程组时是收敛的；(2) 设 $A=\begin{pmatrix}1 & -1/4 & 1/6\\ 3/8 & 1 & -1/8\\ 1/6 & 1/3 & 1\end{pmatrix}$，用圆盘定理证明，用简单迭代法和高斯－塞德尔迭代法解方程组均收敛。

第9章 微分方程数值解法

9.1 引 言

在工程技术和其他许多自然科学技术中，常常会遇到微分方程初边值问题的求解问题。然而只有少数较简单的微分方程才能利用解析方法得到它的精确解，如微分方程教材中已经熟知的分离变量法和特征根法等。但大多数微分方程因形式比较复杂而难以求得精确解，只能用近似方法得到解，如级数解法、逐次逼近法等都是近似方法。称这类近似方法为近似解析法。另一类近似求解法就是在某种范围之内给出解在该范围一些离散点上的近似值，通常称该类方法为数值方法。本章将主要讨论微分方程的数值解法，即首先介绍一阶常微分方程初值问题的各种数值解法，然后介绍高阶常微分方程初值问题的数值解法，最后简要介绍常微分方程边值问题的数值解法。

考虑一阶常微分方程初值问题

$$\frac{\mathrm{d}y}{\mathrm{d}x}=f(x,y) \qquad a\leqslant x\leqslant b$$

$$y(x_0)=y_0$$

解该初值问题有许多种解析方法，但只适用一些特殊类型的方程，多数类型的方程只能求其近似解。为简明起见，假定函数 $f(x,y)$ 在所考虑的区间上充分光滑，并且其解存在且唯一。

例如，如果函数 $f(x,y)$ 连续且关于 y 满足李普希兹(Lipschiz)条件，即

$$|f(x,y_1)-f(x,y_2)|\leqslant L|y_1-y_2|$$

其中，L 为常数，则理论上可保证该初值问题的解存在且唯一。事实上，对一般的工程技术问题，函数 $f(x,y)$ 总是满足 Lipschiz 条件的。

所谓数值解法，即记上述初值问题的精确解为 $y(x)$，在解的存在区间 $[a,b]$ 上取 $n+1$ 个节点

$$a=x_0<x_1<x_2<\cdots<x_{n-1}<x_n=b$$

这里的 $h_i=x_i-x_{i-1}$ 称为由 x_{i-1} 到 x_i 的步长。$h_i(i=1,2,\cdots,n)$ 可以不相等，但一般取相等，通常取常量 $h=\frac{b-a}{n}$。在节点 $x_i(i=1,2,\cdots,n)$ 上，利用数值积分、数值微分及泰勒级数展开等离散化方法求出节点上的精确解 $y(x_i)$ 的近似值 $y_i(i=1,2,\cdots,n)$，称该值为节点 x_i 上的数值解。采用不同的离散方法可得到不同的数值方法，通常计算机求解微分方程时就用数值方法。

9.2 欧拉方法

9.2.1 欧拉公式

对常微分方程初值问题

$$\frac{dy}{dx}=f(x,y) \tag{9-1}$$

$$y(x_0)=y_0 \tag{9-2}$$

欧拉方法是解该问题的最简单的数值方法，对式(9-1)在区间$[x_k,x_{k+1}]$上积分，有

$$y(x_{k+1})-y(x_k)=\int_{x_k}^{x_{k+1}}f(x,y(x))\,dx$$

即

$$y(x_{k+1})=y(x_k)+\int_{x_k}^{x_{k+1}}f(x,y(x))\,dx \tag{9-3}$$

利用左矩形数值积分公式

$$\int_{x_i}^{x_{k+1}}f(x,y(x))\,dx\approx hf(x_k,y_k)+R_{k+1}$$

计算式(9-3)右端积分得

$$y(x_{k+1})=y(x_k)+hf(x_k,y(x_k))+R_{k+1} \tag{9-4}$$

其中，R_{k+1}为式(9-3)右端积分的数值积分余项，称该项为在x_{k+1}处的局部截断误差。略去该余项，以y_k代替$y(x_k)$，以$y(x_{k+1})$的近似值y_{k+1}代替$y(x_{k+1})$有

$$y_{k+1}=y_k+hf(x_k,y_k)\qquad k=0,1,2,\cdots,n-1 \tag{9-5}$$

其中，$x_k=x_0+kh(k=0,1,2,\cdots,n)$。称计算公式(9-5)为解初值问题(9-1)和(9-2)的欧拉折线法。

欧拉折线法具有很明显的几何意义，如图9-1所示。设问题(9-1)和(9-2)的精确解为$y=y(x)$，过点(x_0,y_0)做曲线$y=y(x)$的切线，由式(9-1)可知该点切线斜率为$f(x_0,y_0)$，则切线方程为

$$y=y_0+f(x_0,y_0)(x-x_0)$$

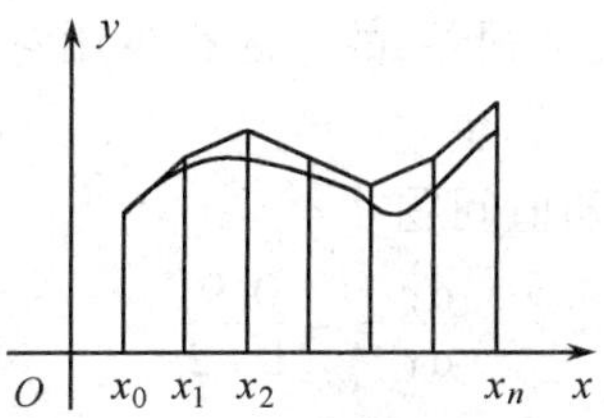

图9-1　欧拉折线法的几何意义

该切线方程与直线$x=x_1$交点的纵坐标为

$$y_1=y_0+hf(x_0,y_0)$$

再过点(x_1,y_1)做以$f(x_1,y_1)$为斜率的直线。该直线方程为

$$y=y_1+f(x_1,y_1)(x-x_1)$$

与直线$x=x_2$交点的纵坐标为

$$y_2=y_1+hf(x_1,y_1)$$

依此继续做下去,在已知求出点(x_k,y_k)的前提下做过该点且斜率为$f(x_k,y_k)$的直线。该直线与$x=x_{k+1}$交点的纵坐标为$y_{k+1}=y_k+hf(x_k,y_k)$,则正好是欧拉折线公式(9-5)。由式(9-5)便可得到问题(9-1)和(9-2)在一系列离散节点$x_1,x_2,\cdots,x_n$处精确解$y(x)$的近似值$y_1,y_2,\cdots,y_n$。

由图9-1不难看出,欧拉折线法实际上是用一系列直线所组成的折线近似代替曲线$y=y(x)$,用折线交点处纵坐标y_k近似代替精确解$y(x_k)$的值。因此,这种方法称为折线法。

由欧拉折线法在x_{k+1}处的截断误差R_{k+1}及几何意义可以看出,截断误差的大小标志着逼近程度的好坏。由式(9-5),假设第k步求得的y_k是精确的,即$y(x_k)=y_k$,则称$y(x_{k+1})-y_{k+1}$为欧拉折线法公式(9-5)的局部截断误差。

设$y(x)$充分光滑,则由$y(x)$在$x=x_k$处的泰勒展开公式知

$$y(x)=y(x_k)+y(x_k)(x-x_k)+\frac{y''(x_k)}{2!}(x-x_k)^2+\cdots$$

令$x=x_{k+1}$,有

$$y(x_{k+1})=y_k+hf(x_k,y_k)+\frac{h^2}{2}y''(x_k)+\cdots$$

将上式与式(9-5)相减得

$$y(x_{k+1})-y_{k+1}=o(h^2)$$

事实上,由数值积分矩形公式的误差公式或由泰勒展开公式的余项公式不难求得

$$y(x_{k+1})-y_{k+1}=\frac{h^2}{2}y''(\xi_{k+1}) \tag{9-6}$$

其中,$x_k\leqslant\xi_{k+1}\leqslant x_{k+1}$。

如果微分方程(9-1)和(9-2)的真解$y=y(x)$为次数不超过一次的多项式,则公式(9-5)精确成立。所以,称式(9-5)为一阶方法。一般地,如果一个近似公式对所有真解$y(x)$均为次数不超过p次的多项式精确成立,则称该公式为p阶方法。显然,阶数越高,逼近程度越好。

欧拉折线法的阶数很低,精确度很差,故一般很少用它来求数值解,但欧拉折线法却体现了求解常微分方程数值解的基本思想。

【例9.1】 用欧拉折线法求初值问题

$$\frac{dy}{dx}=-\frac{0.9y}{1+2x} \tag{9-7}$$

$$y(0)=1 \tag{9-8}$$

在区间[0,0.01]上的数值解,取步长$h=0.002$。

解:将$f(x,y)=-\frac{0.9y}{1+2x}$代入欧拉折线法公式(9-5)得

$$y_{k+1}=y_k-h\frac{0.9y_k}{1+2x_k}=\left(1-\frac{0.018}{1+2x_k}\right)y_k \qquad k=0,1,\cdots,5$$

其数值解的计算结果见表 9-1。

表 9-1　数值解的计算结果

	x_k	y_k	$y(x_k)$	$R_k = y(x_k) - y_k$
0	0.00	1.0000	1.0000	0.0000
1	0.02	0.9820	0.9825	0.0005
2	0.04	0.9655	0.9660	0.0005
3	0.06	0.9489	0.9503	0.0014
4	0.08	0.9336	0.9354	0.0018
5	0.10	0.9192	0.9213	0.0021

其中，$y(x_k)$是初值问题(9－7)和(9－8)在点 $x_k(k=0,1,\cdots,5)$按分离变量法得到的精确解。将其与按数值公式(9－5)计算所得的近似解列在表 9-1 中。从表中最后一列可以看出，随着 k 的增大，误差逐渐增大，所以欧拉折线法的误差较大，所得到的数值解的精确度不高。

9.2.2　欧拉方法的改进

如果将式(9－3)中关于积分 $\int_{x_k}^{x_{k+1}} f(x,y(x))\mathrm{d}x$ 的数值公式改用右矩形公式，即

$$\int_{x_k}^{x_{k+1}} f(x,y(x))\mathrm{d}x \approx hf(x_{k+1},y_{k+1})$$

则可得到数值积分公式

$$y_{k+1} = y_k + hf(x_{k+1},y_{k+1}) \qquad k=0,1,\cdots,n-1 \tag{9-9}$$

称式(9－9)为后退的欧拉公式。

欧拉折线公式与后退的欧拉公式有本质的区别。前者是关于 y_{k+1}的由 y_k和 $f(x_k,y_k)$直接表达的递推计算公式，称这类公式为显式公式。而后者左、右两端都含有未知的 y_{k+1}，它实际上是关于 y_{k+1}的隐函数方程，故称这类公式为隐式公式。

初值问题(9－1)和(9－2)的数值公式(9－5)和(9－9)是按数值积分公式(左矩形公式和右矩形公式)得到的。事实上，利用数值微分公式也可以推导出公式(9－5)和(9－9)。由微分方程$\dfrac{\mathrm{d}y}{\mathrm{d}x}=f(x,y)$可知 $y'(x_k)=f(x_k,y(x_k))$，如果用差商$\dfrac{y(x_{k+1})-y(x_k)}{x_{k+1}-x_k}$近似代替导数项 $y'(x_k)$(向前差商公式)，则有

$$y(x_{k+1}) \approx y(x_k) + hf(x_k,y(x_k))$$

假设 $y(x_k)$的近似值 y_k已知，用它代入上式右端，并取计算结果为 $y(x_{k+1})$的近似值，则该公式就是欧拉折线公式。

如果对方程 $y'(x_{k+1})=f(x_{k+1},y(x_{k+1}))$用向后差商公式$\dfrac{y(x_{k+1})-y(x_k)}{x_{k+1}-x_k}$代替导数项 $y'(x_{k+1})$，则可得到后退的欧拉公式。

后退的欧拉公式是隐式的，通常可用迭代法求解。依迭代法的基本思想，取欧拉折线公式的数值解

$$y_{k+1}^{(0)}=y_k+hf(x_k,y_k)$$

作为迭代初值 $y_{k+1}^{(0)}$，将其代入式(9-9)右端作为 y_{k+1}，不断计算得

$$\begin{aligned}
&y_{k+1}^{(1)}=y_k+hf(x_{k+1},y_{k+1}^{(0)})\\
&y_{k+1}^{(2)}=y_k+hf(x_{k+1},y_{k+1}^{(1)})\\
&\vdots\\
&y_{k+1}^{(m+1)}=y_k+hf(x_{k+1},y_{k+1}^{(m)})\qquad m=0,1,2,\cdots
\end{aligned}$$

如果该迭代过程收敛，则 $y_{k+1}=\lim\limits_{m\to+\infty}y_{k+1}^{(m)}$ 必满足隐式公式(9-9)。

显然这种利用迭代法将隐式公式(9-9)逐步显化的过程，在递推过程的每一步中都能进行。这样做是很麻烦的，况且迭代过程是否收敛还不一定完全保证。因而，隐式公式远没有显式公式方便。

尽管隐式公式没有显式公式方便，但为了提高算法的精度，对欧拉折线公式做进一步改进还是很有必要的，因此有必要先考察隐式公式(9-9)的局部截断误差。

仍然假设第 k 步求得的 y_k 是精确的，即 $y_k=y(x_k)$，则按式(9-9)应有

$$y_{k+1}=y(x_k)+hf(x_{k+1},y_{k+1})\tag{9-10}$$

固定 x_{k+1}，求 $f(x_{k+1},y_{k+1})$ 在 $y=y(x_{k+1})$ 处的一阶泰勒展开式，有

$$f(x_{k+1},y_{k+1})=f(x_{k+1},y(x_{k+1}))+f_y(x_{k+1},\xi)[y_{k+1}-y(x_{k+1})]$$

其中，ξ 介于 y_{k+1} 与 $y(x_{k+1})$ 之间，又由泰勒展开式有

$$f(x_{k+1},y(x_{k+1}))=y'(x_{k+1})=y'(x_k)+hy''(x_k)+\frac{h^2}{2!}y'''(x_k)+\cdots$$

将上面两个公式代入式(9-10)有

$$\begin{aligned}
y_{k+1}&=y(x_k)+hf(x_{k+1},y(x_{k+1}))+hf_y(x_{k+1},\xi)[y_{k+1}-y(x_{k+1})]\\
&=y(x_k)+hf_y(x_{k+1},\xi)[y_{k+1}-y(x_{k+1})]+hy'(x_k)+h^2y''(x_k)+\frac{h^3}{2!}y'''(x_k)+\cdots
\end{aligned}$$

由泰勒展开式

$$y(x_{k+1})=y(x_k)+hy'(x_k)+\frac{h^2}{2!}y''(x_k)+\cdots$$

将以上二式相减有

$$y(x_{k+1})-y_{k+1}=-hf_y(x_{k+1},\xi)[y_{k+1}-y(x_{k+1})]-\frac{h^2}{2!}y''(x_k)+\cdots$$

$$y(x_{k+1})-y_{k+1}=-\frac{1}{1-hf_y(x_{k+1},\xi)}\frac{h^2}{2!}y''(x_k)+\cdots$$

由于 $\dfrac{1}{1-hf_y(x_{k+1},\xi)}=1+hf_y(x_{k+1},\xi)+h^2[f_y(x_{k+1},\xi)]^2+\cdots$，故

$$y(x_{k+1})-y_{k+1}\approx-\frac{h^2}{2!}y''(x_k)=o(h^2)\tag{9-11}$$

显然隐式公式(9-9)是一阶方法。

如果将式(9-3)中关于积分 $\int_{x_k}^{x_{k+1}}f(x,y(x))\mathrm{d}x$ 改用梯形数值积分公式，即

$$\int_{x_k}^{x_{k+1}}f(x,y(x))\mathrm{d}x\approx\frac{h}{2}[(x_k,y_k)+f(x_{k+1},y_{k+1})]$$

则有

$$y_{k+1}=y_k+\frac{h}{2}[f(x_k,y_k)+f(x_{k+1},y_{k+1})] \tag{9-12}$$

故称式(9－12)为梯形方法。

显然梯形方法(9－12)是欧拉折线法(9－5)和后退欧拉方法(9－9)的算术平均。由式(9－6)和式(9－11)可知,梯形方法(9－12)的局部截断误差的阶数一定高于一阶。这是由于在求式(9－5)和(9－9)的算术平均过程中消除了两式中误差的主要部分 $\pm\frac{h^2}{2}y''(x_k)$ 造成的。可见,梯形方法的精确度要好于欧拉折线法和后退欧拉方法。

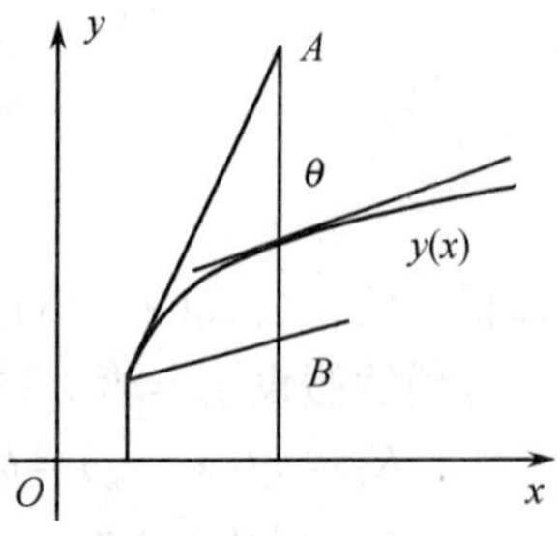

图9-2　梯形方法的几何意义

梯形方法的几何意义也是十分明显的。设梯形方法的第 k 步结果是精确的(如图9-2所示),即点(x_k,y_k)在问题(9－1)和(9－2)的精确解 $y=y(x)$ 对应的积分曲线上,欧拉折线法过该点引出斜率为$f(x_k,y_k)$的折线交 $x=x_{k+1}$ 于点 A,而后退欧拉法以点 $\theta(x_{k+1},y_{k+1})$ 的斜率从点(x_k,y_k)引出折线交 $x=x_{k+1}$ 于点 B,显然 A,B 两点偏离 x_{k+1} 处的精确解 θ 点比较远,但取 A,B 两点的中点作为精确解的近似,效果得到了明显的改善。

梯形方法(9－12)的局部截断误差高于一阶,可以利用梯形数值积分的误差公式或泰勒展开公式证明该方法是二阶方法,且满足

$$y(x_{k+1})-y_{k+1}=-\frac{h^3}{12}y'''(\xi_k) \qquad x_k<\xi_k<x_{k+1} \tag{9-13}$$

有兴趣的读者可以自己证明。

梯形方法仍然是隐式方法,需利用迭代法求解。其迭代公式为

$$\begin{aligned} y_{k+1}^{(0)}&=y_k+hf(x_k,y_k)\\ y_{k+1}^{(m+1)}&=y_k+\frac{h}{2}[f(x_k,y_k)+f(x_{k+1},y_{k+1}^{(m)})] \qquad m=0,1,2,\cdots \end{aligned} \tag{9-14}$$

要使该迭代过程收敛,梯形方法的步长 h 需满足某种条件,将式(9－12)与式(9－14)相减,有

$$\begin{aligned} y_{k+1}-y_{k+1}^{(m+1)}&=\frac{h}{2}[f(x_{k+1},y_{k+1})-f(x_{k+1},y_{k+1}^{(m)})]\\ &\leqslant\frac{hL}{2}\left|y_{k+1}-y_{k+1}^{(m)}\right| \end{aligned}$$

其中,L 为$f(x,y)$关于 y 的李普希兹常数,故必须使 h 充分小,使得$\frac{hL}{2}<1$ 才可使 $m\to\infty$ 时 $y_{k+1}^{(m)}\to y_{k+1}$。

梯形方法固然提高了算法的精度,但迭代过程较复杂,每一步数值计算都要通过多次迭代运算,运算量很大,因此在实际计算时,如果步长 h 足够小,则可将迭代一次的结果直接取做 y_{k+1},于是得到如下计算公式,即

$$\begin{aligned} y_{k+1}^{(0)}&=y_k+hf(x_k,y_k)\\ y_{k+1}&=y_k+\frac{h}{2}[f(x_k,y_k)+f(x_{k+1},y_{k+1}^{(0)})] \end{aligned} \tag{9-15}$$

式(9－15)通常称为预报－校正公式。具体说,先用欧拉折线法求得一个初步的近似值(称之为预报值)$y_{k+1}^{(0)}$,由于预报值 $y_{k+1}^{(0)}$ 的精度较差,可用梯形公式将其校正一次,即按式(9－5)计算得到预报公式,再按式(9－14)迭代一次得到校正公式。为方便计算,将预报－校正公式(9－15)改写成如下形式的计算公式。该计算公式将与下一节介绍的龙格－库塔方法相匹配,即

$$\begin{aligned} y_{k+1} &= y_k + \frac{1}{2}(K_1 + K_2) \\ K_1 &= hf(x_k, y_k) \\ K_2 &= hf(x_k + h, y_k + K_1) \end{aligned} \tag{9-16}$$

预报－校正公式(9－16)是二阶的。

仍然假设 $y_k = y(x_k)$ 精确成立,由于

$$\begin{aligned} K_1 &= hf(x_k, y_k) = hf(x_k, y(x_k)) = hy'(x_k) \\ K_2 &= hf(x_k + h, y_k + K_1) = hf[x_k + h, y(x_k) + K_1] \\ &= h\left[f(x_k, y(x_k)) + h\frac{\partial}{\partial x}f(x_k, y(x_k)) + K_1\frac{\partial}{\partial y}f(x_k, y(x_k)) + \cdots\right] \\ &= hf(x_k, y(x_k)) + h^2\frac{\partial}{\partial x}f(x_k, y(x_k)) + o(h^3) \\ &= hy'(x_k) + h^2 y''(x_k) + o(h^3) \end{aligned}$$

将 K_1, K_2 的值代入式(9－16)的第一个式子,有

$$y_{k+1} = y_k + hy'(x_k) + \frac{h^2}{2}y''(x_k) + o(h^3)$$

而由泰勒展开公式有

$$y(x_{k+1}) = y(x_k) + hy'(x_k) + \frac{h^2}{2}y''(x_k) + o(h^3)$$

将上面二式相减得

$$y(x_{k+1}) - y_{k+1} = o(h^3)$$

即预报－校正公式(9－16)的局部截断误差为 $o(h^3)$。由于梯形方法的局部截断误差也为 $o(h^3)$,所以预报－校正公式与梯形方法是同阶的,即它们的计算精度是相同的。但预报－校正公式是显式的,而梯形方法是隐式的。

为了便于比较各种方法的数值解与精确解之间的误差,从而看出各种方法的优劣,下面将以一个常见的电路图问题为例做比较。

【例 9.2】　一阶 RL 暂态电路如图 9-3 所示。其中,$E_m = 311\text{V}, \omega = 314\text{rad}, R = 10\Omega$, $L = 500\text{mH}$。求开关 S 合上后,电流 $i(t)$ 在区间[0,0.01]上的数值。

解:根据电路理论可得初值问题为

$$\begin{cases} \dfrac{\mathrm{d}i}{\mathrm{d}t} = \dfrac{E_m}{L}\sin\omega t - \dfrac{R}{L}i \\ i(0) = 0 \end{cases}$$

即

$$\begin{cases} \dfrac{\mathrm{d}i}{\mathrm{d}t} = 622\sin 314t - 20i \\ i(0) = 0 \end{cases}$$

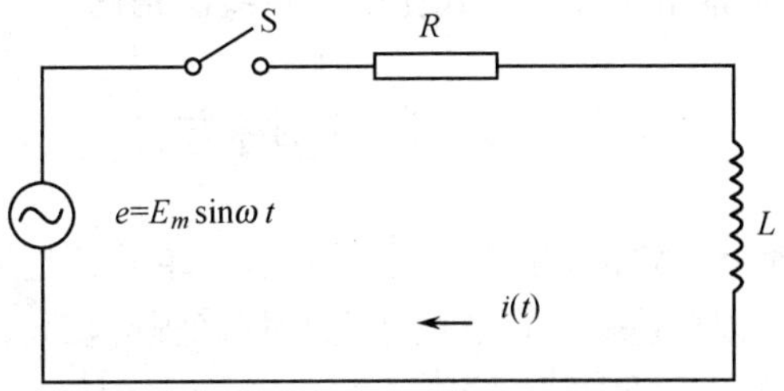

图 9-3　RL 暂态电路

取 $h=0.001$。

(1)用欧拉折线法计算。计算公式为

$$\begin{cases} i_{k+1} = i_k + hf(t_k, i_k) \\ \qquad = i_k + 0.001(622\sin 314t_k - 20i_k) \\ \qquad = 0.98i_k + 0.622\sin 314t_k \\ i_0 = 0 \end{cases}$$

(2)用预报－校正公式计算。计算公式为

$$\begin{cases} i_{k+1}^{(0)} = i_k + hf(t_k, i_k) = 0.98i_k + 0.622\sin 314t_k \\ i_{k+1} = i_k + \dfrac{h}{2}[f(t_k, i_k) + f(t_{k+1}, t_{k+1}^{(0)})] \\ \qquad = 0.99i_k + 0.311(\sin 314t_k + \sin 314t_{k+1}) - 0.01i_{k+1}^{(0)} \\ i_0 = 0 \end{cases}$$

而该初值问题的精确解为

$$i(t) = \frac{E_m\omega L}{R^2 + (\omega l)^2}\left(\mathrm{e}^{-\frac{R}{L}t} + \frac{R}{\omega L}\sin\omega t - \cos\omega t\right)$$

将其数值解的计算结果列于表 9-2 中。

表 9-2　数值解的计算结果

t_k	欧拉折线法 i_k	预报－校正公式 i_k	精确解 $i(t_k)$
0.000	0.00000	0.00000	0.00000
0.001	0.19211	0.09605	0.09620
0.002	0.55371	0.37101	0.37288
0.003	1.04567	0.79425	0.79922
0.004	1.61620	1.32073	1.32983
0.005	2.20587	1.89538	1.90923
0.006	2.75349	2.4585	2.47720
0.007	3.20204	2.95158	2.97474
0.008	3.50424	3.32304	3.34980
0.009	3.62721	3.53323	3.56235
0.01	3.55566	3.55836	3.58835

由计算结果可以看出,预报-校正公式比欧拉折线法精确。

9.3 龙格-库塔方法

尽管欧拉折线法和预报-校正方法的优点是算法简单并且是显式的,但是精度较低,不能满足工程计算的要求,所以构造一个算法简单并且精确程度较高的方法很有必要。本节将介绍一类具有较高精度的算法,即龙格-库塔(Rung-Kutta)方法。为了较好的理解龙格-库塔方法的基本思想,本节先介绍泰勒级数方法。

9.3.1 泰勒级数法及龙格-库塔法的基本思想

设常微分方程初值问题(9-1)和(9-2)有精确解 $y=y(x)$,如果 $y(x)$ 在 $[a,b]$ 上存在 $p+1$ 阶连续导数,则由泰勒展开式有

$$y(x_{k+1})=y(x_k)+hy'(x_k)+\cdots+\frac{h^p}{p!}y^{(p)}(x_k)+\frac{h^{p+1}}{(p+1)!}y^{p+1}(\xi)\quad x_k<\xi<x_{k+1}$$

利用近似值 $y_k^{(j)}(j=0,1,2,\cdots,p)$ 代替真值 $y^{(j)}(x_k)$,且略去泰勒展开式的截断误差项,有

$$y_{k+1}=y_k+hy'_k+\frac{h^2}{2!}y''_k+\cdots+\frac{h^p}{p!}y_k^{(p)}\tag{9-17}$$

用式(9-17)解问题(9-1)和(9-2)的数值方法称为泰勒级数法。显然式(9-17)是 p 阶的。当 $p=3$ 时

$$y_{k+1}=y_k+hy'_k+\frac{h^2}{2}y''_k+\frac{h^3}{6}y'''_k\tag{9-18}$$

此时其截断误差为

$$y(x_{k+1}-y_{k+1})=\frac{h^4}{4!}y^{(4)}(\xi)=o(h^4)\qquad x_k<\xi<x_{k+1}$$

式(9-18)是三阶的,即如果精确解 $y=y(x)$ 为次数不超过 3 的多项式,则式(9-18)是精确成立的。

【例 9.3】 导出用三阶泰勒级数法解方程 $\frac{dy}{dx}=x^2+y^2$ 的计算公式。

解:先计算所需的各阶导数 $y'(x),y''(x),y'''(x),y^{(4)}(x)$

$$y'=f(x,y)=x^2+y^2$$
$$y''=f'=2x+2yy'=2x+2y(x^2+y^2)$$
$$y'''=f''=2+2yy''+2(y')^2=2+4xy''+2(x^2+y^2)(x^2+3y^2)$$
$$\begin{aligned}y^{(4)}&=f'''=2yy''+2y'y''+4y'y''=2yy''+6y'y''\\&=4y+4x(3x^2+5y^2)+8y(x^2+y^2)(2x^2+3y^2)\end{aligned}$$

故

$$y_{k+1}=y_k+hf_k+\frac{1}{2}h^2f'_k+\frac{1}{6}h^3f''_k$$

而

$$R_3=\frac{h^4}{4!}f'''_k(\xi)\qquad x_k<\xi<x_{k+1}$$

其中,$f_k^{(j)}$ 表示 $f(x,y)$ 对 x 的 j 阶偏导数在 $x=x_k$ 点的值。

泰勒级数法具有明显的优点,但也有明显的缺点。只要初值问题的精确解充分光滑,通过泰勒级数法就可以获得精确度较高的数值解,但在计算过程中要计算 $y(x)$ 的各阶导数。当 $f(x,y)$ 的表达式复杂时,则计算是很烦琐的。因此泰勒级数法一般只用于求开始几个点的数值解,如 y_1,y_2,y_3,y_4 等。要求其余点的数值解,最好用其他的方法。此外,利用泰勒级数法还可以得到如何选择步长 h 的有关信息,假定计算时要求误差不超过正数 ε,那么当 h 满足条件

$$\frac{1}{(p+1)!}h^{p+1}\mid y^{(p+1)}(x_k)\mid \leqslant \varepsilon$$

且

$$\frac{1}{p!}h^{p}\mid y^{(p)}(x_k)\mid > \varepsilon$$

时,认为所选择的步长 h 最佳,因为如果当不满足第一个条件时,则达不到指定的精度;当不满足第二个条件时,则表明所选择的步长 h 太小。

能否选择一种合适的计算格式,既保留泰勒级数法精确程度高的优点,又能避免计算过多的导数值呢?下面介绍的龙格-库塔法就可以做到这一点。

龙格-塔库方法是间接地使用泰勒级数法的一种算法。从理论上讲,只要函数 $y=y(x)$ 在区间 $[a,b]$ 上充分光滑,那么其各阶导数值 $y^{(m)}(x_k)$ 与函数 $y(x)$ 在 $[a,b]$ 上某些值之间必然存在相互联系。也就是说,$y=y(x)$ 在某些点的函数值可用各阶导数值近似表示;反之,各阶导数值也可用函数在一些点上值的线形组合近似表示。欧拉法和各种改进的欧拉法就是导数值用函数值线形组合表示的特例。

考虑欧拉折线法公式 $y_{k+1}=y_k+hf(x_k,y_k)$,$f(x_k,y_k)$ 实际上是积分曲线在 (x_k,y_k) 的切线斜率,再考虑差商 $\dfrac{y(x_{k+1})-y(x_k)}{h}$,根据微分中值定理,存在 $0<\theta<1$,使得

$$\frac{y(x_{k+1})-y(x_k)}{h}=y'(x_k+\theta h)$$

于是有 $y(x_{k+1})=y(x_k)+hy'(x_k+\theta h)=y(x_k)+hf(x_k+\theta h,y(x_k+\theta h))$,称

$$K^*=f(x_k+\theta h,y(x_k+\theta h))$$

为 $[x_k,x_{k+1}]$ 上的平均斜率。如果在欧拉折线公式中,以平均斜率 K^* 代替点 x_k 的斜率 $K_1=f(x_k,y_k)$,则精度自然会提高。由此可见,只要对平均斜率 K^* 提供一种算法,那么由此便可导出一系列计算公式。

预报-校正公式可改写成下列平均化形式,即

$$\begin{cases}y_{k+1}=y_k+\dfrac{h}{2}(K_1+K_2)\\ K_1=f(x_k,y_k)\\ K_2=f(x_{k+1},y_k+hK_1)\end{cases}$$

利用 x_k 与 x_{k+1} 两点的斜率 K_1 和 K_2 取算术平均作为平均斜率 K^*,而 x_{k+1} 处的斜率 K_2 是通过已知信息 y_k 来预报的。

预报-校正公式的平均化形式启示我们,如果在 $[x_k,x_{k+1}]$ 内设法多预报几个点的斜率值,将它们加权平均作为平均斜率 K^*,则有可能构造出具有更高精度的计算公式,这就是龙格-塔库方法的基本思想。

9.3.2 二阶龙格－塔库公式

为了实现在$[x_k,x_{k+1}]$内多预报几个点的斜率值这样一个基本思想，考察区间$[x_k,x_{k+1}]$内任一点$x_{k+p}=x_k+ph, 0<p\leqslant 1$，如果希望利用$x_k$和$x_{k+p}$两个点的斜率$K_1$和$K_2$的线形组合得到平均值$K^*$，则有公式

$$y_{k+1}=y_k+h(\lambda_1K_1+\lambda_2K_2)$$

式中，λ_1,λ_2为待定系数，如同预报－校正公式一样，仍取$K_1=f(x_k,y_k)$，但怎样预报x_{k+p}处的斜率值K_2呢？仿照预报－校正公式，用欧拉折线公式提供$y(x_{k+p})$的预报值$y_{k+p}=y_k+phK_1$，再用预报值y_{k+p}，通过计算f值产生的斜率值$K_2=f(x_{k+p},y_{k+p})$，这样就可构造出计算公式

$$\begin{aligned} y_{k+1}&=y_k+h(\lambda_1K_1+\lambda_2K_2)\\ K_1&=f(x_k,y_k)\\ K_2&=f(x_{k+p},y_k+phK_1)\end{aligned} \tag{9-19}$$

式(9－19)中包含3个待定系数λ_1,λ_2,p，故希望选择适当的系数使公式具有二阶精度。

二阶泰勒公式$y_{k+1}=y_k+hy'_k+\frac{h^2}{2}y''_k$或$y_{k+1}=y_k+hf_k+\frac{h^2}{2}(f_x+f\cdot f_y)_k$。式中，$f$和$f_x,f_y$表示$f(x,y)$和$f(x,y)$关于$x$和$y$的偏导数，下标$k$表示它们在点$(x_k,y_k)$处的值。显然，$K_1=f_k, K_2=f(x_{k+p},y_k+phK_1)=f_k+ph(f_x+f\cdot f_y)_k+\cdots$，将$K_1$和$K_2$代入式(9－19)有

$$y_{k+1}=y_k+(\lambda_1+\lambda_2)hf_k+\lambda_2ph^2(f_x+f\cdot f_y)_k+\cdots$$

要使该公式具有二阶精度，故只要

$$\begin{aligned}\lambda_1+\lambda_2&=1\\ \lambda_2p&=\frac{1}{2}\end{aligned} \tag{9-20}$$

则称满足式(9－20)的一系列公式(9－19)为二阶龙格－塔库公式。

显然，取$\lambda_1=\lambda_2=\frac{1}{2}, p=1$得到的二阶龙格－塔库公式就是预报－校正公式。除了预报－校正公式之外，另一类比较特殊的龙格－塔库公式是所谓的变形欧拉折线公式，即

$$\begin{cases} y_{k+1}=y_k+hK_2\\ K_1=f(x_k,y_k)\\ K_2=f\left(x_k+\frac{h}{2},y_k+\frac{h}{2}K_1\right)\end{cases} \tag{9-21}$$

式(9－21)是二阶龙格－塔库公式，是式(9－19)中取$\lambda_1=0,\lambda_2=1,p=\frac{1}{2}$得来的。式(9－21)是以$[x_k,x_{k+1}]$的中点$x_{k+\frac{1}{2}}$的斜率值来得到平均斜率$K^*$的，而其预报信息仍由$x_k$点上的信息获得。

尽管二阶龙格－塔库方法多计算一次函数值f，但避开了二阶泰勒公式要计算f的导数值的麻烦。这也是二阶龙格－塔库方法的特点。实际上，二阶龙格－塔库方法也是泰勒公式的变形。

9.3.3　三阶龙格 – 塔库方法

为了导出龙格 – 塔库方法的一般公式，取如下线形组合形式，即

$$y_{k+1}=y_k+h\sum_{i=1}^{l}\lambda_i K_i \tag{9-22}$$

其中

$$\begin{aligned} K_i&=f(x_k+p_i h,y_k+h\sum_{j=1}^{i}u_{ij}K_j)\\ K_1&=f(x_k,y_k)\\ K_2&=f(x_k+p_2h,y_k+hu_{21}K_1)\\ K_3&=f(x_k+p_3h,y_k+hu_{31}K_1+hu_{32}K_2)\end{aligned} \tag{9-23}$$

式中，$\lambda_1,\lambda_2,\cdots,\lambda_l;p_1=0;p_2,p_3,\cdots p_l;u_{21},u_{31},u_{32},\cdots,u_{l,l-1}$等，除了 $p_1=0$ 外，均为待定系数。选取适当的系数，使其阶数尽量高。

当 $l=1$ 时，式(9 – 22)就是欧拉折线公式。

当 $l=2$ 时，式(9 – 22)就是二阶龙格 – 塔库公式。

当 $l=3$ 时，可以完全仿照二阶龙格 – 库塔方法推导出三阶龙格 – 库塔公式。这时系数满足下列条件，即

$$\begin{cases}\lambda_1+\lambda_2+\lambda_3=1\\ p_2\lambda_2+p_3\lambda_3=\dfrac{1}{2}\\ u_{21}\lambda_2+(u_{31}+u_{32})\lambda_3=\dfrac{1}{2}\\ p_2^2\lambda_2+p_3^2\lambda_3=\dfrac{1}{3}\\ p_2u_{21}\lambda_2+p_3(u_{31}+u_{32})\lambda_3=\dfrac{1}{3}\\ u_{21}^2\lambda_2+(u_{31}+u_{32})^2\lambda_3=\dfrac{1}{3}\\ p_2a_{32}\lambda_2=\dfrac{1}{6}\\ u_{21}u_{32}\lambda_3=\dfrac{1}{6}\end{cases} \tag{9-24}$$

满足式(9 – 24)的一组比较简单的解为

$$\lambda_1=\frac{1}{6}\qquad \lambda_2=\frac{4}{6}\qquad \lambda_3=\frac{1}{6}$$

$$p_1=0\qquad p_2=\frac{1}{2}\qquad p_3=1$$

$$u_{21}=\frac{1}{2}\qquad u_{31}=-1\qquad u_{32}=2$$

将其代入式(9 – 23)得

$$
\begin{cases}
y_{k+1}=y_k+\dfrac{h}{6}(K_1+K_2+K_3)\\
K_1=f(x_k,y_k)\\
K_2=f\left(x_k+\dfrac{h}{2},y_k+\dfrac{hK_1}{2}\right)\\
K_3=f(x_k+h,y_k-hK_1+2hK_2)
\end{cases}
\tag{9-25}
$$

式(9－25)就是三阶龙格－库塔公式。依式(9－24)选取不同的参数,将得到形式不同的公式。但精度是相同的,局部截断误差都是 $o(h^4)$。

9.3.4　四阶龙格－库塔方法

通常人们所说的龙格－库塔方法是指四阶龙格－库塔方法,在式(9－23)中,当 $l=4$ 时,经过较复杂的数学演算,可以推导出各种四阶龙格－库塔方法。其常用的公式为

$$
\begin{cases}
y_{k+1}=y_k+\dfrac{h}{6}(K_1+2K_2+2K_3+K_4)\\
K_1=f(x_k,y_k)\\
K_2=f(x_k+\dfrac{1}{2}h,y_k+\dfrac{h}{2}K_1)\\
K_3=f(x_k+\dfrac{1}{2}h,y_k+\dfrac{h}{2}K_2)\\
K_4=f(x_k+h,y_k+hK_3)
\end{cases}
\tag{9-26}
$$

四阶龙格－库塔方法的每一步需要计算 4 次函数值 f,其局部截断误差的阶为 $o(h^5)$。

【例 9.4】　用四阶龙格－库塔公式计算【例 9.2】的电流 $i(t)$。

解:同样取 $h=0.001$,此时四阶龙格－库塔公式为

$$
\begin{cases}
i_{k+1}=i_k+\dfrac{1}{6}(K_1+2K_2+2K_3+K_4)\\
K_1=0.622\sin 314t_k-0.02i_k\\
K_2=0.622\sin(t_k+0.0005)-0.02(i_k+0.5K_1)\\
K_3=0.622\sin(t_k+0.0005)-0.02(i_k+0.5K_2)\\
K_4=0.622\sin(t_k+0.001)-0.02(i_k+K_3)
\end{cases}
$$

将计算结果及精确解列于表 9-3。

由计算结果可看出,四阶龙格－塔库方法的精确度较高,能满足一般工程设计的要求;另一方面,这种方法所需编制的程序也较简单,这是其优点。但是,利用这种方法时,每计算一个 y_{k+1} 的值,需要反复计算 4 次 $f(x,y)$ 的值,计算量较大,而且截断误差不容易估计,这是其不足之处。

另外值得指出的是,龙格－库塔方法是基于泰勒展开方法推导出来的。因此,它要求所求的解应具有较好的光滑性。如果所求解的光滑性差,则用四阶龙格－库塔方法所求得的数值解,其精度反而不如改进的欧拉方法或不如低阶的龙格－库塔方法。所以在实际应用中,要视不同的情况选择合适的算法,并不是阶数越高越好。

表 9-3　计算结果及精确解

t_k	四阶龙格 - 库塔方法 i_k	准确解 $i(t_k)$
0.000	0.000000	0.000000
0.001	0.096209	0.096207
0.002	0.372891	0.372886
0.003	0.799227	0.799220
0.004	1.329840	1.329830
0.005	1.909240	1.909230
0.006	2.47721	2.47720
0.007	2.97475	2.97474
0.008	3.34981	3.34980
0.009	3.56236	3.56235
0.01	3.58836	3.58835

9.3.5　变步长的龙格 - 库塔方法

从龙格 - 库塔方法的每一步计算过程可以看出，步长 h 越小，截断误差也越小，但在同一个区间 $[a,b]$ 内，需要计算的 y_{k+p} 的点数随之增多，即在 $[a,b]$ 内需要完成的计算步数增加了。步数的增加，不但引起计算量的增大，而且还可能导致舍入误差的严重积累。因此，在满足精度的要求下，应考虑如何自动选择适当的步长。

选择步长需要考虑两个问题：

(1) 确定度量和检验计算结果精度的尺度；

(2) 如何依据所获得的精度处理步长。

考察四阶龙格 - 库塔公式(9 - 26)，假定从 x_k 出发，以 h 为步长，利用公式(9 - 26)计算得到 $y(x_{k+1})$ 的近似值 $y_{k+1}^{(h)}$（与步长 h 有关），由于其局部截断误差为 $o(h^5)$，所以有

$$y(x_{k+1}) - y_{k+1}^{(h)} \approx ch^5 \tag{9-27}$$

当 h 不太大时，c 可以近似看做常数。将步长折半，即取 $\frac{h}{2}$ 为步长，从 x_k 跨两步到 x_{k+1}，再求得一个 $y(x_{k+1})$ 的近似值 $y_{k+1}^{\left(\frac{h}{2}\right)}$，由于每一步的局部截断误差为 $c\left(\frac{h}{2}\right)^5$，因此

$$y(x_{k+1}) - y_{k+1}^{\left(\frac{h}{2}\right)} \approx 2c\left(\frac{h}{2}\right)^5 \tag{9-28}$$

由式(9 - 27)和式(9 - 28)不难得到

$$\frac{y(x_{k+1}) - y_{k+1}^{\left(\frac{h}{2}\right)}}{y(x_{k+1}) - y_{k+1}^{(h)}} \approx \frac{1}{16}$$

整理上式得下列事后误差估计式

$$y(x_{k+1}) - y_{k+1}^{\left(\frac{h}{2}\right)} \approx \frac{1}{15}\left[y_{k+1}^{\left(\frac{h}{2}\right)} - y_{k+1}^{(h)}\right] \tag{9-29}$$

式(9 - 29)的结果说明，要判断 $y_{k+1}^{\left(\frac{h}{2}\right)}$ 作为 $y(x_{k+1})$ 近似值的误差值是否满足事先要求，可用

其步长折半前后两次的计算结果之差来衡量。因此，当事先给定精度 ε 后，只需考察是否满足

$$\left|y_{k+1}^{(\frac{h}{2})}-y_{k+1}^{(h)}\right|<\varepsilon \tag{9-30}$$

如果式(9－30)成立，则将 $y_{k+1}^{(\frac{h}{2})}$ 作为 $y(x_{k+1})$ 的近似值；否则，将步长再次折半进行计算，直到式(9－30)成立为止。这种方法称为变步长的四阶龙格－库塔方法。

从表面上看，为了选择合适的步长，每一步的计算量增加了，但从总体考虑，则往往是合算的。

龙格－塔库法是“自开始”的，可以直接利用常微分方程初值问题(9－1)和(9－2)初始条件 $y(x_0)=y_0$ 计算出 $y_1,y_2,\cdots,y_k,\cdots$，这种方法称为单步法。所谓单步法，是指在计算 y_{k+1} 时只用到了前一个值 y_k 的信息。这也是龙格－库塔方法的优点之一。

9.4　单步法的收敛性与稳定性

9.4.1　单步法的收敛性

显然，欧拉折线法、各种改进的欧拉方法及龙格－库塔方法都是单步法。在利用单步法求解初值问题(9－1)和(9－2)数值解的过程中，由于有截断误差，所以存在这样一个问题：当步长 h 取得充分小时，其数值解(在计算过程中不做舍入)是否足够精确地逼近微分方程的精确解 $y(x_k)$，也就是说，当 $h\to 0$ 时，是否有 $y_k\to y(x_k)$。

定义 9.1　如有一种数值方法对任意固定的 $x_k=x_0+kh$，当 $h\to 0$(同时，$k\to\infty$ 时)时，有 $y_k\to y(x_k)$，则称该方法是收敛的。

先看一个较为简单的例子。考虑常微分方程初值问题，即

$$\begin{cases}\dfrac{\mathrm{d}y}{\mathrm{d}x}=\lambda y\\ y(0)=y_0\end{cases} \tag{9-31}$$

其中，λ 为常数。其欧拉折线公式为

$$y_{k+1}=(1+\lambda h)y_k$$

$$y_k=(1+\lambda h)y_{k-1}=(1+\lambda h)^2y_{k-2}=\cdots=(1+\lambda h)^ky_0$$

由于 $x_0=0,x_k=kh$，所以

$$y_k=\left[(1+\lambda h)^{\frac{1}{\lambda h}}\right]^{\lambda x_k}y_0$$

由 $\lim\limits_{h\to 0}(1+\lambda h)^{\frac{1}{\lambda h}}=e$ 得

$$\lim_{h\to 0}y_k=\lim_{h\to 0}y_0\left[(1+\lambda h)^{\frac{1}{\lambda h}}\right]^{\lambda x_k}=y_0\mathrm{e}^{\lambda x_k}$$

而问题(9－31)的解析解为 $y=y_0\mathrm{e}^{\lambda x}$，所以当 $h\to 0$ 时，欧拉折线法的数值解 y_k 的确收敛于原微分方程的精确解。

对一般的单步法而言，其计算公式具有下列一般形式

$$y_{k+1}=y_k+h\varphi(x_k,y_k,h) \tag{9-32}$$

则称 $\varphi(x,y,h)$ 为增量函数。

不同的单步法对应不同的增量函数,如欧拉折线法的增量函数

$$\varphi(x,y,h)=f(x,y)$$

预报 - 校正公式的增量函数为

$$\varphi(x,y,h)=\frac{1}{2}[f(x,y)+f(x+h,y+hf(x,y))]$$

读者不妨自己写出几种龙格 - 库塔方法的增量函数。

定理 9.1 对初值问题(9 - 1)和(9 - 2),如果单步法(9 - 32)是 p 阶的且增量函数 $\varphi(x,y,h)$ 关于 y 满足李普希兹条件

$$|\varphi(x,y,h)-\varphi(x,\bar{y},h)|\leqslant L|y-\bar{y}| \tag{9-33}$$

则整体截断误差

$$y(x_k)-y_k=o(h^p) \tag{9-34}$$

证明: 设 $\bar{y}_{k+1}$ 为取 $y_k=y(x_k)$ 且利用式(9 - 32)求得的 $y(x_{k+1})$ 的近似值,即如果假定计算公式(9 - 32)在 x_k 点是精确成立的,则

$$\bar{y}_{k+1}=y(x_k)+h\varphi(x_k,y(x_k),h) \tag{9-35}$$

$y(x_{k+1})-\bar{y}_{k+1}$ 为局部截断误差。由定理所给条件,由于算法是 p 阶的,故按定义,存在常数 c,使得

$$|y(x_{k+1})-\bar{y}_{k+1}|\leqslant ch^{p+1}$$

$$|\bar{y}_{k+1}-y_{k+1}|\leqslant|y(x_k)-y_k|+h|\varphi(x_k,y(x_k),h)-\varphi(x_k,y_k,h)|$$

由式(9 - 33)有

$$|\bar{y}_{k+1}-y_{k+1}|\leqslant(1+hL)|y(x_k)-y_k|$$

$$|y(x_{k+1})-y_{k+1}|\leqslant|y(x_{k+1})-\bar{y}_{k+1}|+|\bar{y}_{k+1}-y_{k+1}|\leqslant ch^{p+1}+(1+hL)|y(x_k)-y_k|$$

从而就整体截断误差 $e_k=y(x_k)-y_k$ 而言,下列递推公式成立,即

$$|e_{k+1}|\leqslant(1+hL)|e_k|+ch^{p+1}$$

对不等式进行反复递推,有

$$|e_k|\leqslant(1+hL)^k e_0+\frac{ch^p}{L}[(1+hL)^k-1]$$

注意,当 $x_k-x_0=kh\leqslant T$ 时,即求解区间有界时

$$(1+hL)^k\leqslant(\mathrm{e}^{hL})^k\leqslant\mathrm{e}^{TL}$$

最终得下列估计式

$$|e_k|\leqslant|e_0|\mathrm{e}^{TL}+\frac{ch^p}{L}(\mathrm{e}^{TL}-1)=\frac{ch^p}{L}(\mathrm{e}^{TL}-1)$$

由此断定式(9 - 34)成立。

根据定理 9.1,判断单步法式(9 - 32)的收敛性等价于判断其增量函数 $\varphi(x,y,h)$ 是否满足李普希兹条件(9 - 33)。显然,对于欧拉折线法,当 $f(x,y)$ 关于 y 满足李普希兹条件时是收敛的。

对于预报 - 校正公式,考察其增量函数是否满足李普希兹条件

$$|\varphi(x,y,h)-\varphi(x,\bar{y},h)|$$

$$\leqslant \frac{1}{2}\left[\,\left|f(x,y)-f(x,\bar{y})\right| + \left|f(x+h,y+hf(x,y))-f(x+h,\bar{y}+hf(x,\bar{y}))\right|\,\right]$$

假设 $f(x,y)$ 关于 y 满足李普希兹条件，李普希兹常数为 L，则可推得

$$\left|\varphi(x,y,h)-\varphi(x,\bar{y},h)\right| \leqslant L\left(1+\frac{h}{2}L\right)\left|y-\bar{y}\right|$$

假定 $h \leqslant h^*$（由于求解区间有界，h^* 取为定常数），由此表明 $\varphi(x,y,h)$ 关于 y 满足李普希兹条件，并且李普希兹常数为 $L\left(1+\frac{h^*}{2}L\right)$。因此预报－校正公式是收敛的。

类似地，可验证其他龙格－库塔方法的收敛性。

9.4.2　单步法的稳定性

在前面讨论单步法的收敛性过程中，均假定数值方法在每一步的计算过程是精确的，但事实并非如此。因舍入等原因，故计算过程中不可避免地带有误差。这类误差我们称其为小扰动。计算过程中产生的小扰动会不会随着以后的计算产生恶性增长，以至于掩盖了数值计算的真解呢？这就是算法的稳定性问题。一个好的算法应该是某一步的扰动值在后面的计算中能够被控制，甚至可逐步衰减。

定义 9.2　对于任何满足李普希兹条件的初值问题（9－1）和（9－2），记 $e_0=\tilde{y}_0-y_0$ 为初始误差 $e_k=\tilde{y}_k-y_k$。其中，$\tilde{y}_k$ 和 y_k 分别是从 $\tilde{y}_0$ 和 y_0 出发，在没有舍入误差的条件下，按数值公式求得的数值解。如果存在常数 c 和 h^*，使得当 $0<h<h^*$ 时，对任意 k 满足不等式

$$\left|\tilde{y}_k-y_k\right| \leqslant c\left|\tilde{y}_0-y_0\right| \tag{9-36}$$

则称该数值公式是稳定的。

式（9－36）表明，e_k 连续地依赖于 e_0，即式（9－36）使右端误差较小时，解的误差也较小。显然，如果 $\lim e_0=0$，则 $\lim e_k=0$。由此可知，一个稳定的方法，其误差的积累可受到控制，不稳定的方法无法控制误差积累。

定理 9.2　如果 $f(x,y)$ 在区域 $a\leqslant x\leqslant b$，$-\infty<y<+\infty$ 内连续，且关于 y 满足李普希兹条件，则欧拉折线法是稳定的。

证明：显然，只要验证欧拉折线法满足式（9－36）即可，即

$$\tilde{y}_k=\tilde{y}_{k-1}+hf(x_{k-1},\tilde{y}_{k-1})$$

$$y_k=y_{k-1}+hf(x_{k-1},y_{k-1})$$

$$\left|e_k\right| \leqslant \left|e_{k-1}\right| + h\left|f(x_{k-1},\tilde{y}_{k-1})-f(x_{k-1},y_{k-1})\right| \leqslant (1+hL)\left|e_{k-1}\right|$$

反复利用上式，有 $\left|e_k\right| \leqslant (1+hL)^{kk}\left|e_0\right|$，由于 $(1+hL)^k \leqslant e^{(b-a)L}$，故有

$$\left|e_k\right| \leqslant e^{(b-a)L}\left|e_0\right|$$

取 $c=e^{(b-a)L}$，说明欧拉折线法满足式（9－36）。

*9.4.3　绝对稳定性

定义 9.2 所指的稳定性概念，实际上是在 $h\to 0$ 的情况下讨论的，可称其为渐进稳定性（或古典稳定性）。然而，实际计算时只能取有限的固定步长，不可能任意地缩小。因此，我们关心的是对固定步长、计算过程中所产生的扰动在后面的计算过程中会不会增大的问题。

对这种稳定性的概念,通常称其为绝对稳定性概念。

要对数值公式的绝对稳定性做全面的分析是非常困难的,所以经常将问题简化,只限于考虑模型,即

$$\begin{cases}\dfrac{\mathrm{d}y}{\mathrm{d}x}=Ay \qquad A<0 \text{ 的常数} \\ y(x_0)=y_0\end{cases} \tag{9-37}$$

为了保证算法的绝对稳定性,对步长 h 和常数 A 要做一定的限制。它们的允许范围,称为该算法的绝对稳定区域。

例如,用欧拉折线法解(9－37),得

$$\tilde{y}_{k+1}=\tilde{y}_k+hA\tilde{y}_k$$

$$y_{k+1}=y_k+hAy_k$$

$$e_{k+1}=e_k+hAe_k=(1+hA)e_k=\cdots=(1+hA)^{k+1}e_0$$

只有满足 $|1+Ah|\leqslant 1$ 的 Ah 值才可保证误差 $e_{k+1}=\tilde{y}_{k+1}-y_{k+1}$ 不会增长,因此满足 $|1+Ah|\leqslant 1$ 的 Ah 值就是绝对稳定区域。该区域是以 -1 为中心、1 为半径的圆。

如果某算法的绝对稳定区域是有限的,则称该算法是条件稳定的;否则,称之为无条件稳定的。对问题(9－37),欧拉折线法是条件稳定的,其稳定性条件是 $h\leqslant -\dfrac{2}{A}$。

同理,可讨论预报－校正公式的绝对稳定性(留给读者)。

9.5　阿达姆斯公式

单步法在计算 y_{k+1} 时只用到前一个 y_k 的信息,但事实上在计算 y_{k+1} 时前面已经算出了 $y_0,y_1,\cdots,y_k$ 等几个值。如果能多利用前面已经算出的已知信息,则可能会提高计算的精确度。这种能利用前面多个信息值的算法称为线形多步法。阿达姆斯(Adams)方法就是基于这种设想的线形多步法。

将初值问题(9－1)和(9－2)化为等价的积分方程

$$y(x_{k+1})=y(x_k)+\int_{x_k}^{x_{k+1}} f(x,y(x))\mathrm{d}x \qquad k=0,1,2,\cdots \tag{9-38}$$

对式(9－38)的右端积分,可利用数值积分公式离散化。如果利用梯形公式,就得到计算公式(9－12)。实际上,梯形公式是用节点 x_k 和 x_{k+1} 的线性插值函数代替被积函数 $f(x,y)$ 得到的。因此得到启发,如果在 $[x_k,x_{k+1}]$ 区间上利用某个插值多项式 $p(x)$ 近似代替 $f(x,y)$,则可得到计算公式

$$y_{k+1}=y_k+\int_{x_k}^{x_{k+1}} p(x)\mathrm{d}x \tag{9-39}$$

在已知信息 $y_0,y_1,\cdots,y_k$ 的条件下,选取不同的插值点做插值多项式就会得到不同的数值解法。阿达姆斯方法就是基于这种思想构造的。下面构造阿达姆斯显式(又称外推)公式、隐式(又称内插)公式及预报－校正公式。

9.5.1　阿达姆斯显式公式

要运用插值多项式方法,关键在于选取合适的插值节点。假定已经计算出 y_{k+1} 前面的

4 个数值解 $y_k, y_{k-1}, y_{k-2}, y_{k-3}$，记

$$f_k = f(x_k, y_k) \quad f_{k-1} = f(x_{k-1}, y_{k-1})$$
$$f_{k-2} = f(x_{k-2}, y_{k-2}) \quad f_{k-3} = f(x_{k-3}, y_{k-3})$$

以 4 个数据点 $(x_k, f_k), (x_{k-1}, f_{k-1}), (x_{k-2}, f_{k-2}), (x_{k-3}, f_{k-3})$ 做插值多项式

$$P(x) = \sum_{i=k-3}^{k} \left(\prod_{\substack{j=k-3 \\ j \neq i}}^{k} \frac{x - x_j}{x_i - x_j} \right) f_i \qquad (9-40)$$

用 $P(x)$ 近似代替 $f(x, y(x))$，得到 $y(x_{k+1})$ 的近似值

$$y_{k+1} = y(x_k) + \int_{x_i}^{x_{k+1}} P(x)\,\mathrm{d}x$$

为了便于将上式右端积分，做变换 $x = x_k + th$，显然有

$$x_k - x_{k-1} = x_{k-1} - x_{k-2} = x_{k-2} - x_{k-3} = h$$

$$\begin{aligned} y_{k+1} &= y_k + \frac{h}{6} f_k \int_0^1 (t+1)(t+2)(t+3)\,\mathrm{d}t - \frac{h}{2} f_{k-1} \int_0^1 t(t+2)(t+3)\,\mathrm{d}t + \\ &\quad \frac{h}{2} f_{k-2} \int_0^1 t(t+1)(t+3)\,\mathrm{d}t - \frac{h}{6} f_{k-3} \int_0^1 t(t+1)(t+2)\,\mathrm{d}t \\ &= y(x_k) + \frac{h}{24}[55f_k - 59f_{k-1} + 37f_{k-2} - 9f_{k-3}] \end{aligned}$$

再用 y_k 近似代替 $y(x_k)$ 有

$$y_{k+1} = y_k + \frac{h}{24}[55f_k - 59f_{k-1} + 37f_{k-2} - 9f_{k-3}] \qquad (9-41)$$

称式(9 -41)为阿达姆斯显式公式(也称外推公式)。

下面讨论阿达姆斯显式公式(9 - 41)的局部截断误差 $y(x_{k+1}) - y_{k+1}$。假定公式(9 -41)在 $x_k, x_{k-1}, x_{k-2}, x_{k-3}$ 处是精确成立的，即

$$\begin{aligned} & y_k = y(x_k) \quad y_{k-1} = (x_{k-1}) \\ & y_{k-2} = y(x_{k-2}) \quad y_{k-3} = y(x_{k-3}) \\ & y_{k+1} = y_k + \frac{h}{24}[55y'_k - 59y'_{k-1} + 37y'_{k-2} - 9y'_{k-3}] \end{aligned} \qquad (9-42)$$

再由 $y(x)$ 在 x_k 处泰勒展开式，有

$$\begin{aligned} y(x) &= y(x_k) + y'(x_k)(x - x_k) + \frac{y''(x_k)}{2!}(x - x_k)^2 + \frac{y'''(x_k)}{3!}(x - x_k)^3 + \\ &\quad \frac{y^{(4)}(x_k)}{4!}(x - x_k)^4 + \frac{y^{(5)}(x_k)}{5!}(x - x_k)^5 + \cdots \end{aligned}$$

$$\begin{aligned} y'(x) &= y'(x_k) + y''(x_k)(x - x_k) + \frac{y'''(x_k)}{2!}(x - x_k)^2 + \\ &\quad \frac{y^{(4)}(x_k)}{3!}(x - x_k)^3 + \frac{y^{(5)}(x_k)}{4!}(x - x_k)^4 + \cdots \end{aligned}$$

以 $x_{k-1}, x_{k-2}, x_{k-3}$ 分别代替 x，得

$$y'_{k-1} = y'(x_{k-1}) = y'(x_k) - hy'(x_k) + \frac{h^2}{2!} y'''(x_k) - \frac{h^3}{3!} y^{(4)}(x_k) + \frac{h^4}{4!} y^{(5)}(x_k) + \cdots$$

$$y'_{k-2} = y'(x_{k-2}) = y'(x_k) - 2hy'(x_k) + \frac{4h^2}{2!} y'''(x_k) - \frac{8h^3}{3!} y^{(4)}(x_k) + \frac{16h^4}{4!} y^{(5)}(x_k) + \cdots$$

$$y'_{k-3}=y'(x_{k-3})=y'(x_k)-3hy'(x_k)+\frac{9h^2}{2!}y'''(x_k)-\frac{27h^3}{3!}y^{(4)}(x_k)+\frac{81h^4}{4!}y^{(5)}(x_k)+\cdots$$

将以上各式代入式(9 - 42)得

$$y_{k+1}=y_k+hy'_k+\frac{1}{2}h^2y''_k+\frac{1}{6}h^3y'''_k+\frac{1}{24}h^4y_k^{(4)}-\frac{49}{144}h^5y_k^{(5)}$$

于是阿达姆斯显式公式(9 - 41)的局部截断误差为

$$\begin{aligned}y(x_{k+1})-y_{k+1}&=\frac{1}{120}h^5y_k^{(5)}+\frac{49}{144}h^5y_k^5+\cdots\\&=\frac{251}{720}h^5y_k^{(5)}+\cdots=o(h^5)\end{aligned}\tag{9-43}$$

由式(9 - 43)可知,阿达姆斯显式公式是四阶方法。

9.5.2　阿达姆斯隐式公式

阿达姆斯显式公式是选 $x_k,x_{k-1},x_{k-2},x_{k-3}$ 作为插值节点,用插值函数 $P(x)$ 在求积区间 $[x_k,x_{k+1}]$ 上逼近 $f(x,y(x))$ 产生的。其实际上是外推过程,效果不够理想。为了改善逼近效果,可变外推为内插,以 $x_{k+1},x_k,x_{k-1},x_{k-2}$ 为插值节点,过数据点 (x_{k+1},f_{k+1}),(x_k,f_k),(x_{k-1},f_{k-1}),(x_{k-2},f_{k-2}) 做插值多项式

$$P(x)=\sum_{i=k-2}^{k+1}\prod_{\substack{j=k-2\\ j\neq i}}^{k+1}\left(\frac{x-x_j}{x_i-x_j}\right)f_i\tag{9-44}$$

类似于阿达姆斯显式公式(9 - 41)的推导,可得到阿达姆斯隐式公式

$$y_{k+1}=y_k+\frac{h}{24}[9f_{k+1}+19f_k-5f_{k-1}+f_{k-2}]\tag{9-45}$$

式(9 - 45)又称阿达姆斯内插公式。

同样,假定公式(9 - 45)在 x_k,x_{k-1},x_{k-2} 处精确成立,即 $y_k=y(x_k)$,$y_{k-1}=y(x_{k-1})$,$y_{k-2}=y(x_{k-2})$,则可得到阿达姆斯隐式公式的局部截断误差为

$$y(x_{k-1})-y_{k+1}=-\frac{19}{720}h^5y_k^{(5)}+\cdots=o(h^5)\tag{9-46}$$

注意到阿达姆斯显式公式(9 - 41)与隐式公式(9 - 45)都是四阶的。隐式公式的优点是计算比较稳定,但要计算 y_{k+1} 需要用迭代法,因此有必要对其做进一步改进。

9.5.3　阿达姆斯预报 - 校正公式

与处理改进的欧拉公式或欧拉预报 - 校正公式一样,可对阿达姆斯显式和隐式公式做进一步匹配。由显式公式提供初值,然后由隐式公式迭代一次所得的结果作为 y_{k+1},由此得到阿达姆斯预报 - 校正公式。

$$\text{预报}\quad\begin{aligned}&\bar{y}_{k+1}=y_k+\frac{h}{24}[55f_k-59f_{k-1}+37f_{k-2}-9f_{k-3}]\\&\bar{f}_{k+1}=f(x_{k+1},\bar{y}_{k+1})\end{aligned}\tag{9-47}$$

$$\text{校正}\quad\begin{aligned}&y_{k+1}=y_k+\frac{h}{24}(9\bar{f}_{k+1}+19f_k-5f_{k-1}+f_{k-2})\\&f_{k+1}=f(x_{k+1},y_{k+1})\end{aligned}\tag{9-48}$$

根据误差公式(9 - 43)和(9 - 46),对于式(9 - 47)和式(9 - 48)中的预报值和校正值分别有

$$y(x_{k+1})-\bar{y}_{k+1}\approx\frac{251}{720}h^5y^{(5)}(x_k) \tag{9-49}$$

$$y(x_{k+1})-y_{k+1}\approx-\frac{19}{720}h^5y^{(5)}(x_k) \tag{9-50}$$

将式(9－49)与式(9－50)相减并略去含有 h^6 以上的后面各项得

$$y_{k+1}-\bar{y}_{k+1}\approx\frac{3}{8}h^5y_k^{(5)} \tag{9-51}$$

将式(9－51)代入式(9－50)并整理得事后误差估计式

$$y(x_{k+1})-y_{k+1}\approx-\frac{19}{270}(y_{k+1}-\bar{y}_{k+1}) \tag{9-52}$$

在具体的计算过程中，当给定精度 ε 之后，只需要检验不等式 $\frac{19}{270}|y_{k+1}-\bar{y}_{k+1}|<\varepsilon$ 是否满足。若不满足，则应缩小步长，直到满足为止。

阿达姆斯法不是“自开始”的，只有 y_0 是已知的，还须计算 y_1,y_2,y_3 等值。在一般情况下，用其他单步法可求初开始的 3 个点的函数值。但为了保证与阿达姆斯法具有同样的精度，通常使用四阶龙格－库塔法求初开始 3 个点的函数值。此外，为了使开始的 3 个点值的误差不致对以后各步的计算结果产生过大的影响，计算时应多取 1 ~ 2 位小数，以保证开始 3 个点的函数值足够精确。当然也可以利用初始点 x_0 处的泰勒展开式求初开始 3 个点的函数值的近似值，但需保证泰勒展开式为四阶以上。该方法的缺点是需要计算 x_0 点的各阶导数，当 $f(x,y)$ 的表达式比较复杂时，则计算十分麻烦，不如直接用四阶龙格－库塔法方便。

【例 9.5】 取步长 $h=0.001$，用阿达姆斯预报－校正公式(9－47)和(9－48)计算例 9.2的初值问题。

解：用四阶龙格－库塔法求开头 3 个点的函数值，然后用阿达姆斯预报－校正公式计算后面的值，计算结果列于表 9-4。

表 9-4　计算结果

t_n	四阶龙格－库塔法 i_n	阿达姆斯预报－校正公式 i_n
0.000	0.000 000 0	
0.001	0.096 209 5	
0.002	0.372 891 0	
0.003	0.799 227 0	
0.004		1.329 98
0.005		1.909 53
0.006		2.477 67
0.007		2.975 36
0.008		3.350 55
0.009		3.563 19
0.010		3.589 24

线形多步法公式还有米尔尼(Milne)公式、哈明(Hamming)公式等，有兴趣的读者可参

考文献[1]。

9.6　微分方程组及高阶微分方程的数值解法

9.6.1　一阶微分方程组的数值解法

考察一阶微分方程组的初值问题

$$\begin{cases} y'_1 = f_1(x, y_1, y_2, \cdots, y_m) \\ y'_2 = f_2(x, y_1, y_2, \cdots, y_m) \\ \cdots\cdots \\ y'_m = f_m(x, y_1, y_2, \cdots, y_m) \\ y_1(x_0) = y_1^0, y_2(x_0) = y_2^0, \cdots, y_m(x_0) = y_m^0 \end{cases} \tag{9-53}$$

采用向量记号,记

$$\boldsymbol{y} = (y_1, y_2, \cdots, y_m)^{\mathrm{T}}$$

$$\boldsymbol{f} = (f_1, f_2, \cdots, f_m)^{\mathrm{T}}$$

$$\boldsymbol{y}_0 = (y_1^0, y_2^0, \cdots, y_m^0)^{\mathrm{T}}$$

则微分方程组初值问题(9 – 53)可表示为

$$\begin{cases} \boldsymbol{y}'(x) = \boldsymbol{f}(x, \boldsymbol{y}) \\ \boldsymbol{y}(x_0) = \boldsymbol{y}_0 \end{cases} \tag{9-54}$$

前几节介绍的单个方程数值解法的计算公式都可用来解初值问题(9 – 54)。求解这一问题的四阶龙格 – 库塔公式为

$$\begin{cases} y_{k+1} = y_k + \dfrac{1}{6}(K_1 + 2K_2 + 2K_3 + K_4) \\ K_1 = hf(x_k, y_k) \\ K_2 = hf(x_k + \dfrac{h}{2}, y_k + \dfrac{1}{2}K_1) \\ K_3 = hf(x_k + \dfrac{h}{2}, y_k + \dfrac{1}{2}K_2) \\ K_4 = hf(x_k + h, y_k + K_3) \end{cases} \tag{9-55}$$

或表示为分量形式

$$\begin{aligned} & y_{i,k+1} = y_{ik} + \frac{1}{6}(K_{i1} + 2K_{i2} + 3K_{i3} + 4K_{i4}) \\ & K_{i1} = hf_i(x_k, y_{1k}, y_{2k}, \cdots, y_{mk}) \\ & K_{i2} = hf_i(x_k + \frac{h}{2}, y_{1k} + \frac{1}{2}K_{11}, y_{2k} + \frac{1}{2}K_{21}, \cdots, y_{mk} + \frac{1}{2}K_{m1}) \\ & K_{i3} = hf_i(x_k + \frac{h}{2}, y_{1k} + \frac{1}{2}K_{12}, y_{2k} + \frac{1}{2}K_{22}, \cdots, y_{mk} + \frac{1}{2}K_{m2}) \\ & K_{i4} = hf_i(x_k + h, y_{1k} + K_{13}, y_{2k} + K_{23}, \cdots, y_{mk} + K_{m3}) \qquad i = 1, 2, \cdots, k \end{aligned} \tag{9-56}$$

这里,y_{ik}是因变量所对应向量的第 i 个分量 $y_i(x)$ 在节点 $x_k = x_0 + kh$ 的近似值。

为了帮助理解这一计算过程,我们考察两个方程的特殊情形,即

$$\begin{cases} y' = f(x, y, z), y(x_0) = y_0 \\ z' = g(x, y, z), z(x_0) = z_0 \end{cases} \tag{9-57}$$

初值问题(9-57)的四阶龙格-库塔公式为

$$\begin{aligned} y_{k+1} &= y_k + \frac{1}{6}(K_1 + 2K_2 + 2K_3 + K_4) \\ z_{k+1} &= z_k + \frac{1}{6}(l_1 + 2l_2 + 2l_3 + l_4) \\ K_1 &= hf(x_k, y_k, z_k) \\ l_1 &= hg(x_k, y_k, z_k) \\ K_2 &= hf\left(x_k + \frac{h}{2}, y_k + \frac{1}{2}K_1, z_k + \frac{1}{2}l_1\right) \\ l_2 &= hg\left(x_k + \frac{h}{2}, y_k + \frac{1}{2}K_1, z_k + \frac{1}{2}l_1\right) \\ K_3 &= hf\left(x_k + \frac{h}{2}, y_k + \frac{1}{2}K_2, z_k + \frac{1}{2}l_2\right) \\ l_3 &= hg\left(x_k + \frac{h}{2}, y_k + \frac{1}{2}K_2, z_k + \frac{1}{2}l_2\right) \\ K_4 &= hf(x_k + h, y_k + K_3, z_k + l_3) \\ l_4 &= hg(x_k + h, y_k + K_3, z_k + L_3) \end{aligned} \tag{9-58}$$

【例 9.6】 取 $h=0.1$,求解初值问题

$$\begin{cases} y' = \dfrac{1}{2} \\ z' = -\dfrac{1}{y} \\ y(0) = z(0) = 1 \end{cases}$$

解:利用式(9-55)进行计算,其结果列于表 9-5 中。

表 9-5　计算结果

x_n	y_n	z_n
0.0	1.000 00	1.000 000
0.1	1.105 17	0.904 838
0.2	1.221 40	0.818 731
0.3	1.349 86	0.740 819
0.4	1.491 82	0.670 321
0.5	1.648 72	0.606 532
0.6	1.822 12	0.548 813
0.7	2.013 75	0.496 586
0.8	2.225 54	0.449 330
0.9	2.459 60	0.406 571
1.0	2.718 27	0.367 881

9.6.2 高阶微分方程的数值解法

求高阶微分方程(或方程组)初值问题的数值解,一般是将其归结为求解一阶微分方程组。考察 m 阶微分方程初值问题

$$\begin{cases} y^{(m)}=f(x,y,y',\cdots,y^{(m-1)}) \\ y(x_0)=y_0,y'(x_0)=y'_0,\cdots,y^{(m-1)}(x_0)=y_0^{(m-1)} \end{cases} \tag{9-59}$$

引进新变量 $y=y_1,y'=y_2,\cdots,y^{(m-1)}=y_m$,则初值问题(9-59)化为如下一阶方程组,即

$$\begin{cases} y'_1=y_2 \\ y'_2=y_3 \\ \cdots \\ y'_{m-1}=y_m \\ y'_m=f(x,y_1,y_2,\cdots,y_3) \\ y_1(x_0)=y_0,y_2(x_0)=y'_0,\cdots,y_m(x_0)=y_0^{(m-1)} \end{cases} \tag{9-60}$$

要求 m 阶微分方程初值问题(9-59),只须求解一阶微分方程组初值问题(9-60)即可。

例如,对于二阶微分方程初值问题

$$\begin{cases} y''=f(x,y,y') \\ y(x_0)=y_0,y'(x_0)=y'_0 \end{cases} \tag{9-61}$$

引进新变量 $z=y'$,可将问题(9-61)化为

$$\begin{cases} y'=z & y(x_0)=y_0 \\ z'=f(x,y,z) & z(x_0)='y_0 \end{cases} \tag{9-62}$$

针对一阶微分方程组初值问题(9-62),应用四阶龙格-库塔公式(9-55)有

$$y_{k+1}=y_k+\frac{1}{6}(K_1+2K_2+2K_3+K_4)$$

$$z_{k+1}=z_k+\frac{1}{6}(l_1+2l_2+2l_3+l_4)$$

$$K_1=hz_k \quad l_1=hf(x_k,y_k,z_k)$$

$$K_2=h(z_k+\frac{1}{2}l_1) \quad l_2=hf\left(x_k+\frac{h}{2},y_k+\frac{K_1}{2},z_k+\frac{l_1}{2}\right)$$

$$K_3=h\left(z_k+\frac{1}{2}l_2\right) \quad l_3=hf\left(x_k+\frac{h}{2},y_k+\frac{K_2}{2},z_k+\frac{l_2}{2}\right)$$

$$K_4=h(z_k+l_3) \quad l_4=hf(x_k+h,y_k+K_3,z_k+l_3)$$

消去 K_1,K_2,K_3,K_4,则上述公式可表示为

$$y_{k+1}=y_k+hz_k+\frac{h}{6}(l_1+l_2+l_3)$$

$$z_{k+1}=z_k+\frac{1}{6}(l_1+2l_2+2l_3+l_4)$$

$$l_1=hf(x_k,y_k,z_k)$$

$$l_2=hf\left(x_k+\frac{h}{2},y_k+\frac{h}{2},z_k+\frac{l_1}{2}\right)$$

$$l_3 = hf\left(x_k + \frac{h}{2}, y_k + \frac{h}{2}z_k + \frac{h^2}{4}l_1, z_k + \frac{l_2}{2}\right)$$

$$l_4 = hf\left(x_k + h, y_k + hz_k + \frac{h^2}{2}l_2, z_k + l_3\right)$$

这里求出的 y_{k+1} 是二阶微分方程初值问题(9 - 61)的数值解，求出的 z_{k+1} 是为了下一步计算后面节点的数值解做准备的值。

*9.7 常微分方程边值问题的差分法

微分方程的定解问题有两种：一种是给出了积分曲线初始时刻的形态，这类条件称为初始条件，相应的定解问题称为初值问题，前面几节介绍了求解这类初值问题数值解的各种方法；另一种是给出了积分曲线两端的形态，这类条件称为边界条件，相应的定解问题称为边值问题。边值问题是针对高阶微分方程而言的，本节主要介绍这类问题的数值解法。常用的求高阶微分方程边值问题的数值解法有差分法、有限元法和边界元法等，本节将介绍差分法。要了解有限元法和边界元法，则可见参考文献[1]和[7]。

以二阶方程为例，设在区间 $a < x < b$ 上求解二阶常微分方程边值问题，即

$$\begin{cases} y'' = f(x, y, y') \\ y(a) = \alpha, y(b) = \beta \end{cases} \tag{9-63}$$

如果函数 f 的形式比较复杂，则一般很难求出问题(9 - 63)的解析解。此时，可以用所谓的"试射法"求问题(9 - 63)的数值解。"试射法"的基本思想是设法将边值问题转化为等价的初值问题来求解，即从边界条件 $y(a) = \alpha, y(b) = \beta$ 出发，设法找到与其对应的初值条件 $y(a) = \alpha, y'(a) = m$。通过反复调整初始时刻的斜率值 $y'(a) = m$，使得被调整后的初始条件所对应的初值问题的积分曲线能"命中"边界条件 $y(b) = \beta$。

如何"命中"边界条件呢？其计算过程并不复杂。设凭经验能够提供 m 的两个预测值 m_1, m_2，分别求解(试射)初值问题 $\begin{cases} y'' = f(x, y, y') \\ y(a) = \alpha, y'(a) = m_1 \end{cases}$ 和 $\begin{cases} y'' = f(x, y, y') \\ y(a) = \alpha, y'(a) = m_2 \end{cases}$ 的数值解。从而在 $x = b$ 处求得 $y(b)$ 的两个结果 β_1, β_2。如果 β_1, β_2 均不满足与"命中"值 β 的预定精度，就用线性插值方法校正 m_1 和 m_2 而得到新的斜率值，即

$$m_3 = m_1 + \frac{m_1 - m_2}{\beta_2 - \beta_1}(\beta - \beta_1)$$

以 m_3 为新的斜率值求解(试射)初值问题

$$\begin{cases} y'' = f(x, y, y') \\ y(a) = \alpha, y'(a) = m_3 \end{cases}$$

的数值解又得新的结果 $y(b) = \beta_3$。检验 β_3 是否满足与"命中"值 β 的预定精度。如果不满足，则取接近 β 较好的 β_1 或 β_2 所对应的 m_1 或 m_2 与 m_3, β_3 继续用线性插值进行校正，得到新的斜率值 β_4，再次"试射"，直到计算结果 $y(b)$ 与 β 之间满足预定精度为止。

试射法过分依赖于经验值，局限性过大，对较高阶的微分方程计算量较大。下面将介绍求解边值问题的差分法。

9.7.1 差分方程的建立与求解

与常微分方程初值问题的数值解法一样，选取合适的差商逼近微分方程中的导数是差

分法的主要思想,如对一阶导数 $y'(x)$,可用向前差商 $\frac{y(x+h)-y(x)}{h}$、向后差商 $\frac{y(x)-y(x-h)}{h}$ 或中心差商 $\frac{y(x+h)-y(x-h)}{2h}$ 来逼近。对导数 $y''(x)$,则可用二阶差商逼近,如向前差商的向后差商或向后差商的向前差商,即

$$y''(x) \approx \frac{\frac{y(x+h)-y(x)}{h} - \frac{y(x)-y(x-h)}{h}}{h} = \frac{y(x+h)-2y(x)+y(x-h)}{h^2} \tag{9-64}$$

将 $a<x<b$ 划分为 n 等分,步长 $h=\frac{b-a}{n}$,对任意节点 $x_k=a+kh,k=1,2,\cdots,n$,用一阶中心差商代替 $y'(x)$,用二阶差商式(9-64)代替 $y''(x)$,并代入边值问题(9-63),得到离散化的计算公式

$$\begin{cases} \frac{y_{k+1}-2y_k+y_{k-1}}{h^2} = f\left(x_k, y_k, \frac{y_{k+1}-y_{k-1}}{2h}\right) \\ y_0=\alpha, y_n=\beta \end{cases} \tag{9-65}$$

要求解边值问题(9-63)在节点处的数值解,只要求解差分方程(9-65)即可。但是,如果函数 f 是非线性的或者 f 的形式较复杂,则差分方程(9-65)也是非线性的或者其形式也较复杂,故实际求解是比较困难的。

以下只给出线性方程的数值解法。

设有常微分方程边值问题。

$$\begin{cases} y''+p(x)y'+q(x)y=f(x) \qquad a<x<b \\ y(a)=\alpha, y(b)=\beta \end{cases} \tag{9-66}$$

其中,$p(x)$,$q(x)$ 和 $f(x)$ 均为 $[a,b]$ 上的已知函数,α,β 为已知数,则差分方程(9-65)相应的形式为

$$\begin{cases} \frac{y_{k+1}-2y_k+y_{k-1}}{h^2} + p_k\frac{y_{k+1}-y_{k-1}}{2h} + q_k y_k = f_k \\ y_0=\alpha, y_n=\beta \qquad k=1,2,\cdots,n-1 \end{cases} \tag{9-67}$$

其中,$p_k=p(x_k)$,$q_k=q(x_k)$,$f_k=f(x_k)$,经过简单整理,式(9-67)可改写为

$$\begin{cases} (1-\frac{h}{2}p_k)y_{k-1} - 2(1-\frac{h^2}{2}q_k)y_k + (1+\frac{h}{2}p_k)y_{k+1} = h^2 f_k \\ \qquad k=1,2,\cdots,n-1 \\ y_0=\alpha, y_n=\beta \end{cases} \tag{9-68}$$

差分方程(9-68)实际上是含有 $n-1$ 个未知数 $y_1,y_2,\cdots,y_{n-1}$ 的封闭的线性方程组。解差分方程(9-68)就可得到数值解 $y_k(k=1,2,\cdots,n-1)$。为此,令

$$a_k = 1-\frac{1}{2}p_k \qquad b_k = -2(1-\frac{h^2}{2}q_k)$$

$$c_k = 1+\frac{h}{2}p_k \qquad d_k = h^2 f_k$$

则有

$$\begin{cases} b_1y_1 + c_1y_2 & = d_1 - a_1\alpha \\ a_2y_1 + b_2y_2 + c_2y_3 & = d_2 \\ \qquad a_3y_2 + b_3y_3 + c_3y_4 & = d_3 \\ \cdots\cdots & \\ \qquad a_{n-1}y_{n-2} + b_{n-1}y_{n-1} & = d_{n-1} - c_{n-1}\beta \end{cases} \tag{9-69}$$

这个方程组的系数矩阵是三对角的,可以用追赶法求解。

9.7.2　差分方程的可解性与收敛性

差分法的基本思想是以差分代替导数。那么通过求解线性方程组(9－69)得到差分法的数值解与边值问题(9－66)的精确解之间必然存在截断误差,况且求解线性方程(9－69)的过程中还有两个问题必须给以回答:其一是方程组(9－69)的解是否存在并且唯一,即差分方程的可解性问题;其二是当 $h\to 0$ 时,该数值解是否收敛于边值问题(9－66)的精确解,即差分方程的收敛性问题。

下面不加证明地给出式(9－68)或式(9－69)有唯一解且收敛于式(9－66)精确解的条件。

定理 9.4　若 $a_k>0, c_k>0, -b_k\geqslant a_k+c_k+\rho_k \quad (\rho_k>0), k=1,2,\cdots,n-1$,则二阶差分方程

$$\begin{cases} a_ky_{k-1}+b_ky_k+c_ky_{k+1}=d_k \quad k=1,2,\cdots,n-1 \\ y_0=\alpha, y_n=\beta \end{cases}$$

有唯一解,且当 $h\to 0$ 时,收敛于边值问题(9－66)的精确解。

如果 $q(x)<0$,则显然定理 9.4 的条件是满足的,且 $\rho_k=-h^2q_k>0$,故差分方程(9－69)有唯一解且收敛于式(9－66)的精确解。但是,值得注意的是,定理 9.4 的条件只是一个充分条件。

【例 9.7】　使用差分法解方程

$$\begin{cases} y''-2(9x+2)y=-2(9x+2)e^x \qquad 0<x<1 \\ y(0)=0, y(1)=1 \end{cases}$$

解:将区间[0,1]划分为 4 等分,即取 $h=\frac{1}{4}$,得 5 个节点

$$x_0=0,\quad x_1=\frac{1}{4}\quad x_2=\frac{1}{2}\quad x_3=\frac{3}{4}\quad x_4=1$$

仿式(9－68)导出方程的差分方程

$$\begin{cases} \dfrac{y_{k-1}-2y_k+y_{k+1}}{h^2}-2(9x_k+2)y_k=-2(9x_k+2)e^{x_k} \\ y_0=0, y_4=1 \qquad\qquad k=1,2,3 \end{cases}$$

且改写成

$$\begin{cases} y_{k-1}-2[1+h^2(9x_k+2)]y_k+y_{k+1}=-2h^2(9x_k+2)e^{x_k} \\ y_0=0, y_4=1 \end{cases}$$

根据定理 9.4,此处 $a_n=c_n=1, b_n=-2[1+h^2(9x_k+2)], \rho_k=2h^2(9x_k+2)>0$,满足定理 9.4 的条件,故其差分方程有唯一解且是收敛的。

列出每个内点方程的解所对应的差分方程为

$$\begin{cases} -2.5312y_1 + y_2 = -0.6821 \\ y_1 - 2.8125y_2 + y_3 = -1.3396 \\ y_2 - 3.0938y_3 = -3.3156 \end{cases}$$

由追赶法递推公式,得

$$y_3 = 1.4855 \qquad y_2 = 1.2802 \qquad y_1 = 0.7753$$

习　　题

1. 就初值问题$\frac{dy}{dx} = x^2 + x - y, y(0) = 0$,分别导出欧拉折线法公式和欧拉预报 - 校正公式,取步长 $h = 0.1$,计算 $y(0.5)$,并与精确解 $y = -e^{-x} + x^2 + 1$ 相比较。

2. 试导出解初值问题(9 - 1)和(9 - 2)的中点折线公式

$$y_{k+1} = y_{k-1} + 2hf(x_k, y_k)$$

并估计其局部截断误差(提示:利用区间$[x_{k-1}, x_{k+1}]$上的中矩数值积分公式)。

3. 用梯形方法解初值问题$\frac{dy}{dx} = -y, y(0) = 1$,证明其近似解为 $y_k = \left(\frac{2-h}{2+h}\right)^k$,并证明当 $h \to 0$ 时,收敛于精确解 e^{-x}。

4. 证明下列梯形格式的迭代过程

$$\begin{cases} y_{k+1}^{(0)} = y_k + hf(x_k, y_k) \\ y_{k+1}^{(m+1)} = y_k + \frac{h}{2}[f(x_k, y_k) + f(x_{k+1}, y_{k+1}^{(m)})] \\ k = 0, 1, 2, \cdots, n; m = 0, 1, 2, \cdots \end{cases}$$

当 $|f'_y(x, y)| \leqslant L$ 且$\frac{hL}{2} < 1$ 时,对任意 $k \geqslant 1$ 关于 m 的迭代过程是收敛的。

5. 写出用四阶龙格 - 库塔方法求解下列初值问题的近似公式,取步长 $h = 0.2$,计算 $y(0.2)$。

(1) $\begin{cases} \frac{dy}{dx} = x + y \\ y(0) = 1 \end{cases}$

(2) $\begin{cases} \frac{dy}{dx} = \frac{3y}{1+x} \\ y(0) = 1 \end{cases}$

6. 证明对任意参数 t,下列龙格 - 库塔公式是二阶方法

$$\begin{cases} y_{k+1} = y_k + \frac{h}{2}(K_2 + K_3) \\ K_1 = f(x_k, y_k),\ K_2 = f(x_k + th, y_k + thK_1) \\ K_3 = f(x_k + (1-t)h, y_k + (1-t)hK_1) \end{cases}$$

7. 写出用阿达姆斯公式和阿达姆斯预报 - 校正公式求解下列初值问题的近似计算公式,取步长 $h = 0.1$,计算 $y(0.4)$。

(1) $\begin{cases} \frac{dy}{dx} = x + y \\ y(0) = 1 \end{cases}$

(2) $\begin{cases} \frac{dy}{dx} = 1 - y \\ y(0) = 0 \end{cases}$

8. 将下列方程化为一阶方程组

(1) $\begin{cases} y'' - 3y' + 2y = 0 \\ y(0) = 1, y'(0) = 1 \end{cases}$

(2) $\begin{cases} y'' - 0.1(1 - y^2)y' + y = 0 \\ y(0) = 1, y'(0) = 0 \end{cases}$

*9. 取 $h = 0.2$,用差分方法解边值问题

$$\begin{cases} y'' = -y \\ y(0) = 0, y(1) = 1 \end{cases}$$

* 第 10 章　MATLAB 和 MATHEMATICA 的介绍

10.1　MATLAB 软件的使用

MATLAB(Matrix Laboratory,矩阵实验室)是一个数值计算和图像处理的工具,现已成为国际认可(IEEE)的最优化的科技应用软件。MATLAB 可在多种不同的硬件平台、软件平台下工作,具有极高的通用性。同时,MATLAB 又是一个易于扩充的软件,拥有多种编程语言接口,用户可以很容易建立自己的程序库。针对专业领域建立的程序库被称做“工具箱”。MATLAB 提供的“工具箱”覆盖统计计算、优化计算、模糊逻辑、神经网络、信号处理、小波分析、系统控制及系统模拟等许多专业领域。随着版本的升级和工具箱的建立,MATLAB 软件的功能越来越强,但其核心部分及基本使用方法保持不变。这里以 MATLAB 6.5 for win98/2000/nt 为对象介绍 MATLAB 的基本使用方法。

10.1.1　MATLAB 的运行环境

MATLAB 运行的硬件环境:

处理器要求最低 Pentium,推荐 Pentium III 及其以上;

RAM 要求最低为 32 MB,推荐 128 MB;

硬盘空间要求最低为 120 MB,标准安装 600 MB;

CD 光驱或 DVD 光驱。

MATLAB 运行的软件环境:

Microsoft Windows 98 及其以上版本操作系统。

推荐安装:

Microsoft Word 8.0 (Office 97)及其以上版本;

服务器版需要安装 TCP/IP 协议;

阅读在线帮助需要安装 Adobe Acrobat Reader。

MATLAB 支持的编程接口:

Compaq Visual Fortran 5.0,6.1 或 6.5;

Microsoft Visual C/C++ version 5.0,6.0 或 7.0;

Borland C/C++ version 5.0 或 5.02;

Borland C++Builder version 3.0,4.0,5.0 或 6.0;

WATCOM version 10.6 或 11 Lcc 2.4 (bundled with MATLAB)。

10.1.2　MATLAB 的安装

首先确认电脑配置达到最低硬件要求,在 NT 及 XP 操作系统下应取得管理员权限。

MATLAB 的安装流程如下。

step1:插入 MATLAB 安装盘,执行 SETUP. EXE。

step2:输入 license information (PLP)。

step3:阅读 MATLAB 的申明。

step4:输入用户名及公司名。

step5:选择安装路径。

step6:选择需要安装的软件和帮助文档。

step7:选择需要安装的工具箱。

step8:完成安装重新启动计算机。

10.1.3 MATLAB 的运行及退出

双击桌面上的"MATLAB"图标,启动 MATLAB 的运行环境亦可直接运行:安装目录\bin\win32\MATLAB. exe启动 MATLAB。

MATLAB 的初始操作环境有 3 个浮动窗口:Workspace(左上);Command History(左下);Command Window(右)(如图 10-1 所示)。

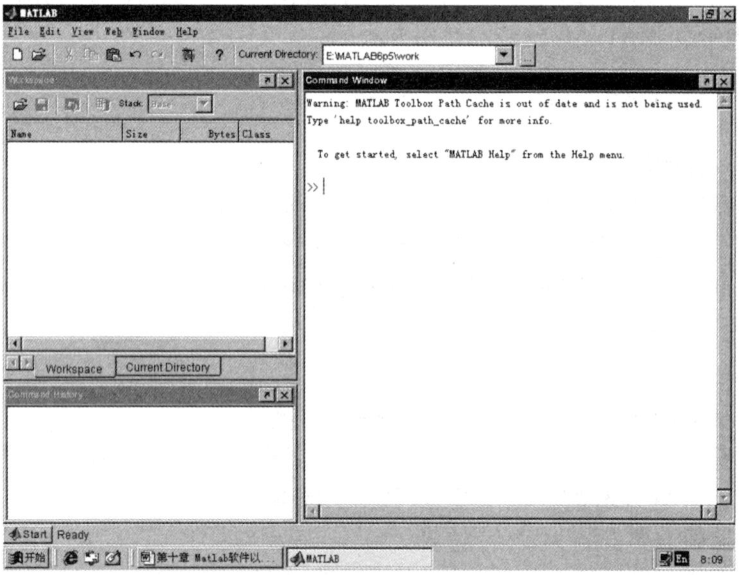

图 10-1　MATLAB 的初始操作环境

Command Window 中的"≫"为 MATLAB 的提示符,在光标"|"处输入 exit 按"回车"键,即可退出 MATLAB 的运行环境,亦可用鼠标点击左上方工具栏"FILE... EXIT MATLAB"退出 MATLAB。

10.1.4 MATLAB 的联机帮助

MATLAB 准备了丰富的联机帮助文档,对 MATLAB 软件做了详细的说明,使用时用"F1"键察看联机帮助,还可以在 Command Window 中用"help"命令察看 MATLAB 内置函数和命令的具体功能。

【例10.1】 用help命令显示函数eye的使用方法。

```
≫help eye
 EYE Identity matrix.
   EYE(N) is the N-by-N identity matrix.
   EYE(M,N) or EYE([M,N]) is an M-by-N matrix with 1's on
   the diagonal and zeros elsewhere.
   EYE(SIZE(A)) is the same size as A.
   See also ONES,  ZEROS,  RAND,  RANDN.
```

10.2 MATLAB基础知识介绍

MATLAB有许多运算命令和强有力的二维、三维图形工具。MATLAB包括命令控制、可编程等,有上百个预先定义好的命令和函数。这些函数能通过用户自定义函数并可进一步扩展。MATLAB软件命令执行的特点:

MATLAB的命令输入完毕单击“回车”键执行;

以符号“;”结尾的语句执行但不显示执行结果;

以符号“%”开始的为注释行,“%”后面的语句不执行。

10.2.1 MATLAB中的数字、变量及其运算

1. MATLAB中的数字

MATLAB中通常的惯例是书写数字。对十进制数,使用科学记数法可以书写非常大和非常小的数。例如,3.14和1.23E-6。这里,后者代表1.23×10^{-6}。

MATLAB的所有数据都是双精度的,但数据可以有许多不同的格式显示,可以用format命令转换(见表10-1)。

表10-1 格式转换命令

命　令	功　能
format short	短格式,显示4位小数,如3.1416(默认的格式)
format long	长格式,显示14位小数,如3.14159265358979
format short e	短e格式,显示4位小数,如3.1416e+000
format long e	长e格式,显示14位小数,如3.14159265358979e+000

2. MATLAB中的变量

在MATLAB中,变量名有19个字符可以作为变量名,即字母A~Z、a~z及数字和下划线“_”,但第一个字符必须是一个字母。MATLAB中变量分为数值型、字符型和符号型。MATLAB是区分大小字母的,如矩阵a和A是不一样的。MATLAB命令通常用小写字母书写。

MATLAB中,变量使用之前,用户不需要指定一个变量的数据类型,也不必声明变量。对于数值型变量,直接给变量赋值即可,无需先定义,但不可以给MATLAB已定义的固定变

量赋值。MATLAB 有许多不同的数据类型，这对决定变量的大小和形式是有价值的，特别适合于混合数据类型、矩阵、细胞矩阵、结构和对象。

MATLAB 认为所有的变量都是矩阵，无需先对变量维数说明，一个数是 1×1 的矩阵。

MATLAB 中定义了一些固定变量代表特殊的数值或意义，常用的固定变量见表 10-2。

表 10-2 常用固定变量

变 量	功 能
Eps	MATLAB 定义的正的极小值 = 2.2204e-16
Pi	π 值 3.14159265…
Inf	表示无限大值∞
NaN	表示不定值 0/0
I 或 j	虚数单位
ans	分配最新计算表达式的值
realmax	返回计算机能处理的最大浮点数
realmin	返回计算机能处理的最小的非零浮点数

MATLAB 中向量的生成可以在工作区直接输入，还可以由命令生成：命令 $\boldsymbol{L}$ = min：step：max 生成向量 $\boldsymbol{L}$ = [min, min + step，…，max]，用 $\boldsymbol{L}$(n) 表示向量 L 中第 n 个元素。

3. MATLAB 中的运算

MATLAB 中的所有运算都是双精度的。其运算符号有加“+”、减“-”、乘“*”、除“/”。MATLAB 有算术运算符的扩展集，它们是“^ 幂”、“* 乘”、“/ 右除（正常除）”、“\左除”。其中，幂运算是最高优先级。在带相同优先级的运算符表达式中，按从左到右的顺序执行，圆括号“( )”能够用于改变优先级次序。两种不同的除法是有用的，右除 2/5 得 0.4 与左除5\2是相同的，斜线号“靠着”的表达式或数字是分母。

【例 10.2】 用长格式显示代数式 $\frac{2\times5}{\sqrt{4}+1}+5^2$ 的值；π 的值；向量 $\boldsymbol{L}$ = [1,2,3,4,5,6] 的值；并用 whos 命令显示当前所有向量的名称、大小和存储方式。

```
≫format long
≫2 * 5/[ sqrt(4) +1 ] +5^2
ans =
   28.33333333333333
≫% 内部变量 ans(answer 的缩写)表示当前计算结果
≫% 对于没有赋值的运算,MATLAB 会自动将计算结果赋值给变量 ans
≫x = pi
x =
   3.14159265358979
≫ L = [1:1:6]
L =
   1     2     3     4     5     6
≫whos
```

```
Name    Size          Bytes  Class
L       1x6           48     double array
ans     1x2           16     double array
x       1x1           8      double array
Grand total is 9 elements using 72 bytes
```

10.2.2 MATLAB 中矩阵的输入、生成及标识

1. MATLAB 中矩阵的输入

矩阵是 MATLAB 的基本运算单位。矩阵中的元素可以为数值、变量、表达式,并可以以任何组合形式出现。a_{ij}是指第 i 行、第 j 列的元素,当矩阵包含的仅是数字时,矩阵为数值矩阵;当矩阵仅由一行组成时,则它是一个特例,即是一个行向量。如果矩阵仅有一列,就是一个列向量。向量也是矩阵的特例。向量中元素的数量是向量的长度。如果矩阵的维数是 1×1,则它是一个标量,即是一个数。MATLAB 中用"[ ]"方括号定义矩阵。其中,方括号"[ ]"内逗号","或" "空格号分隔矩阵列数值,分号";"或"Enter"回车键分隔矩阵行数值。

2. MATLAB 中矩阵的生成

MATLAB 中矩阵的生成可以在工作区直接输入,这是最简单的方法,但只能用于一些简单的情况。一些大型的矩阵可以用建立命令文件的方式输入。此外,MATLAB 还提供了许多函数,可以方便的生成特定矩阵,见表 10-3。

表 10-3 矩阵生成命令

命 令	功 能
eye(n)	生成 $n\times n$ 阶单位矩阵
ones(n)	生成 $n\times n$ 阶元素全为 1 的矩阵
zeros(n)	生成 $n\times n$ 阶元素全为 0 的矩阵
magic(a)	生成 a 阶魔方阵

3. MATLAB 中矩阵的标识

MATLAB 中矩阵元素的标识对矩阵元素的引用非常重要。矩阵的标识有元素标识方式和向量标识方式。

元素标识方式"$m(i,j)$"中的 i 和 j 分别表示元素在矩阵 $\boldsymbol{m}$ 中的行号和列号。

向量表达方式"m(1: 9,[1,9])"中向量"1: 9"表示第 1,2,…,9 行,向量[1 ,9]表示 1,9 两列,所以 m(1: 9,[1,9])表示了矩阵 $\boldsymbol{m}$ 中的 18 个元素,m(:,j)表示 $\boldsymbol{m}$ 矩阵的第 j 列所有元素,m(i,:) 表示 $\boldsymbol{m}$ 矩阵的第 i 行所有元素。

【例 10.3】 矩阵 $\boldsymbol{m}_1=\begin{pmatrix}1 & 2\\ 3 & 4\end{pmatrix}$,$\boldsymbol{m}_2$ 为 2×2 的单位矩阵,求矩阵 m_1 中第 1 行、第 2 列的元素与矩阵 $\boldsymbol{m}_2$ 中第 2 行、第 2 列的元素之和。

```
>>m1 = [1,2 ;3,4]
m1 =
    1    2
```

```
        3      4
>>m2 = eye(2)
m2 =
        1      0
        0      1
>>m1(1,2) + m2(2,2)
ans =
        3
```

10.2.3 MATLAB 中矩阵的基本运算

MATLAB 中的矩阵有两种运算方式:一种是作为矩阵进行矩阵的运算;一种是作为数组进行的数组运算,即两个同维数组相同位置元独立进行运算(见表 10-4)。

表 10-4 矩阵运算符号

命 令	功 能	命 令	功 能
+	矩阵、数组相加	-	矩阵、数组相减
.*	数组点乘	*	矩阵相乘
.^	数组点幂	^	矩阵求幂
.\	数组点左除	\	矩阵左除
./	数组点右除	/	矩阵右除

1. MATLAB 中矩阵的加法和减法

如果矩阵 A 和 B 具有相同的维数,那么就可以定义两个矩阵的和 $\boldsymbol{A}+\boldsymbol{B}$ 和两个矩阵的差 $\boldsymbol{A}-\boldsymbol{B}$。在 MATLAB 中,一个 $m\times n$ 矩阵 $\boldsymbol{A}$ 和一个标量即一个 1×1 矩阵 $\boldsymbol{s}$ 之间也能进行加和减运算。矩阵 $\boldsymbol{A}+\boldsymbol{s}$ 得到与 $\boldsymbol{A}$ 相同的维数,元素为 a_{ij}。

2. MATLAB 中矩阵的乘法

如果矩阵 $\boldsymbol{A}$ 的列数等于矩阵 $\boldsymbol{B}$ 的行数,那么两个矩阵可以相乘,即 $\boldsymbol{C}=\boldsymbol{A}\ \boldsymbol{B}$。如果不是这种情况,则 MATLAB 就返回一个错误信息。只有一个例外,就是这两个矩阵之一是1×1矩阵,即一个矩阵是标量,那么 MATLAB 可以接受。在 MATLAB 中,乘法的运算符是“ * ”,因此,其结果是 $\boldsymbol{C}=\boldsymbol{A}*\boldsymbol{B}$。

3. MATLAB 中矩阵的除法

在 MATLAB 中,有两个矩阵除法的符号,即左除“\”和右除“/”。如果 $\boldsymbol{A}$ 是一个非奇异方阵,那么 $\boldsymbol{A}\backslash\boldsymbol{B}$ 和$\boldsymbol{B}/\boldsymbol{A}$对应 $\boldsymbol{A}$ 的逆与 $\boldsymbol{B}$ 的左乘和右乘,分别等价于命令 inv($\boldsymbol{A}$) * $\boldsymbol{B}$ 和 $\boldsymbol{B}$ * inv ($\boldsymbol{A}$)。在 MATLAB 中求解一个系统用左除比用逆和乘法所需的运算次数要少。

【例 10.4】 矩阵 $\boldsymbol{m}_1=\begin{pmatrix}1&2\\3&4\end{pmatrix}$与 $\boldsymbol{m}_2=\begin{pmatrix}1&0\\1&1\end{pmatrix}$进行矩阵相乘和数组相乘。

```
>>m1 = [1,2;3,4]; m2 = [1,0,1,1];
>>m1 * m2
ans =
```

```
     3     2
     7     4
>>m1. * m2
ans =
     1     0
     3     4
```

10.2.4 MATLAB 中矩阵的关系运算

MATLAB 中的关系运算符主要用来对矩阵与矩阵进行比较,并返回反映二者大小关系的由 0 和 1 组成的矩阵,见表 10-5。

表 10-5　关系运算符

命　令	功　能
==	等于关系运算符
<, >	小于,大于关系运算符
&	逻辑与
|	逻辑或
~	逻辑非
Xor	逻辑异或

关系运算符比较对应的元素,可产生一个仅包含 1 和 0 的具有相同维数的矩阵。其元素是:“1”,如果比较结果是真;“0”,如果比较结果是假。在一个表达式中,算术运算符优先级最高,其次是关系运算符,最低级别是逻辑运算符。圆括号可以改变其顺序。逻辑运算符的运算优先级最低。

运算符“&”和“|”可以比较两个相同维数的矩阵,如同前一节一样,它也能使一个标量与一个矩阵进行比较。逻辑运算符是按元素比较的。零元素表示逻辑值假,任何其他值的元素表示逻辑值真。逻辑运算比较结果是一个包含 1 和 0 的矩阵。

【例 10.5】　对矩阵 $\boldsymbol{m}_1=\begin{pmatrix}1 & 2\\3 & 4\end{pmatrix}$与 $\boldsymbol{m}_2=\begin{pmatrix}1 & 0\\1 & 1\end{pmatrix}$进行等于关系运算。

```
>>m1 = [1,2;3,4];m2 = [1,0,1,1];
>>m1 == m2
ans =
     1     0
     0     0
```

10.2.5 MATLAB 中的绘图及图像处理

MATLAB 有出色的数据可视化及图像处理功能,可将数据根据其不同情况转化成各种所需的二维及三维图形,如平面曲线、空间曲线、立体表面图、柱状图及空间网面图,还可以进行图形加工,如标注、添色、变换视角、取局部视图、切片图及制作动画等。MATLAB 的绘图函数有很多参数,这里仅介绍二维绘图函数 plot,其余 MATLAB 绘图函数的具体应用请查看 MATLAB 的联机帮助。

1. Plot 函数绘图

Plot 函数的具体用法为 Plot(X_1,Y_1,S_1,X_2,Y_2,S_2,X_3,Y_3,S_3,…)。其中,X_1 为曲线 1 的横坐标向量,Y_1 为曲线 1 的纵坐标向量,S_1 为曲线 1 的绘图方式…。其具体参数见表10-6。

表 10-6　具体参数

S	颜　色	*S*	点样式	*S*	曲线样式
b	blue	.	point	–	solid
g	green	o	circle	:	dotted
r	red	x	x-mark	–.	dashdot
c	cyan	+	plus	– –	dashed
m	magenta	*	star		
y	yellow	s	square		
k	black	d	diamond		
		v	triangle (down)		
		^	triangle (up)		
		<	triangle (left)		
		>	triangle (right)		
		p	pentagram		
		h	hexagram		

【例 10.6】 用“+:”绘制函数 $y=\sin x$ 的图像,用“* –”绘制函数 $y=\cos x$ 的图像。

```
≫x =0:0.1:pi;y1 = sin(x);
≫x =0:0.1:pi;y2 = cos(x);
≫plot(x,y1,'+:',x,y2,'* -')
```

用“+”绘制 $\sin x$,用“*”绘制 $\cos x$ 的图像如图 10-2 所示。

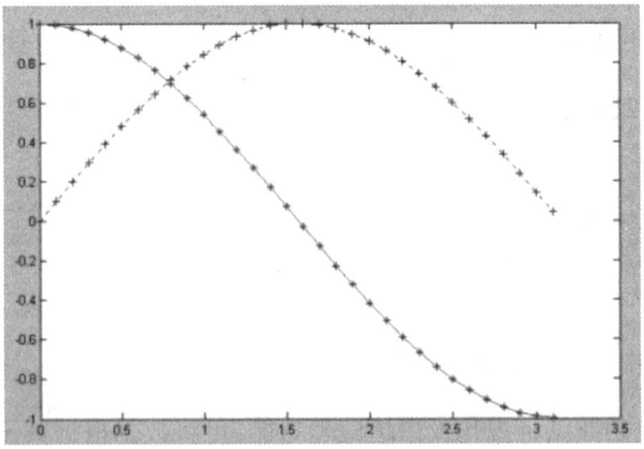

图 10-2　用“+:”绘制 sin(x),“* –”绘制 cos(x)的图像

2. 常用绘图命令

MATLAB 有很多平面图形绘制函数,见表 10-7。

表 10-7　平面图形绘制函数

命　　令	功　　能
Comet(x,y)	绘制向量 y 对向量 x 的彗星轨线。如果只给出一个向量,则用该向量对其下标值绘图。
Comet(x,y,l)	绘制彗长为 l * length(y)的彗星轨线,l 的缺省值为 0.1。
Comet	绘出一个彗星图形的例子。
Area(x,y)	和 plot 命令一样,但是将所得的曲线下方,即曲线和横轴之间的区域填充颜色。
Area(x,A)	矩阵 A 的第一行对向量 x 绘图,然后依次是下一行与前面所有行值的和对向量 x 绘图。每个区域有各自的颜色。
Area(Y)	等价与 x = 1:size(y,1)。

3. MATLAB 中的三维绘图

三维图形可以用命令"Plot3"来绘制。该命令与 Plot 类似,但是 Plot3 需要 3 个向量或矩阵参数。与 Plot 一样,线型和颜色可以用一个字符串来确定,见表 10-8。

表 10-8　Plot3 绘图参数

命　　令	功　　能
Plot3(x,y,z)	用(x_t,y_t,z_t,)所定义的点绘制图形。向量 x,y,和 z 必须为等长度。
Plot3(x,y,z)	对矩阵 X,Y 和 Z 的每一列绘图。这些矩阵必须大小相等,或者也可以是长度与矩阵列向量相等的向量。
Plot3(x,y,z,str)	使用字符串 str 确定的线形和颜色按照上面所述的方法绘图形,参见表 10－6 以获得允许的字符串值。
Plot3(x1,y1,z1 Str1,x2,y2,z2, Str2,…)	用字符串 str1 确定的线形和颜色 x1,y1,z1 绘图,用字符串 str2 确定的线形和颜色对 x2,y2,z2 绘图。如果省略 str1,str2…,则 MATLAB 将自动选择线形和颜色。

10.2.6　MATLAB 中的程序结构

MATLAB 有一些命令可以控制 MATLAB 语句的执行。MATLAB 是一种高级的程序设计语言,能帮助用户解决矩阵问题或其他问题。MATLAB 的程序结构有三种。

1. 顺序结构

顺序结构十分简单,各命令行依先后次序执行,一个命令行可占用多行,用"…"连接。

2. 分支结构

在分支结构中,当满足逻辑表达式时执行对应命令。其中,else if 和 else 为可选。

```
if <逻辑表达式>
    …
```

```
else if <逻辑表达式>
    …
else
    …
end
```

3. 循环结构

循环结构中的循环参数为<初态>:<步长>:<终态>,程序将会循环执行命令,执行次数为(终态+初态)/步长。

```
for <循环参数>
    …
end
```

【例 10.7】 计算 1 +2 +… +10 的值。

```
≫n = 10;sumn = 0;
≫if n > 1
   for i = 1:n,
        sumn = sumn + i;
   end
else
   warning('n error! ')

end
sumn% 显示 sumn 的值
sumn =
     55
```

10.2.7 MATLAB 中的 M 文件

MATLAB 语言是一种解释性的编程语言,即逐句解释运行程序,语言简单易于调试。输入命令的方式主要有两种:一种是在工作区中直接输入,这种方式可以解决一些简单的问题,但对于一些复杂的问题,这种方式显得非常烦琐;另一种是 M 文件的编程工作方式,将需要执行的命令按顺序存放到一个扩展名为“. m”的脚本文件中,该文件称为 M 文件。

M 文件有两种形式:一种是命令文件,也叫脚本文件;另一种是函数文件。两种文件的扩展名都是“. m”。注意,保存 M 文件时,文件名不要与 MATLAB 的内置函数重名。

命令文件是将需要执行的命令按顺序存放到一个脚本文件,并把它存放在 MATLAB 的搜索路径下,每次运行时只需要输入 M 文件的文件名,就像使用 MATLAB 的内部命令一样。

命令文件中的所有语句都可以访问 MATLAB 工作空间的所有变量和数据。在命令文件运行过程中产生的所有变量都等价于直接从 MATLAB 工作空间中建立的变量,这些变量和数据产生后就一直保存在内存中,可以用“clear”命令来清除。

函数文件是有固定格式的 M 文件。其格式是第一行以“Function”开始,说明此文件定义的是一个函数。函数文件实际上定义的是一个 MATLAB 的子函数,其作用与其他的高级语言的子函数相同。MATLAB 的内置函数都是以此格式定义并保存到 MATLAB 特定的搜索目录中。

函数文件与命令文件的主要区别在于:函数文件一般都带有参数,都有返回值,且函数文件要定义文件名函数;而命令文件没有参数和返回值,也不定义函数文件名。函数文件的变量仅在函数运行期间有效,在命令文件运行过程中产生的所有变量都等价于直接从 MATLAB 工作空间中建立。这些变量和数据产生后就一直保存在内存中。

【例 10.8】 用命令文件"mlfile. m"调用函数文件"hsfile. m"修改变量 a 的值。

```
setp1:
建立函数文件 hsfile. m:
新建 M 文件(Ctrl + N),输入如下内容:
function y = hsfile(n)
a = [n,n + 1]
y = [a;a + 1];
保存为 hsfile. m 到安装目录\work\

setp2:
建立命令文件 mlfile. m:
新建 M 文件(Ctrl + N),输入如下内容:
a = 1
b = hsfile (1);
a
保存为 mlfile. m 到安装目录\work\

setp3:
执行命令文件 mlfile. m:
>>mlfile
a =
    1
a =
    1    2
a =
    1
```

本例中,命令文件给 a 赋值为 1,并调用函数文件"hsfile. m",给 b 赋值为[1,2;3,4]。程序 3 次显示了 a 的值,第 1 次 a 是命令文件"mlfile. m"中的第 1 行命令,给 a 赋值为 1,第 2 个 a 是"hsfile. m"中的第 2 行命令,给 a 赋值为[1,2],第 3 次是命令文件"mlfile. m"中的第 3 行命令,显示 a 的值仍为 1。函数文件"hsfile. m"运行时使用了变量 a 并赋值为[1,2],在函数运行结束时,a 仍为原值 1,即函数文件的变量仅在函数运行时有效。函数变量的独立性使 MATLAB 的函数可以嵌套调用,编写函数时可以调用已存在的函数,包括 MATLAB 的内置函数,而不必担心变量名相同。

10.3　MATLAB 的数学应用

10.3.1　MATLAB 中的基本数学函数

MATLAB 中的基本数学函数见表 10-9。

表 10-9　基本数学函数

命　　令	功　　能
Abs(x)	求 x 的绝对值
Sgin(x)	求 x 的符号
Sqrt(x)	求 x 的二次方根
Exp(x)	求 e 的 x 次幂
Log(x)	求 x 的自然对数 in(x)
Log2(x)	求以 2 为底的 x 的对数
Log10(x)	求以 10 为底的 x 的对数
Sin(x)	求 x 的正弦函数
Cos(x)	求 x 的余弦函数
Tan(x)	求 x 的正切函数
Cot(x)	求 x 的余切函数
Asin(x)	求 x 的反正弦函数
Acos(x)	求 x 的反余弦函数
Atan(x)	求 x 的反正切函数
Acot(x)	求 x 的反余切函数
Sec(x)	求 x 的双曲正弦函数
Csc(x)	求 x 的双曲余弦函数
Sinh(x)	求 x 的双曲正弦函数
Cosh(x)	求 x 的双曲余弦函数
Tanh(x)	求 x 的双曲正切函数
Coth(x)	求 x 的双曲余切函数
Sech(x)	求 x 的双曲正割函数
Csch(x)	求 x 的双曲余割函数

10.3.2　MATLAB 中的矩阵运算

1. 常用的矩阵计算

矩阵的转置:m'

求方阵行列式的值:det(m)

求矩阵的大小:size(a)

返回一个向量,第一个为行数,第二个为列数;对多维矩阵,第 n 个为矩阵第 n 维的长度。

矩阵的逆:inv(m)

2. 矩阵及向量的范数(见表10-10)

表10-10　矩阵及向量的范数

命　令	功　能
n = norm(m)	返回矩阵的2－ 范数,即谱范数
n = norm(m,1)	返回矩阵的1－ 范数,即最大列元素绝对值之和
n = norm(m,inf)	返回矩阵 **m** 的无穷范数,即最大行元素绝对值之和
n = norm(L1)	返回向量 **L** 的1－ 范数
n = norm(L,2)	返回向量 **L** 的2－ 范数
n = norm(L,inf)	返回向量 **L** 的无穷范数

3. 矩阵的条件数(见表10-11)

表10-11　矩阵的条件数

命　令	功　能
c = cond(m)	返回向量 **m** 的2－范数条件数
c = cond(m,1)	返回向量 **m** 的1－范数条件数
c = cond(m,inf)	返回向量 **m** 的无穷范数条件数

在求解方程组 $\boldsymbol{mX}=\boldsymbol{Y}$ 时,**m** 的条件数越大,所求得的解受 **m** 和 **Y** 的数据误差的影响越大。

4. 特征值与特征向量(见表10-12)

表10-12　特征值与特征向量

命　令	功　能
d = eig(m)	返回由矩阵 **m** 的特征值组成的列向量
[V,D] = eig(m)	返回特征值矩阵 *D* 和特征向量矩阵 **V**。特征值矩阵 *D* 是以 **m** 的特征值为对角元素的矩阵,矩阵 **m** 的第 *k* 个特征值的特征向量是矩阵 **m** 的第 *k* 列列向量,即满足 $\boldsymbol{mV}=VD$

5. 矩阵分解(见表10-13)

表10-13　矩阵分解

命　令	功　能
[L,U] = lu(m)	矩阵的 *LU* 分解。在 MATLAB 中,矩阵的 ***LU*** 分解是将矩阵 *m* 分解为一个单位左上三角矩阵与一个右上三角矩阵的积:$\boldsymbol{m}=LU$
R = chol(m)	实对称正定矩阵的 cholesky 分解,产生一个上三角矩阵 **R**,使得 $R'R=\boldsymbol{m}$,**m**必须是对称正定的

6. 矩阵的操作(见表10-14)

表 10-14 矩阵的操作

命令	功能
cat(k,m1,m2)	矩阵合并，$k=1,2,3,4$ 为合并方式，$\boldsymbol{m}_1$、$\boldsymbol{m}_2$ 为要合并的矩阵
fliplr(m)	矩阵左、右翻转
flipud(m)	矩阵上、下翻转
rot90(m,k)	矩阵逆时针旋转，k 参数定义为逆时针旋转 $90\times k°$
flipdim(m,k)	矩阵对应维数数值翻转

【例 10.9】 对矩阵 $\boldsymbol{m}=\begin{pmatrix}1 & 2\\ 3 & 4\end{pmatrix}$ 执行求范数、$\boldsymbol{LU}$ 分解及矩阵上、下翻转。

```
≫m = [1,2;3,4];
≫n = norm(m)
n =
     5.4650
≫[L,U] = lu(m)
L =
     0.3333    1.0000
     1.0000         0
U =
     3.0000    4.0000
          0    0.6667
≫flipud(m)
ans =
     3    4
     1    2
```

10.3.3 MATLAB 求解方程与方程组

MATLAB 中给出了函数 solve 求解方程和方程组，其基本用法为 solve('f1','f2',...)。

【例 10.10】 求解方程组 $\begin{cases}x^2+xy+y=3\\ x^2-4x+3=0\end{cases}$ 的解。

```
≫[x,y] = solve('x^2 + x*y + y = 3','x^2 - 4*x + 3 = 0')

x =
     [1]
     [3]
y =
     [1]
     [-3/2]
```

对于线性代数方程组 $\boldsymbol{mX}=\boldsymbol{Y}$，可以直接用矩阵运算求解 $\boldsymbol{X}=\boldsymbol{m}\backslash\boldsymbol{Y}$。

若 $\boldsymbol{m}$ 为满秩方阵，$\boldsymbol{Y}$ 是列向量，则 $\boldsymbol{X}=\boldsymbol{m}\backslash\boldsymbol{Y}$ 得线性代数方程组的精确解。

若 $\boldsymbol{Y}$ 的行数与 $\boldsymbol{m}$ 相同，则 $\boldsymbol{X}=\boldsymbol{m}\backslash\boldsymbol{Y}$ 得线性代数方程的解矩阵 $\boldsymbol{X}$。

若 $\boldsymbol{m}$ 的列数多于行数，则方程称为欠定的，$\boldsymbol{X}=\boldsymbol{m}\backslash\boldsymbol{Y}$ 能得到一组特解。

【例 10.11】　求线性代数方程组 $\begin{pmatrix}1&1&1\\1&2&1\\1&1&2\end{pmatrix}X=\begin{pmatrix}6\\8\\9\end{pmatrix}$ 的解。

```
>>m=[1,1,1;1,2,1;1,1,2];
>>Y=[6,8,9]';

>>X=m\Y
X=
    1
    2
    3
```

10.3.4　MATLAB 数据拟合与数据插值

MATLAB 提供了多项式拟合的函数 polyfit，基本用法为 polyfit($\boldsymbol{x}$,$\boldsymbol{y}$,n)，$\boldsymbol{x}$ 和 $\boldsymbol{y}$ 分别为自变量和因变量数据向量。n 是拟合的多项式的次数。函数得到的结果是多项式的系数由高次到低次排列的行向量。

【例 10.12】　用 3 次多项式拟合多项式 $3x^2+5x+9$。

```
>>x=[1:1:9];y=3*x.^2+5*x+9;polyfit(x,y,3)
ans=
    -0.0000    3.0000    5.0000    9.0000
```

MATLAB 还提供了插值函数：

一维插值 Y=interperl(X,Y,X0)

二维插值 Z0=interprr2(X,Y,Z,X0,Y0)

对于一维插值而言，三次样条插值是最有效的插值方法之一。MATLAB 中的三次样条插值是用函数 spline 实现的。

【例 10.13】　用三次样条插值求解 $\sin x$ 在点 0,2,4,6,8,10 的值。

```
>>x=0:10;y=sin(x);
>>x0=0:2:10;
>>y0=spline(x,y,x0)
y0=
    0    0.9093    -0.7568    -0.2794    0.9894    -0.5440
```

10.3.5　MATLAB 中的微积分运算

1. MATLAB 中的微分运算

MATLAB 中用向量表示多项式，如 $\boldsymbol{L}=[a_0,a_1,\cdots,a_n]$ 可以表示多项式

$$\boldsymbol{L}(x)=a_0x^n+a_1x^{n-1}+\cdots+a_{n-1}x+a_n$$

函数 polyval($\boldsymbol{L}$,x_n) 返回以向量 $\boldsymbol{L}$ 所表示的多项式 $\boldsymbol{L}(x)$ 在点 x_n 处的值。函数 polyder

(**L**)返回以向量 **L** 所表示的多项式的微分。

【例 10.14】 求多项式 $3x^5+4x^4+6x^3+8x^2-6x+12$,当 $x=1$ 时的值和多项式的微分。

```
≫polyval(L,1)
ans =
    22
≫polyder(L)
ans =
    15    16    18    16    -6
```

2. MATLAB 中的积分运算

MATLAB 提供了用 Simpson 递归算法求数值积分的函数 quad。其基本用法为:Quad('fun',a,b,tol),可以得到函数 f 在区间[a,b]上的数值积分,相对误差为 tol。tol 的默认值为 1.e-3,可以省略。

【例 10.15】 求 $\sin x$ 在区间[0,5]上的积分。

```
≫quad('sin',0,5)

ans =
    0. 7163
```

10.3.6 MATLAB 求解常微分方程初值问题

MATLAB 中给出了函数 dsolve 求解微分方程。其基本用法为:dsolve('f','y0')。其中,f 定义微分方程的形式 $y'=f(x,y)$ y0 为初始条件。

【例 10.16】 求解微分方程 $\begin{cases}(y')^2=1-y^2\\ y(0)=0\end{cases}$

```
≫y = dsolve('(Dy)^2 + y^2 = 1 ','y(0) = 0')

y =
    [ sin(t) ]
    [ -sin(t) ]
```

MATLAB 中还给出了龙格-库塔方法的低阶方法 ode23 和中阶方法 ode45。中阶方法 ode45 的一般用法为:$[t,y]=\text{ode45}(f,x\text{SPAN},Y_0)$。其中,$f$ 定义微分方程的形式 $y'=f(x,y)$,tSPAN=[x0,xfinal]表示微分方程的积分限是从 x0 到 tfinal,y0 为初始条件。

【例 10.17】 用 R-K 方法求解 $\begin{cases}y'=-2y+2x^2+2x & 0\leqslant x\leqslant 0.5\\ y(0)=1\end{cases}$

setp1:

编制函数文件 fun. m:

```
function f = fun(x,y)
f = -2 * y + 2 * x.^2 + 2 * x;
```

setp2:

用 R-K 方法求解:

```
≫[x,y] = ode45('fun',[0,0.5],1);
```

MATLAB 中给出的其他龙格 - 库塔方法，如 ODE32、ODE113、ODE15S、ODE23S、ODE23T、ODE23TB，其具体使用方法以及 MATLAB 的其他功能，请参看联机帮助文档。

10.4　MATHEMATICA 软件的使用

MATHEMATICA 软件是 Wolfram 公司推出的在数学方面具有强大功能的数学分析软件，在许多领域内都有着广泛的运用。它具有使用简单、适用性强、使用面广等优点，在科学计算的普及方面做出了重要的贡献。MATHEMATICA 在避免了难学的编程语言的同时，能够轻松解决复杂的数学计算，是数学教育和科学研究不可或缺的工具，也是数学建模的得力助手。MATHEMATICA 有各种版本以适应不同的硬、软件环境。不同的版本有着共同的部分，这就是"核"。MATHEMATICA 的各种运算都是由"核"完成的。这里以 MATHEMATICA 4 for windows 为对象介绍 MATHEMATICA 的基本用法。

10.4.1　MATHEMATICA 的运行环境

MATHEMATICA 运行的硬件环境：

处理器要求最低 Pentium，推荐 Pentium Ⅲ及其以上；

RAM 要求最低为 32MB，推荐 64MB；

硬盘空间要求为 150MB；

CD 光驱或 DVD 光驱。

MATHEMATICA 运行的软件环境：

Microsoft Windows 98 及其以上版本操作系统。

10.4.2　MATHEMATICA 的安装

首先确认电脑配置达到最低硬件要求。

MATHEMATICA 的安装流程：

step1：插入 MATHEMATICA 安装盘，执行 SETUP. EXE. ；

step2：根据 MathID 输入 LicenseID 和 Password；

step3：选择安装路径；

step4：完成安装。

10.4.3　MATHEMATICA 的运行及退出

双击桌面上的"MATHEMATICA"图标，启动 MATHEMATICA 的运行环境，亦可直接运行：安装目录 MATHEMATICA. exe 启动 MATHEMATICA。

MATHEMATICA 初始运行时的工作条位于顶部，中间为工作区窗口，右边有 BasicInput 工具栏，3 个窗口均为浮动窗口，可以随意拖动，如图 10-3 所示。

MATHEMATICA 可进行"会话式"的计算，在工作区窗口中输入命令，按"shift + enter"键执行命令。命令可以多行输入。

按"Alt + F4"键或用鼠标点击左上方工具栏"FILE... EXIT"退出 MATHEMATICA。

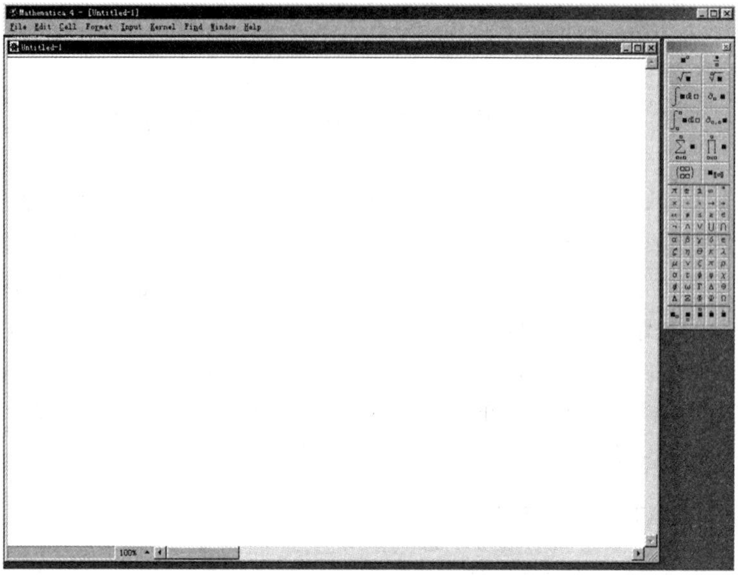

图 10-3　MATHEMATICA 的初始运行界面

10.4.4　MATHEMATICA 的联机帮助

MATHEMATICA 准备了联机帮助文档,对软件中的函数和命令做了详细的说明,并列举了大量的例子,使用时可用“F1”键查看联机帮助,如图 10-4 所示。

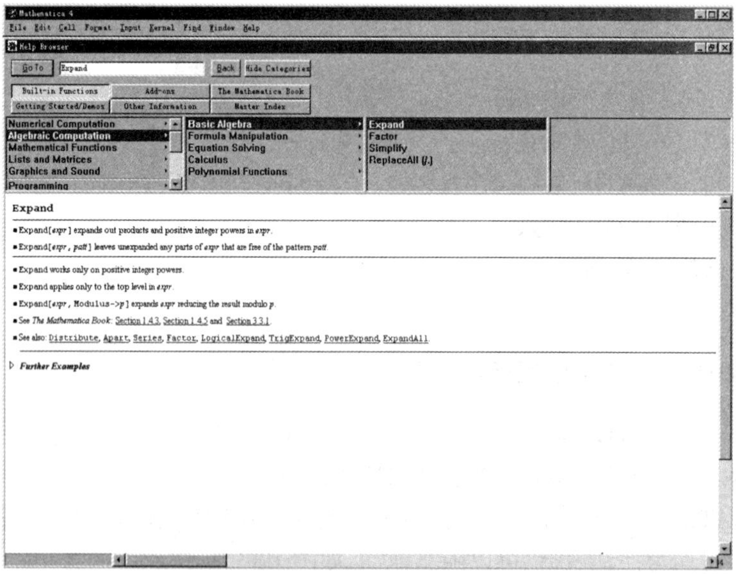

图 10-4　联机帮助文档

在输入框输入 Expand,点击“Go To”便可以看到 Expand 的功能及具体用法举例。

10.4.5　MATHEMATICA 基础知识介绍

MATHEMATICA 中的大、小写英文字母要严格区分开。函数首字母应大写。函数后面的表达式一定要放在方括号里。命令输入完毕，按“shift + enter”键执行命令，MATHEMATICA 会标注输入为 In[k]:=，标注执行结果并为 Out[k]=。

MATHEMATICA 中的“;”表示语句结束，但执行后不显示结果。

10.4.6　MATHEMATICA 中的数值运算

求数值运算近似值的输入方式见表 10-15。

表 10-15　求数值运算近似值的输入方式

命　　令	功　　能
expr//N	求表达式的近似值
N[expr]	求表达式的近似值
N[expr,n]	求表达式的近似值精确度为 n
NSum[f,{I,imin,Infinity}]	求和运算的近似值
NProduct[f,{I,imin,Infinity}]	求积运算的近似值
NIntegrate[f,{x,xmin,xmax}]	积分运算的近似值
NIntegrate[f,{x,xmin,xmax},{y,ymin,ymax},…]	多重积分运算的近似值

注：expr 代表任何一个算术表达式。

MATHEMATICA 的运算符号有加“+”、减“-”、乘“*”（用空格代替乘号）、除“/”、乘方“^”及开方“Sqrt[expr]”（expr 为表达式），表示优先运算的括号一律为“()”，可以使用多重括号。同级运算中，乘方“^”、开方“Sqrt[expr]”优先，乘“*”、除“/”次之，加“+”、减“-”运算优先级最低。

MATHEMATICA 中可用% 代替 Out[k]中的输出结果，见表 10-16。

表 10-16　“%”的用法

命　　令	功　　能
%	代表上面第 1 个输出语句的结果
%%	代表上面第 2 个输出语句的结果
%n	代表上面第 n 个输出语句的结果

MATHEMATICA 中定义了一些固定变量来代表特殊的数值或意义，见表 10-17。

表 10-17　固定变量

命　　令	功　　能
E	自然对数的底 e
Pi	π 值 3.14159265…
Infinity	表示无限大值∞
ComplexInfinity	复平面上的无穷远点
I	虚数单位（I 必须大写）

【例 10.18】 求代数式 $\frac{2\times5}{\sqrt{4}+1}+5^2$ 的近似值,取 19 位有效值。

```
In[1]:=N[2*5/(Sqrt[4] + 1) + 5^2,19]
Out[1]=28.33333333333333333
In[2]:=% +I
Out[2]=28.33333333333333333 +I
```

10.4.7 MATHEMATICA 中的矩阵运算

MATHEMATICA 提供多种矩阵的输入方法。最常用的方法是把矩阵的元素依次写入"{}"内,并用","隔开,再用"{}"把每行括起来。

MATHEMATICA 有许多输入矩阵的函数可以方便矩阵的输入,见表 10-18。

表 10-18　多输入矩阵的函数

命　令	功　能
t=[{e11,el2,…,eln},…{eml,em2,…,emn}]	输入 $m\times n$ 的矩阵 $\boldsymbol{t}$,其中 e_{ij} 为数值或表达式
t=Table[f,{I,m},{j,n}]	输入 $m\times n$ 的矩阵 $\boldsymbol{t}$,其中 f 为 i,j 的表达式
t=Array[f,{I,m},{j,n}]	输入 $m\times n$ 的矩阵 $\boldsymbol{t}$,其元素为 $f(i,j)$
MatrixForm[t]	显示矩阵 t 的方阵形式
t=DiagonaMatrix[{e1,e2,…,en}]	输入 n 阶对角矩阵 $\boldsymbol{t}$,其元素为 $e_1,\cdots,e_n$
t=IdentityMatrix[{n}]	输入一个名为 $\boldsymbol{t}$ 的 n 阶单位矩阵
t=Table[0,{m},{n}]	输入一个名为 $\boldsymbol{t}$ 的 $m\times n$ 零阶矩阵
t=Table[If[{I>=j,f,0},{i,m},{j,n}]	输入 $m\times n$ 阶下三角矩阵,元素 f 为 i,j 的函数
t=Table[If[{I<=j,f,0},{i,m},{j,n}]	输入 $m\times n$ 阶上三角矩阵,元素 f 为 i,j 的函数

【例 10.19】 生成矩阵 $\begin{vmatrix}11&12&13\\21&22&23\\31&32&33\end{vmatrix}$,并取出第二行的元素。

```
In[1]:=m={{11,12,13},{21,22,23},{31,32,33}};MatrixForm[m]
Out[1]// MatrixForm
```

$$\begin{vmatrix}11&12&13\\21&22&23\\31&32&33\end{vmatrix}$$

```
In[2]:=m[[2]]
Out[2] = {21,22,23}
```

MATHEMATICA 有许多矩阵的标识方法,见表 10-19。

表 10-19　矩阵的标识方法

命　令	功　能
M[[i,j]]	取出矩阵 $\boldsymbol{M}$ 的元素 $M(i,j)$
M[[i]]	取出矩阵 $\boldsymbol{M}$ 的第 i 行

续表

命　令	功　能
Map[#[[i]]&,M]	取出矩阵 **M** 的第 i 列
M[[{i1,…,ir},{j1,…,js}]]	取出矩阵 **M** 的一个 $r\times s$ 的子矩阵,它由 $i_1\cdots i_r$ 行和 $j_1\cdots j_s$ 列相交处的元素构成
M[{Range[i0, i1], Range[i0, j1]}]	取出矩阵 **M** 的一个 $r\times s$ 的子矩阵,它由 $i_1\cdots i_r$ 行和 $j_1\cdots j_s$ 列相交处的元素构成

10.4.8　MATHEMATICA 中的逻辑运算

逻辑运算得到的结果是 Ture(真)或 False(假),常用的逻辑运算见表 10-20。

表 10-20　常用的逻辑运算

命　令	功　能
X == Y	X 与 Y 相等
X! =Y	X 与 Y 不相等
X > Y	X 大于 Y
X > =Y	X 大于或等于 Y
X < Y	X 小于 Y
X < =Y	X 小于或等于 Y
! expr	非
Expr1&&expr2…	与
Expr1 ‖ expr2…	或
Xor[expr1,expr2…]	异或
If[expr,then,else]	如果逻辑表达式 expr 真,就给出 then,否则给出 else
LogicalExpand[expr]	展开逻辑表达式 expr

【例 10.20】　令 $x=19, y=29$,比较 x,y 的大小。

In[1]: =x =19;y =29;x == y

Out[1] =False

In[2]: =2 * x == y

Out[2] =True

10.4.9　MATHEMATICA 中的函数作图

MATHEMATICA 可以进行函数的曲线图形输出,实现计算的可视化。

曲线的绘制 Plot[f,{x,xmin,xmax}]。

多曲线绘制 Plot[{f1,f2,…},{x,xmin,xmax}]。

【例 10.21】　绘制 $\sin x, \sin 2x, \sin 3x$ 的曲线。

In[1]: =Plot[{Sin[x],Sin[2x],Sin[3x]},{x,0,2 Pi}]

Out[1] = -Graphics -

函数 sin x,sin $2x$,sin $3x$ 的曲线如图 10-5 所示。

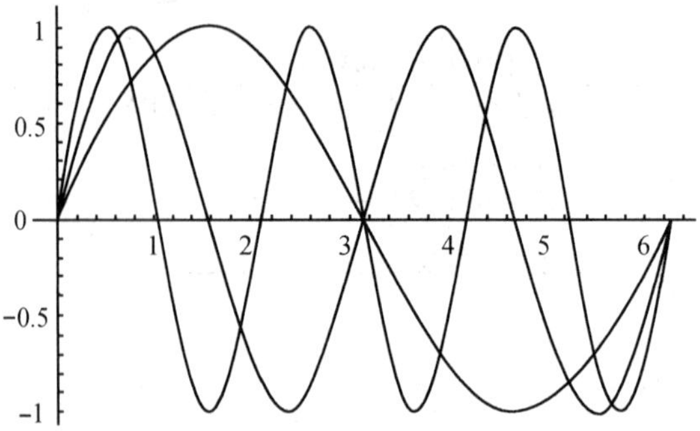

图 10-5 函数 sin x,sin $2x$,sin $3x$ 的曲线

MATHEMATICA 可以给所绘图形赋值,并控制图形的标题、样式、颜色等,见表 10-21。

表 10-21 绘图参数

命 令	功 能
PlotRange –> {y1,y2}	指定函数因变量范围
PlotLabel –> "图形名称"	给图形加名称
AxesLabel –> "x 轴名,y 轴名"	给坐标轴加名称
Axes –> False	隐藏坐标轴
AspectRatio –> Automatic	自动调整坐标轴
Background –> RGBColor[n,n,n]	图形背景颜色

【例 10.22】 设置绘图参数隐藏坐标轴,自动调整坐标轴,图形背景颜色为黄。

In[1]:= Plot[{Sin[x],Sin[2x],Sin[3x]},{x,0,2 Pi},Axes –> False,AspectRatio –> Automatic,Background –> RGBColor[1,1,0]]

Out[1] = – Graphics –

函数 sin x,sin $2x$,sin x 的曲线(隐藏坐标轴,自动调整坐标轴,图形背景颜色为黄)如图 10-6所示。

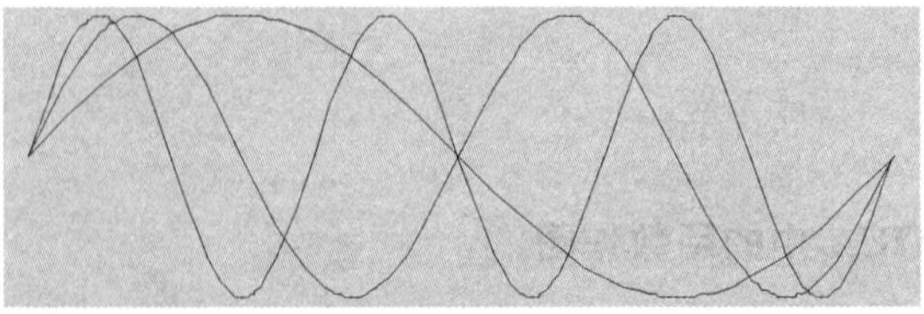

图 10-6 函数 sin x,sin $2x$,sin x 的曲线
(隐藏坐标轴、自动调整坐标轴、图形背景颜色为黄)

MATHEMATICA 还可以输出三维图形。

【例 10.23】 绘制 sin($x*y$)的三维图形。

In[1]:= Plot3D[Sin[x * y],{x,0,3},{y,0,3}]

Out[1] = -SurfaceGraphics-

函数 sin *xy* 的三维图形如图 10-7 所示。

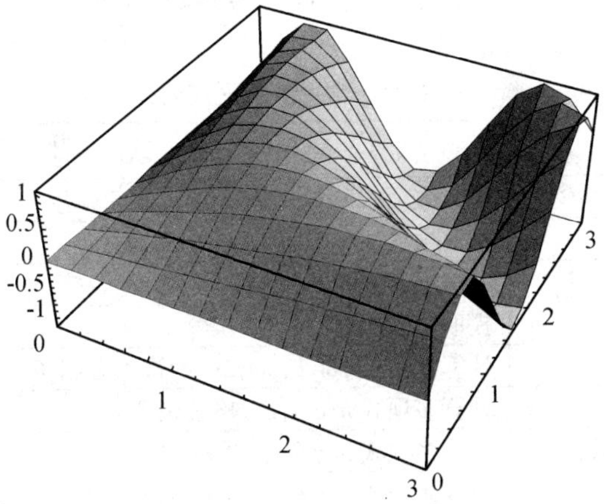

图 10-7　函数 sin *xy* 的三维图形

10.5　MATHEMATICA 的数学应用

10.5.1　MATHEMATICA 中的数学函数

MATHEMATICA 中自带了很多数学函数,可以完成特定的数学计算功能,见表 10-22。

表 10-22　常用的数学函数

命　令	功　能
Abs[x]	求 *x* 的绝对值
Exp[x]	求 e 的 *x* 次幂
Log[x]	求 *x* 的自然对数
Log[b,x]	求以 *b* 为底的 *x* 的对数
Sin[x]	求 *x* 的正弦函数
Cos[x]	求 *x* 的余弦函数
Tan[x]	求 *x* 的正切函数
ArcSin[x]	求 *x* 的反正弦函数
ArcCos[x]	求 *x* 的反余弦函数
ArcTan[x]	求 *x* 的反正切函数
n!	求 *n* 的阶乘(其中 *n* 为正整数)
Random[]	产生一个 0 ~ 1 之间的随机数
Max[x,y,z…]	取出 *x*,*y*,*z*…之中的最大值
Min[x,y,z…]	取出 *x*,*y*,*z*…之中的最小值
FactorInteger[n]	求出整数 *n* 的所有质数(素数)因子
Round[x]	求 *x* 的整数部分
Mod[n,m]	求 *n* 除以 *m* 的余数,即取模运算

10.5.2 MATHEMATICA 中的符号运算

MATHEMATICA 可以进行代数公式运算即符号运算，常用的多项式运算见表 10-23。

表 10-23　常用的多项式运算

命　令	功　能
Coefficient[poly,expr]	提取多项式 poly 中表达式 expr 的系数
Expand[poly]	把多项式 poly 展开
Factor[poly]	对多项式 poly 进行因式分解
FactorTerm[poly]	提取公因式
GCD[poly1,　poly2,…]	计算多项式 poly1,poly2…的最大公因子
PolynomialQuotient[p,q,x]	计算多项式 p/q 的商，略去余项 *
PolynomialRemainder[p,q,x]	计算多项式 p/q 的余项 *
Resultant[poly1,poly2,x]	计算多项式 poly1,poly2…的预解式 *

MATHEMATICA 可以对有理分式进行运算，常用的有理分式运算见表 10-24。

表 10-24　常用的有理分式运算

命　令	功　能
Apart[expr]	把表达式写成若干项的和，每项有最简单的分母
Cance[expr]	消去分子、分母中的公因子
Denominator[expr]	取出表达式中的分母
ExpandNumerator[expr]	展开表达式的分子
ExpandDenominator[expr]	展开表达式的分母
Expand[expr]	展开表达式的分子，逐项被分母除
ExpandAll[expr]	展开表达式的分子、分母
Factor[expr]	首先通分，然后对分子、分母分解因子
Numerator[expr]	取出表达式的分子
Simplify[expr]	把表达式尽可能简化
Together[expr]	对有理式进行通分

【例 10.24】　展开表达式 $(2+x+3y)^2$，然后简化结果。

In[1]: = Expand[(2 + x + 3y)^2]

Out[1] = $4+4x+x^2+12y+6xy+9y^2$

In[2]: = Simplify[%]

Out[2] = $(2+x+3y)^2$

10.5.3 MATHEMATICA 中的矩阵运算

MATHEMATICA 中的矩阵运算见表 10-25。

表 10-25　矩阵运算

命　　令	功　　能
c × M	常数乘矩阵
u. v	向量内积
M. v	矩阵乘向量
M. P	矩阵相乘
Transpose[M]	求矩阵的转置
Inverse[M]	求矩阵的逆矩阵
Det[M]	求矩阵的行列式
Minors[M,k]	求矩阵所有可能的 $k \times k$ 子式
Sum[M[i,i],{I,n}]	求矩阵的迹，其中 n 为矩阵的尺寸
LinearSolver[M,w]	求解线性方程组 $Mx = w$
Eigenvalues[M]	求数字矩阵 $\boldsymbol{M}$ 的特征值
Eigenvectors[M]	求数字矩阵 $\boldsymbol{M}$ 的特征向量
Eigensystems[M]	求数字矩阵 $\boldsymbol{M}$ 的特征值和特征向量
QRDecomposition[M]	求数字矩阵 $\boldsymbol{M}$ 的 QR 分解
Chop[%n]	舍去第 n 个输出语句中无实际意义的小量

【例 10.25】　求矩阵 $\boldsymbol{m} = \begin{pmatrix} 10 & 14 \\ 14 & 10 \end{pmatrix}$ 的逆矩阵。

```
In[1]: = m = [{10,14},{14,20}];Inverse[m]
Out[1] =5.0000      -3.5000
       -3.5000       2.5000
```

10.5.4　MATHEMATICA 的求解方程

MATHEMATICA 的求解方程见表 10-26。

表 10-26　求解方程

命　　令	功　　能
FindRoots[equ,{x,a}]	求出在附近一般方程的数值解
Nroots[equ,x]	求出一元代数方程的数值解
Roots[equ,x]	求出一元代数方程的解(逻辑表达式)
Solve[{equ1,…,equn},{x1,…,xn}	对指定变量求联立方程的解
Solve[{equ1,equ2,…,equn}]	对全部变量求联立方程的解
ToRules[%]	输出形式转化
Reduce[equ,x]	讨论方程所有可能的解
NSolve[ihs == rhs,x]	数值方法求解多项式方程的解
NSolve[Ihs1 == rhs1,Ihs2 == rhs2,…]	数值方法求解联立多项式方程的解
FindRoot[Ihs == rhs,{x,x0}]	用迭代的方法求解方程的解
FindRoot[{Ihs1 == rhs1,Ihs2 == rhs2,…},{x,xo},{y,yo},…]	用迭代的方法求解联立方程组的解

【例 10.26】 求解方程 $x^2+2x-3=0$

In[1]: = Roots[-3 +2x + x^2 ==0,x]

Out[1] = x ==3　　　x == -1

10.5.5 MATHEMATICA 数据拟合与插值

MATHEMATICA 中用于曲线拟合得到的函数是 Fit 函数,基本用法见表 10-27。

表 10-27 Fit 函数参数的基本用法

命　令	功　能
Fit[data,funs,vars]	用变量为 vars 的函数 funs 的线性组合来拟合数据 data
Fit[{f1,f2,…},{1,x},x]	对数据进行线性拟合
Fit[{f1,f2,…},{1,x,x^2},x]	对数据进行二次拟合
Fit[data,Table[x^I,{I,0,n},x]	对数据进行 n 阶多项式拟合
Expr[Fit[Log[data],{1,x},x]	进行指数拟合

【例 10.27】 对 1 -71 的质数向量 $\boldsymbol{x}$ 作图,对 $\boldsymbol{x}$ 进行线性拟合,并显示图形。

In[1]: = plot1 = Table[Prime[x], {x, 20}]

Out[1] = {2,3,5,7,11,13,17,19,23,29,31,37,41,43,47,53,59,61,67,71}

In[2]: = pic1 = ListPlot[fp]

散点图如图 10-8 所示。

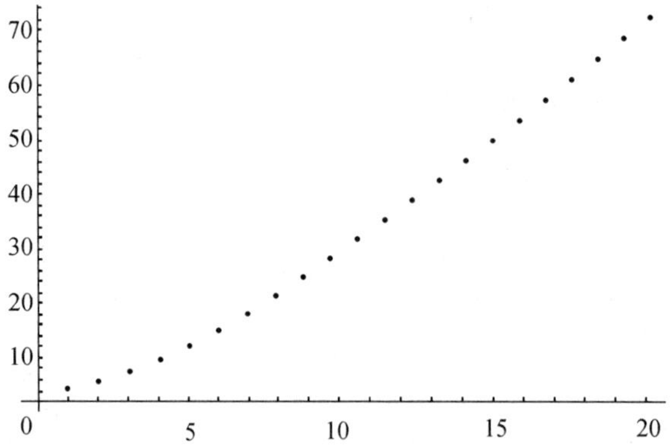

图 10-8 散点图

Out[2] = -Graphics -

In[3]: =line1 =Fit[fp,{1,x}x]

Out[3] = -7.67368 +3.77368x

In[4]: =pic2 =Plot[line1,{x,0,20}]

线性拟合图如图 10-9 所示。

Out[4] = -Graphics -

In[5]: =Show[pic1,pic2]

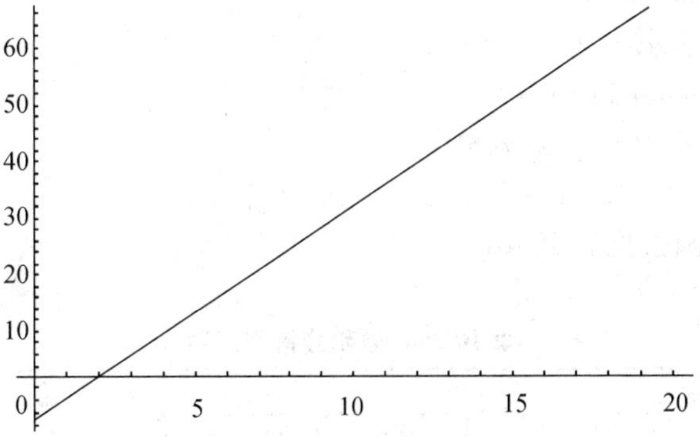

图 10-9　线性拟合图

Out[5] = -Graphics-

MATHEMATICA 可以对数据进行任意函数形式的拟合。

线性拟合图与散点图在同一坐标内表示如图 10-10 所示。

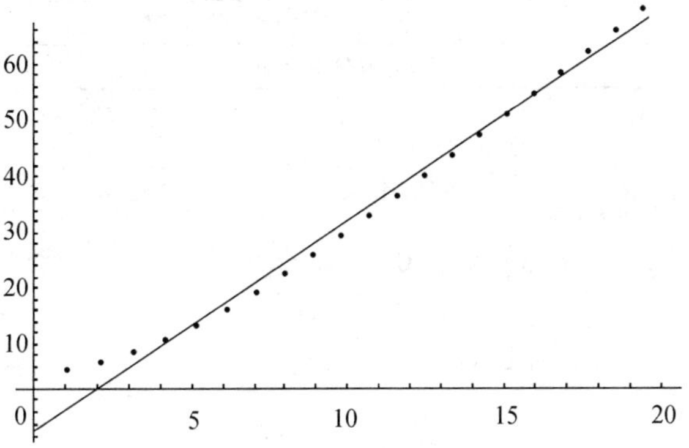

图 10-10　线性拟合图与散点图在同一坐标内表示

【例 10.28】　对 sin x 进行 3 阶多项式拟合。

In[1]: = date = Table[Sin[x], {x,0,1.5,0.1}];Fit[date, {1,x,x^2,x^3},x]

Out[1] = $-0.103795+0.102963x-0.000254029x^2-0.00011779x^3$

这是三次拟合曲线的方程，MATHEMATICA 还可以拟合任意给定的函数族。

【例 10.29】　对 sin x 进行 x 和 sin x 的拟合。

In[1]: = date = Table[Sin[x], {x,0,1.5,0.1}];Fit[date, {x,Sin[x]},x]

Out[1] = 0.0713483x - 0.0211502Sin[x]

插值要比拟合简单，一般说来，插值时给出的数据点越多，插值次数就越高。常用的插值函数为 InterpolatingPolynomial[ ]。

MATHEMATICA 还可以完成拉格朗日插值。

10.5.6　MATHEMATICA 中的微积分运算

MATHEMATICA 可以轻松完成各种微积分运算，大大减轻推导公式的工作量。

求函数的极限,Limit[expr,x -> a]。
用大写字母 D 代表求导运算,D[expr]。
求不定积分,Integrate[$Y(x)$,x]。
求定积分 Integrate[$Y(x)$, { x,a,b }]。
求二重积分 Integrate[f, { x, x_{min}, x_{max} }, { y, y_{min}, y_{max} }] 。
其他微积分常用函数见表 10-28。

表 10-28　微积分常用函数

命　　令	功　　能
D[exp,x]	计算表达式的一阶导数
D[exp,x1,x2,…,xn]	计算表达式的混合偏导数
D[exp, { x,n }]	计算表达式的 n 阶导数
D[exp,x,Nonconstant -> { y1,y2 }]	计算表达式对 x 的一阶导数,并指出 y_1 ,y_2 是 x 的函数
Integrate[exp,x]	计算表达式的不定积分
Integrate[exp, { x,x1,x2 }]	计算表达式的定积分
Integrate[exp, { x,x1,x2 } , { y,y1,y2 }]	计算表达式的二重积分
Protect[Integrate]	设置积分写保护
Unprotect[Integrate]	解除积分写保护

【例 10.30】 求解 $\lim\limits_{x\to0}\dfrac{x}{\sin x}$, $\int(x+2)\mathrm{d}x$ 。

```
In[1]:= Limit[x/Sin[x],x->0]
Out[1]=1
In[2]:= Integrate[2x+2,x]
Out[2]=2x+x^2
```

习　　题

1. 用 MATLAB 求代数式 $\dfrac{3\times8}{\sqrt{5}+3\times6}$ 的值,并用长格式显示。
2. 用 MATLAB 生成 2 阶魔方矩阵 $\boldsymbol{m}_1$,$\boldsymbol{m}_2$ 为 2×2 的单位矩阵,求矩阵 $\boldsymbol{m}_1$ 与矩阵 $\boldsymbol{m}_2$ 的差。
3. 用 MATLAB 矩阵 $\boldsymbol{m}_1=\begin{pmatrix}4&7\\3&3\end{pmatrix}$ 与 $\boldsymbol{m}_2=\begin{pmatrix}3&6\\2&1\end{pmatrix}$ 进行矩阵相乘和数组相乘。
4. 用 MATLAB 对矩阵 $\boldsymbol{m}_1=\begin{pmatrix}21&23\\43&42\end{pmatrix}$ 与 $\boldsymbol{m}_2=\begin{pmatrix}41&20\\43&20\end{pmatrix}$ 进行小于关系运算。
5. 用 MATLAB 的“ * ”绘制函数 $y=\sin x\times\cos x$ 的图像。
6. 用 MATLAB 求矩阵 $\boldsymbol{m}=\begin{pmatrix}4&7\\3&9\end{pmatrix}$ 的特征值。
7. 用 MATLAB 求矩阵 $\boldsymbol{m}=\begin{pmatrix}4&3\\6&9\end{pmatrix}$ 的 LU 分解。
8. 用 MATLAB 求解方程组 $\begin{cases}x^2+2xy+y^2=4\\x+2y=3\end{cases}$ 的解。
9. 用 MATLAB 求多项式 $5x^4+9x^3+7x^2+7x-14$ 当 $x=345$ 时的值。

10. 用 MATLAB 求多项式 $14x^4+2x^3+4x^2+23x-65$ 的微分。

11. 用 MATHEMATICA 求代数式$\frac{3\times8}{\sqrt{5}+3\times6}$的近似值,取 9 位有效值。

12. 用 MATHEMATICA 展开表达式$(7x+5y+3)^2$。

13. 用 MATHEMATICA 求矩阵 $\boldsymbol{m}=\begin{pmatrix}5 & -3.5\\ -3.5 & 2.5\end{pmatrix}$的逆矩阵。

14. 用 MATHEMATICA 求解 $\lim\limits_{x\to0}\frac{1+(\sin x)^2}{1-x^2}$

15. 用 MATHEMATICA 求解 $\int 5x^2+3x+4\mathrm{d}x$ 。

16. 用 MATHEMATICA 对 50 以内的质数进行三次多项式拟合。

参考文献

[1] 李庆扬,王能超,易大义. 数值分析. 武汉:华中工学院出版社,1986

[2] 宋国乡,冯有前. 数值分析. 西安:西安电子科技大学出版社,2002

[3] 邓建中,刘之行. 计算方法. 西安:西安交通大学出版社,2003

[4] 颜庆津. 数值分析. 北京:北京航空航天大学出版社,1992

[5] 关治,陈景良. 数值计算方法. 北京:清华大学出版社,1990

[6] 崔国华,许如初. 计算方法. 北京:电子工业出版社,2002

[7] 张德荣,王新民,高安民. 计算方法与算法语言. 北京:高等教育出版社,1985

[8] 李荣华,沈果忱. 微分方程数值解法. 第 2 版. 北京:高等教育出版社,1987

[9] 李红,徐长发. 数值分析学习辅导习题解析. 武汉:华中科技大学出版社,2001

[10] 封建湖,车刚明. 计算方法典型题分析解集. 西安:西北工业大学出版社,1998

[11] 朱水根,龚时霖. 计算方法引论及例题选讲. 天津:天津科学技术出版社,1990

[12] 王世儒,王金金,冯有前. 计算方法. 西安:西安电子科技大学出版社,1996

[13] 楼顺天,于卫,闫华梁. MATLAB 程序设计语言. 西安:西安电子科技大学出版社,1997

[14] 杨珏,何旭洪,赵昊彤. MATHEMATICA 应用指南. 北京:人民邮电出版社,2002